U0128966

高等院校信息技术规划教材

Visual FoxPro 程序设计教程

胡春安 主 编
曾传璜 廖列法 胡中栋 副主编

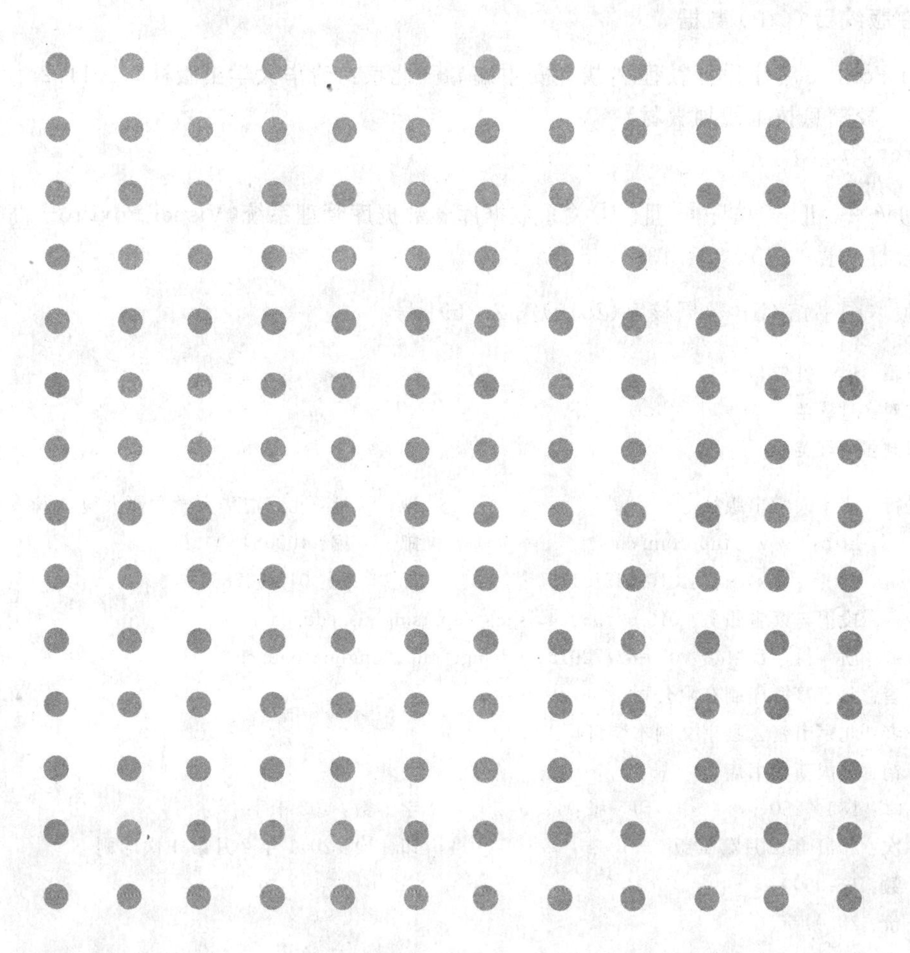

清华大学出版社
北京

内容简介

本书以应用为主线，由浅入深地介绍数据库技术的基本概念、基础知识和数据库的编程技术。全书分为两部分。第1部分为教程，共11章，主要内容包括：数据库基础理论、Visual FoxPro系统配置、Visual FoxPro基础、数据库的建立及操作、面向过程程序设计、面向对象程序设计、表单、菜单、报表、小型系统开发实例。第2部分为实验指导，共6章。

本书的最大特点是：结构完整、概念清晰、内容翔实、案例丰富；教程与实验指导合在一起，可方便教学与参考。本书可作为高等学校Visual FoxPro程序设计课程的教材，也可作为自学Visual FoxPro程序设计的参考用书。

图书在版编目（CIP）数据

Visual FoxPro程序设计教程／胡春安主编．—北京：清华大学出版社，2011.2
（高等院校信息技术规划教材）
ISBN 978-7-302-24140-9

Ⅰ．①V…　Ⅱ．①胡…　Ⅲ．①关系数据库—数据库管理系统，Visual FoxPro—高等学校—教材　Ⅳ．①TP311.138

中国版本图书馆CIP数据核字(2010)第233691号

责任编辑：焦　虹
责任校对：时翠兰
责任印制：李红英

出版发行：清华大学出版社　　地　址：北京清华大学学研大厦A座
http://www.tup.com.cn　　邮　编：100084
社 总 机：010-62770175　　邮　购：010-62786544
投稿与读者服务：010-62795954，jsjjc@tup.tsinghua.edu.cn
质量反馈：010-62772015，zhiliang@tup.tsinghua.edu.cn

印 刷 者：北京富博印刷有限公司
装 订 者：北京市密云县京文制本装订厂
经　销：全国新华书店
开　本：185×260　　印　张：17.5　　字　数：402千字
版　次：2011年2月第1版　　印　次：2011年2月第1次印刷
印　数：1～3000
定　价：29.00元

产品编号：040260-01

前言

数据库技术是计算机应用的重要分支，是计算机基础教育的重要课程。Visual FoxPro 6.0是Microsoft公司Visual Studio 6.0系列开发产品之一，是性能完善的数据库系统。它以可视化的编程方法和面向对象的程序设计思想以及实用的数据库管理性能和良好的开发环境赢得了广大普通用户的喜爱。

本书最大的特点是结构完整、概念清晰、内容翔实、案例丰富。全书既详细讲授了理论基础知识，精心设计了通俗易懂的例题；同时又强调了数据库操作技术的综合训练。如在第11章以实例形式全面系统地介绍了数据库应用系统开发全过程，以便使学生更好地理解和掌握数据库管理系统开发的基本步骤和基本方法，提高应用系统开发的能力。

本书由胡春安任主编，曾传璜、廖列法、胡中栋任副主编。胡春安对全书进行了全面而详细的审稿。曾传璜编写了第1部分的第1～4章；胡中栋编写了第5、6章；廖列法编写了第9章；胡春安编写了第7、8、10、11章以及第2部分的实验指导，同时根据多年教学经验对第1～6章、第9章原稿进行了较大修改。书中列举的大量例题均在Visual FoxPro 6.0中文版环境中运行通过。精心设计的实验内容可以帮助读者尽快掌握数据库的基本知识和综合编程技巧。

在编写过程中，作者得到了学院领导及蔡虔、南柄飞、王华金、谭伟等同事的大力支持和帮助，在此表示衷心的感谢。同时，对在编写过程中参考的教材的作者一并致谢。由于编者水平有限，书中难免有错误和不足之处，敬请读者批评指正。

编　者

前言

目录

第1部分 教 程

第2部分 实验指导

第1部分　教　　程

第 1 章 数据库基础理论

在信息时代，人们需要对大批量的信息进行加工处理，在这一过程中需要应用到数据库技术。本章将从数据库基本元素的数据概念出发，逐一讲解信息、数据、数据处理、数据模型、数据库、数据库设计等基础知识和概念。这些是学习和掌握 Visual FoxPro 技术的基础和前提。

1.1 信息、数据、数据处理与数据管理

在数据处理这一计算机应用领域，人们首先遇到的基本概念是信息和数据。它们是两个不同的术语，却有着密不可分的联系。

1.1.1 信息与数据

信息(information)是客观事物属性的反映。它所反映的是关于某一客观系统中某一事物在某一方面的属性或某一时刻的表现形式。通俗地讲，信息是经过加工处理并对人类客观行为产生影响的数据表现形式。

数据(data)是反映客观事物属性的记录，是信息的载体。对客观事物属性的记录是用一定的符号来表达的，因此说数据是信息的具体表现形式。数据所反映的事物属性是它的内容，而符号是它的形式。

数据与信息在概念上是有区别的。从信息处理角度看，任何事物的属性都是通过数据来表示的；数据经过加工处理后，使其具有知识性并对人类活动产生决策作用，从而形成信息。用数据符号表示信息，其形式通常有三种：数值型数据，即对客观事物进行定量记录的符号，如体重、年龄、价格的多少等；字符型数据，即对客观事特进行定性记录的符号，如姓名、单位、地址的标志等；特殊型数据，如声音、视频、图像等。从计算机的角度看，数据泛指那些可以被计算机接受并能够被计算机处理的符号。

总之，信息是有用的数据，数据是信息的表现形式。信息是通过数据符号来传播的，数据如不具有知识性和有用性，则不能称其为信息。

1.1.2 数据处理与数据管理

数据处理也称为信息处理。所谓数据处理实际上就是利用计算机对各种类型的数据进行处理。它包括对数据的采集、整理、存储、分类、排序、检索、维护、加工、统计和传输等一系列操作过程。数据处理的目的是从大量的、原始的数据中获得我们所需要的资料并提取有用的数据成分,作为行为和决策的依据。

随着电子计算机软件和硬件技术的发展,数据处理过程发生了划时代的变革,而数据库技术的发展,又使数据处理跨入了一个崭新的阶段。数据管理技术的发展大致经历了从人工管理方式、文件管理方式到数据库系统管理方式三个阶段。

人工管理方式出现在计算机应用于数据管理的初期。由于没有必要的软件、硬件环境的支持,用户只能直接在裸机上操作。用户的应用程序中不仅要设计数据处理的方法,还要阐明数据在存储器上的存储地址。在这一管理方式下,用户的应用程序与数据之间相互结合不可分割,当数据有所变动时程序则随之改变,独立性较差;另外,各程序之间的数据不能相互传递,缺少共享性,因而这种管理方式既不灵活,也不安全,编程效率极低。

文件管理方式即把有关的数据组织成一种文件。这种数据文件可以脱离程序而独立存在,由一个专门的文件管理系统实施统一管理。文件管理系统是一个独立的系统软件,它是应用程序与数据文件之间的一个接口。在这一管理方式下,应用程序通过文件管理系统对数据文件中的数据进行加工处理。应用程序的数据具有一定的独立性,也比手工管理方式前进了一步。但是数据文件仍高度依赖于其对应的程序,不能被多个程序所通用。由于数据文件之间不能建立任何联系,因而数据的通用性仍然较差,冗余量大。

数据库系统管理方式即对所有的数据实行统一规划管理,形成一个数据中心,构成一个数据仓库,数据库中的数据能够满足所有用户的不同要求,供不同用户共享。在这一管理方式下,应用程序不再只与一个孤立的数据文件相对应,可以取整体数据集的某个子集作为逻辑文件与其对应,通过数据库管理系统实现逻辑文件与物理数据之间的映射。在数据库系统管理的系统环境下,应用程序对数据的管理和访问灵活方便,而且数据与应用程序之间完全独立,从而使程序的编制质量和效率有所提高;由于数据文件间可以建立关联关系,因此数据的冗余大大减少,数据共享性显著增强。

1.2 数据模型

现实世界中的客观事物是彼此相互联系的。一方面,某一事物内部的因素和属性根据一定的组织原则相互具有联系,构成一个相对独立的系统;另一方面,某一事物同时也作为一个更大系统的一个因素或一种属性而存在,并与系统的其他因素或属性发生联系。客观事物的这种普遍联系性决定了作为事物属性记录符号的数据与数据之间也存在着一定的联系性。具有联系性的相关数据总是按照一定的组织关系排列,从而构成一定的结构,对这种结构的描述就是数据模型。

从理论上讲，数据模型是指反映客观事物及客观事物间联系的数据组织的结构和形式。虽然客观事物是千变万化的，各种客观事物的数据模型也是千差万别的，但也有其共同性。常用的数据模型有层次模型、网状模型和关系模型。

1.2.1 层次模型

层次模型(hierarchical model)表示数据间的从属关系结构，是一种以记录某一事物的类型为根结点的有向树结构。层次模型像一棵倒置的树，根结点在上，层次最高；子结点在下，逐层排列。其主要特征如下：

(1) 仅有一个无双亲的根结点。

(2) 根结点以外的子结点，向上仅有一个父结点，向下有若干子结点。

层次模型表示的是从根结点到子结点的一个结点对多个结点，或从子结点到父结点的多个结点对一个结点的数据间的联系。

层次模型的示例如图 1-1-1 所示。

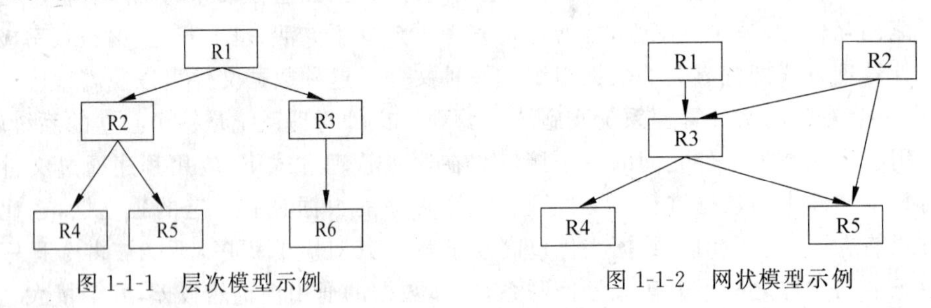

图 1-1-1　层次模型示例　　　图 1-1-2　网状模型示例

1.2.2 网状模型

网状模型(network model)是层次模型的扩展。它表示多个从属关系的层次结构，呈现一种交叉关系的网络结构。网状模型是以记录为结点的网络结构。其主要特征如下：

(1) 有一个以上的结点无双亲。

(2) 至少有一个结点有多个双亲。

网状模型可以表示较复杂的数据结构，即可以表示数据间的纵向关系与横向关系。这种数据模型在概念上、结构上都比较复杂，操作上也有很多不便。

网状模型的示例如图 1-1-2 所示。

1.2.3 关系模型

关系模型(relation model)是数据库技术应用最广的一种重要的数据模型。自 20 世纪 80 年代以来，计算机厂商推出的数据库管理系统的产品几乎都是支持关系模型的。为了便于理解，这里主要讨论从用户角度了解的关系模型。在关系模型中，数据的逻辑结构是一张二维表。

现在以“学生档案管理信息表”为例，介绍关系模型中的一些基本概念和过程。

(1) 关系：一个关系对应于平常的二维表，如表 1-1-1 所示。

表 1-1-1 学生成绩管理基本信息表

学号	姓名	性别	生日	籍贯	专业	电话
013009901	李围	男	1981.7	江西	计算机	0797-8240335
014009903	张三	男	1982.8	陕西	自动化	0797-2840172
015009909	王美红	女	1981.8	北京	造价	0797-8240173
……	……	……	……	……	……	……

(2) 属性：表中的一列称为一个属性。在实际系统中，有时又称为字段。

(3) 域：属性的取值范围。

(4) 元组：表中的一行称为一个元组。

(5) 码：又称为关键字。它的值唯一标识一个元组。在一个二维表，即关系中可以有多个关键字。一般选定其中一个作为主关键字，主关键字的各属性称为主属性。

(6) 分量：元组中的一个属性值。

(7) 关系模式：是对关系的描述，它包括关系名、组成关系的属性名、属性向域的映像。通常简记为：关系名(属性名 1，属性名 2，…，属性名 n)。属性向域的映像常直接说明为属性的类型、长度。

(8) 关系数据库：对于关系数据库，也要区分型与值的概念。关系数据库的型即数据库描述，它包括若干域的定义以及在这些域上定义的若干关系模型。数据库的值是这些关系模式在某一时刻对应的关系的集合。

关系模式是稳定的，而关系是不断变化的，因为数据库中的数据是在不断更新的。图 1-1-1 中关系名是“学生成绩管理”，它是学生成绩管理的基本信息表。表中每一行是一个学生成绩的记录，是关系中的一个元组。表中的学号、姓名、性别、生日、籍贯、专业、电话是属性。其中学号是唯一标识一个记录的属性的，因此称为主码。该关系模式可以记为：学生成绩管理(学号，姓名，性别，生日，籍贯，专业，电话)。

某一时刻对应某个关系模式的内容称为相应模式状态，它是元组的集合，称为关系。当无须区分时，常将关系模式和关系统称关系，一般可以在上下文中加以区别。

关系模型的主要特点如下。

(1) 关系中每一数据项不可再分，是最基本的单位。

(2) 每一竖列数据项是同属性的。列数根据需要而设，且各列的顺序是任意的。

(3) 每一横行记录由一个个体事物的诸多属性项构成。记录的顺序可以是任意的。

(4) 一个关系是一张二维表，不允许有相同的字段名，也不允许有相同的记录行。

1.3 关系数据库应用系统

数据库应用系统是一个复杂的系统，它由硬件、操作系统、数据库管理系统、编译系统、用户应用程序和数据库组成。

1.3.1 数据库

数据库是数据库应用系统的核心和管理对象。前面介绍的数据模型是对数据库如何组织的一种模型表示，它不仅包括客观事物本身的信息，还包括各事物间的联系。数据模型的主要特征是其数据结构，因此数据模型的确定，就等于确定了数据间的关系，即数据库的框架。有了数据间的关系框架，再把表示客观事物具体特征的数据装入框架中，就形成了数据库。

所谓数据库，就是以一定的组织方式将相关的数据组织在一起存放在计算机存储器上形成的、能为多个用户共享的、与应用程序彼此独立的一组相关数据的集合。

数据库的性质是由其中的数据模型决定的。在数据库中的数据如果依照层次模型进行数据存储，则该数据库为层次数据库；如果依照网状模型进行数据存储，则该数据库为网状数据库；如果依照关系模型进行数据存储，则该数据库为关系数据库。Visual FoxPro 数据库管理系统所管理的数据，都是依照关系模型进行存储的，因此其数据库为关系数据库。

1.3.2 关系数据库

关系数据库是若干个依照关系模型设计的数据表文件的集合。也就是说，关系数据库是由若干张完成关系模型设计的二维表组成的。

与文件系统的数据文件不同，我们称一张二维表为一个数据表，数据表包含数据及数据间的关系。一个关系数据库由若干个数据表组成，数据表又由若干个记录组成，而每一个记录是由若干个以字段属性加以分类的数据项组成的。

在关系数据库中，每一个数据表都具有相对的独立性，这一独立性的唯一标志是数据表的名字，称为表文件名。也就是说，每一个数据表靠自身的文件名与其他文件保持独立，一个文件名代表一个独立的表文件。数据库中不允许有重名的数据表，因为对数据表中数据的访问首先是通过表文件名来实现的。由于关系数据库中各个数据表具有独立性，因此用户在使用数据表中的数据时，可以简捷、方便地存取和传输。

在关系数据库中，有些数据表之间是具有相关性的。数据表之间的这种相关性是依靠每一个独立的数据表内部具有相同属性的字段建立的。一般地，一个关系数据库中有许多独立的数据表是相关的，这为数据资源实现共享及充分利用，提供了极大的方便。

关系数据库由于以具有与数学方法相一致的关系模型设计的数据表为基本文件，不但每个数据表之间具有独立性，而且若干个数据表间又具有相关性，因此具有极大的优越性，并能得以迅速普及。

关系数据库具有以下特点：

(1) 以面向系统的观点组织数据，使数据具有最小的冗余度，支持复杂的数据结构。

(2) 具有高度的数据和程序的独立性，用户的应用程序与数据的逻辑结构及数据的物理存储方式无关。

(3) 由于数据具有共享性,使数据库中的数据能为多个用户服务。

(4) 关系数据库允许多个用户同时访问,同时提供了各种控制功能,保证数据的安全性、完整性和并发性控制。安全性控制可防止未经允许的用户存取数据,完整性控制可保证数据的正确性、有效性和相容性,并发性控制可防止多用户并发访问数据时由于相互干扰而产生的数据不一致。

1.3.3 数据的规范化

数据以什么样的结构存入到关系数据库中是 Visual FoxPro 最重要的操作之一,它是应用程序开发的关键。通常,我们首先把收集来的数据存储在一个二维表中,但是有许多相关的数据集合到一个二维表后,数据的关系会变得很复杂,表中的字段个数和数据数量很大,很多时候为了使一个事物表达清楚会有大量数据重复的现象。特别是在进行应用程序设计时,用户组织的数据表格如不理想,轻者会大大增加编程和维护程序的难度,重者会使应用程序无法实现。

一个组织良好的数据表,不仅可以方便地解决应用问题,而且还可以为解决一些不可预测的问题带来便利,大大加快编程速度。这就要求数据库中的数据实现规范化。只有实现数据规范化,才能使数据库形成组织良好的局面。

关系模型是以关系集合理论中重要的数学原理为基础的,通过创建某一关系中的规范化准则,既可以方便数据库中数据的处理,又可以给程序设计带来方便。这一规范化准则被称为数据规范化(data normalization)。

关系模型的规范化理论是研究如何将一个不好的关系模型转化为一个好的关系模型的理论,它是围绕范式而建立的。

规范化理论认为,关系数据库中的每一个关系都要满足一定的规范。根据满足规范的条件不同,可以划分为五个等级,分别称为第一范式(INF),第二范式(2NF)……第五范式(5NF),其中 NF 是(normal form)的缩写。通常在解决一般性问题时,把数据规范到第三范式标准就可以满足需要。

需要特别指出的是,在实际操作中,不是数据规范的等级越高就越好,具体问题还要具体分析。

关系模型规范化的三条原则如下。

(1) 第一范式:在一个关系中,消除重复字段,且各字段都是不可分的基本数据项。

(2) 第二范式:若关系模型属于第一范式,则关系中每一个字段都完全依赖于主关键字段的每一部分。

(3) 第三范式:若关系模型属于第一范式,且关系中所有非主关键字段都只依赖于主关键字段。

下面以某校学生成绩管理的学生成绩登记表为例。

规范化的基本思想是逐步消除数据依赖关系中不合适的部分,使依赖于同一个数据模型的数据达到有效的分离。

遵循数据规范化的原则，为了方便、有效地使用这些信息资源，可以将表 1-1-2 分成三个独立的数据表。

表 1-1-2　学生成绩登记表

学号	姓名	性别	出生日期	党员	所在学院	简历	照片	课程号	课程名	学时数	学分	成绩
200901	左向民	男	09/06/79	T	机电	Memo	GEN	1	数据库	50	3.5	86.00
200902	刘一帧	女	09/10/80	F	信息	Memo	GEN	1	数据库	50	3.5	56.00
200901	左向民	男	09/06/79	T	机电	Memo	GEN	2	数学	120	7.5	68.50
200902	刘一帧	女	09/10/80	F	信息	Memo	GEN	2	数学	120	7.5	90.00
200903	王小敏	女	04/05/78	F	材化	Memo	GEN	2	数学	120	7.5	45.00
200904	张大山	男	11/30/81	T	机电	Memo	GEN	2	数学	120	7.5	89.00
200902	刘一帧	女	09/10/80	F	信息	Memo	GEN	4	数据结构	80	7.0	79.00
200907	许志忠	男	02/08/82	F	信息	Memo	GEN	5	编译原理	60	3.5	95.00
200908	刘晓东	男	01/01/79	F	材化	Memo	GEN	5	编译原理	60	3.5	86.00
200908	刘晓东	男	01/01/79	F	材化	Memo	GEN	6	微型机原理	50	3.0	87.00
200907	许志忠	男	02/08/82	F	信息	Memo	GEN	6	微型机原理	50	3.0	63.00
200908	刘晓东	男	01/01/79	F	材化	Memo	GEN	7	计算方法	40	2.5	75.00

学生基本情况表见表 1-1-3。

表 1-1-3　学生基本情况表

学号	姓名	性别	出生日期	党员	所在学院	简历	照片
200901	左向民	男	09/06/79	T	机电	Memo	Gen
200902	刘一帧	女	09/10/80	F	信息	Memo	Gen
200903	王小敏	女	04/05/78	F	材化	Memo	Gen
200904	张大山	男	11/30/81	T	机电	Memo	Gen
200905	张强	男	04/10/78	F	机电	Memo	Gen
200906	王达	女	11/10/82	T	信息	Memo	Gen
200907	许志忠	男	02/08/82	F	信息	Memo	Gen
200908	刘晓东	男	01/01/79	F	材化	Memo	Gen

课程情况表见表 1-1-4。

表 1-1-4　课程情况表

课程号	课程名	学时数	学分	课程号	课程名	学时数	学分
1	数据库	50	3.5	5	编译原理	60	3.5
2	数学	120	7.5	6	微型机原理	50	3.0
3	操作系统	60	3.5	7	计算方法	40	2.5
4	数据结构	80	7.0				

学生成绩表见表 1-1-5。

表 1-1-5　学生成绩表

学号	课程号	成绩	学号	课程号	成绩
200901	1	86.00	200903	2	45.00
200901	2	68.50	200904	2	89.00
200902	4	79.00	200907	5	95.00
200908	6	87.00	200907	6	63.00
200902	1	56.00	200908	5	88.00
200902	2	90.00	200908	7	75.00

以上三个表中的数据包含了表 1-1-2 中的所有数据。表 1-1-2 有许多数据重复出现，造成了数据冗余。这必然导致数据存储空间的浪费，使数据的输入、查找和修改更加麻烦。相反，遵循数据规范化的准则建立多个相关的数据表，并让这些分开的数据表依赖关键字段保持一定的关联关系，就可以有效改进上述缺点。

在数据库管理系统环境下，可将这些相关联的数据表存储在同一个数据库中(如学生成绩数据库 xscj. dbc)，并保持一个关联关系，使用时如同一个表一样，操作更加方便。

把这些依赖关系模型建立的数据表组织在一起，可以反映客观事物间的多种对应关系。一般情况下，同一数据库中相关联的表间有一对一、一对多、多对一和多对多的关系。

1. 一对一关系

一对一关系，即在两个数据表中选一个相同字段作为关键字段，把其中一个数据表中的关键字段称为原始关键字段，该字段值是唯一的；而另一个数据表中的关键字段称为外来关键字段，该字段值也是唯一的。下面以表 1-1-6 为例进行说明。

表 1-1-6　学生特长表

学号	专　业	外语水平	特长	学号	专　业	外语水平	特长
200901	计算机	四级	排球	200905	计算机软件	四级	羽毛球
200902	数学	四级	篮球	200906	应用数学	六级	唱歌
200903	通信工程	六级	田径	200907	计算数学	六级	足球
200904	计算机硬件	四级	田径	200908	通信工程	四级	足球

通过“学号”这一相同字段可将表 1-1-3 与表 1-1-6 联系起来。表 1-1-3 中的“学号”为原始关键字段(该字段值是唯一的)；而表 1-1-6 的“学号”为外来关键字段(该字段值是唯一的)，两个表便构成了一对一的关系。

2. 一对多关系

一对多关系，即在两个数据表中选一个相同的字段作为关键字段，把其中一个数据表的关键字段称为原始关键字段，该字段值是唯一的；而把另一个数据表中的关键字段称为外来关键字段，该字段值是重复的。

如通过“学号”这一相同字段可将表 1-1-3 与表 1-1-5 联系起来。表 1-1-3 中的“学号”为原始关键字段(该字段值是唯一的)，而表 1-1-5 中的“学号”为外来关键字段(该字段值是重复的)，两个表便构成了一对多的关系。同样，表 1-1-4 与表 1-1-5 通过课程号字段也可构成一对多的关系。

把一个复杂的表分成一对多的关系，尽管还存在重复，但仅是外来关键字段的重复。这就减少了数据输入及数据存储的复杂性。

3. 多对一关系

多对一关系与一对多关系是类似的，唯一的区别是在两个相关联的数据表中，选择哪一个数据表中的关键字段为原始关键字段。该字段值是重复的，即把这个数据表称为父表；与它关联的另一个数据表中的关键字段为外来关键字段，该字段值是唯一的，称为子表。

在表 1-1-5 与表 1-1-3 中，如果以表 1-1-5 中的"学号"为原始关键字段(该字段值是重复的)，而表 1-1-3 中的"学号"为外来关键字段(该字段值是唯一的)，则两个表便构成了多对一的关系。在这两个表中，称表 1-1-5 为父表，表 1-1-3 为子表。

4. 多对多关系

多对多关系，即在两个数据表中选一个相同字段作为关键字段，把其中一个数据表的关键字段称为原始关键字段，该字段值是重复的；而把另一个数据表中的关键字段称为外来关键字段，该字段值也是重复的。这样两个数据表间就有了多对多的关系。要处理多对多的关系，只要把多对多的关系分成两个不同的多对一或一对多的关系即可。

总之，数据规范化的准则并不是法律，它只是在用户建立数据结构时起到一个指导性的作用，以减少对应用程序的灵活性的限制，降低数据的使用率。

1.4 数据库管理系统

从信息处理的理论角度讲，如果把利用数据库进行信息处理的工作过程，或把掌握、管理和操纵数据库的数据资源的方法看作是一个系统，则称这个系统为数据库管理系统(database management system，DBMS)。数据库管理系统提供对数据库资源进行统一管理和控制的功能，使数据与应用程序隔离，数据具有独立性；它可以使数据结构及数据存储具有一定的规范性，减少了数据的冗余，并有利于数据共享；它提供了安全性和保密性措施，可使数据不被破坏、窃用。

数据库管理系统通常由三部分组成：数据描述语言(DDL)及其编译程序、数据操纵语言(DML)或查询语言及其编译或解释程序、数据库管理例行程序。

数据描述语言用于定义数据库的各级模式(外模式、概念模式、内模式)，各种模式通过数据描述语言编译器翻译成相应的目标模式，保存在数据字典中。

数据操纵语言提供对数据库数据存取、检索、插入、修改和删除等基本操作。数据操纵语言一般有两种类型：一种是嵌入在 COBOL、FORTRAN、C 等高级语言中，不独立使用，此类语言称为宿主型语言；另一种是交互查询语言，可以独立使用进行简单的检索、更新等操作，通常由一组命令组成，以便用户提取数据库中的数据，此类语言称为自主型语言。

数据库管理例行程序是数据库管理系统的核心部分，它包括并发控制、存取控制、完整性条件检查与执行、数据库内部维护等。数据库的所有操作都在上述控制程序的统一管理下进行，以确保数据正确、有效。

1.5 数据库系统的体系结构

数据库系统的体系结构是数据库系统的一个总的框架。尽管实际的数据库系统的软件产品多种多样(支持不同的数据模型，使用不同的数据库语言，建立在不同的操作系统之上，数据的存储结构也各不相同)，但绝大多数的数据库系统在总的体系结构上都具有三级模型结构的结构特征。

从数据管理的角度来看，与数据库打交道的有三类人员：用户、应用程序员和系统程序员。由于他们对数据库的认识、理解和接触范围各不相同，从而形成了各自的数据库视图。所谓视图是指观察、认识和理解数据的范围、角度和方法。根据各类人员与数据库的不同关系，可把视图分为三种：即对应于用户的外部视图、对应于应用程序员的概念视图和对应于系统程序员的内部视图。由此形成数据库系统的三级模式结构：外模式、概念模式和内模式，如图1-1-3所示。

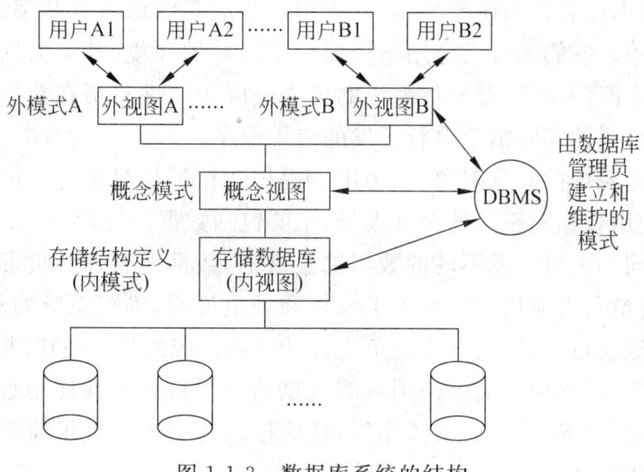

图 1-1-3　数据库系统的结构

外模式又称子模式或用户模式，对应于用户级，是某个或几个数据库用户所看到的数据库的数据视图。外模式是从概念模式导出的子模式，用户可以通过子模式描述语言来描述用户级数据库的记录，还可以利用数据操纵语言对这些记录进行操作。

概念模式又称逻辑模式，对应于概念级。它是由数据库设计者综合所有用户的数据，按照统一的观点构造的全局逻辑结构，是数据库中全部数据的逻辑结构和特征的总体描述，是所有用户的公共数据视图。它是用模式描述语言来描述的，是应用程序员所看到的数据库，即应用程序员的数据视图。

内模式又称存储模式，对应于物理级，是全部数据库数据的内部表示或底层描述，相似于存放在外存储器上的数据库。它描述了数据在存储介质上的存储方式与物理结构。

数据库系统的三级模式是数据的三个级别的抽象,使用户能够逻辑、抽象地处理数据而不必关心数据在计算机中的表示和存储。为了实现三个抽象层次间的联系和转换,数据库系统在三个模式间提供了两级映射:外模式与概念模式间的映射、概念模式与内模式间的映射。

1.6 数据库系统的构成

数据库应用系统(简称数据库系统)是指引进了数据库技术后的整个计算机系统,它是由有关的硬件、软件、数据和人员四个部分组合起来形成的为用户提供信息服务的系统。

硬件环境是数据库系统的物理支撑,包括 CPU、内存、外存及输入/输出设备。由于数据库系统承担着数据管理的任务,它要在操作系统的支持下工作,而且本身包含着数据库管理例行程序、应用程序等,因此要求有足够大的内存开销。同时,由于用户的数据、系统软件和应用软件都要保存在外存上,所以对外存容量的要求也很高。

软件系统包括系统软件和应用软件两类。系统软件主要包括支持数据库管理系统运行的操作系统、数据库管理系统本身、开发应用系统的高级语言及其编译系统、应用系统开发的工具软件等。它们为开发应用系统提供了良好的环境,其中数据库管理系统是连接数据库和用户之间的纽带,是软件系统的核心。应用软件是指在数据库管理系统的基础上由用户根据自己的实际需要自行开发的应用程序。

数据是数据库系统的管理对象,是为用户提供数据的信息源。数据库系统的人员是指管理、开发和使用数据库系统的全部人员,主要包括数据库管理员、系统分析员、应用程序员和用户。不同的人员涉及不同的数据抽象级别,数据库管理员负责管理和控制数据库系统;系统分析员负责应用系统的需求分析和规范说明,确定系统的软硬件配置、系统的功能及数据库概念设计;应用程序员负责设计应用系统的程序模块,根据数据库的外模式来编写应用程序;最终用户通过应用系统提供的用户接口界面使用数据库。常用的接口方式有菜单驱动、图形显示、表格操作等,这些接口为用户提供了简明直观的数据表示和方便快捷的操作方法。

第 2 章 Visual FoxPro 系统配置

随着软件技术和数据库技术的飞速发展，数据库管理系统日益成熟，尤其是图形界面技术、网络技术、多媒体技术的出现及其技术水平的不断提高，使数据库管理系统的应用更加广泛。Visual FoxPro 6.0 系统作为 20 世纪 90 年代的高级数据库管理系统软件，具有性能完善的编程语言。本章介绍 Visual FoxPro 的主要功能及操作。

2.1 Visual FoxPro 的安装与启动

本节主要介绍 Visual FoxPro 6.0 系统的安装，包括安装前的准备和安装过程，并介绍 Visual FoxPro 6.0 启动与退出的具体操作方法。

2.1.1 Visual FoxPro 6.0 的安装

中文 Visual FoxPro 6.0 可以从 CD-ROM 或网络上安装。以下介绍从 CD-ROM 上安装 Visual FoxPro 6.0 的方法。

将 Visual FoxPro 6.0 系统光盘插入到 CD-ROM 驱动器中，自动运行安装程序；然后选择系统提供的安装方式；按步骤选择相应的选项，完成安装过程。

操作步骤如下。

(1) 将 Visual FoxPro 6.0 系统光盘插入到 CD-ROM 驱动器中，启动安装程序(用鼠标双击 SETUP 程序)，进入“Microsoft Visual FoxPro 6.0 安装向导”窗口，如图 1-2-1 所示。

(2) 单击“下一步”按钮，进入“用户许可协议”窗口，如图 1-2-2 所示。选择接受协议，才可进入下一步操作。

(3) 单击“下一步”按钮，进入“用户 ID”窗口，如图 1-2-3 所示。按提示信息输入即可。

(4) 单击“下一步”按钮，进入“继续或退出安装”窗口，如图 1-2-4 所示。

(5) 单击“继续”按钮，进入“选择安装方法”窗口，如图 1-2-5 所示。若是初学者，一般应选择典型安装方法。如果不想安装到默认的文件夹中，可单击“更改文件夹”按钮，即可安装到所指定的文件夹中。

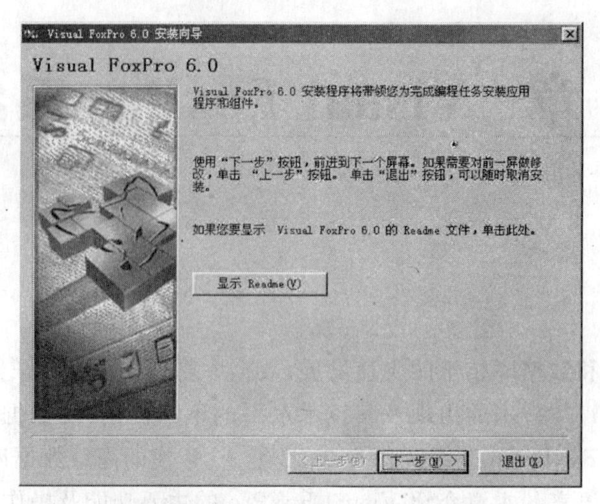

图 1-2-1　Visual FoxPro 6.0 安装向导

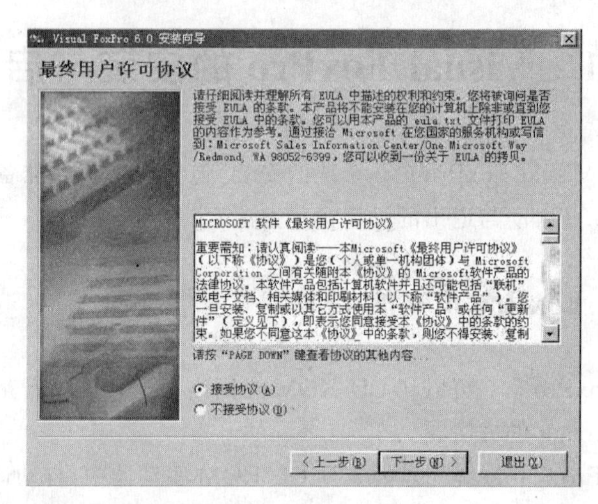

图 1-2-2　用户许可协议

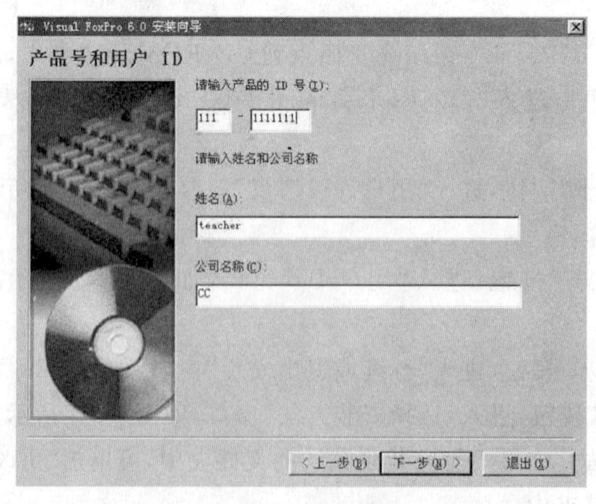

图 1-2-3　用户 ID

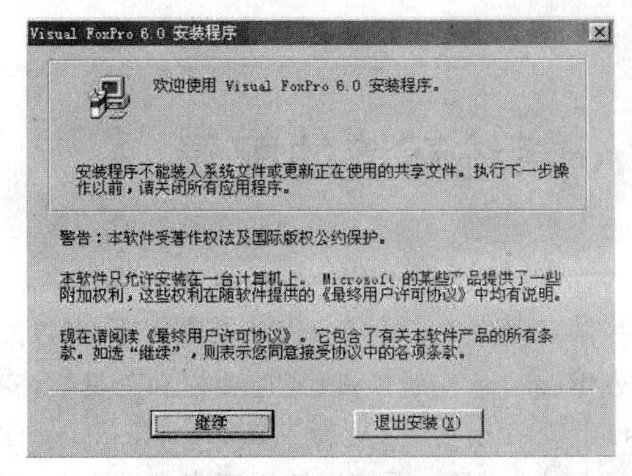

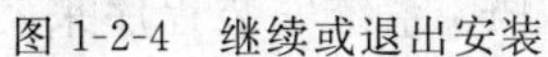

图 1-2-4　继续或退出安装　　　　图 1-2-5　选择安装方法

一旦安装完毕，“Microsoft Visual FoxPro 6.0”就被装入在 Windows 的程序组文件夹中。

2.1.2　启动 Visual FoxPro 6.0

安装 Visual FoxPro 6.0 系统时，将创建一个名为 Microsoft Visual FoxPro 6.0 的新 Windows 程序群组，或将 Visual FoxPro 6.0 放在“开始”菜单中。

启动 Visual FoxPro 有多种方法，通常采用以下方式。

(1) 从“开始”菜单启动。

(2) 双击桌面上的 Visual FoxPro 快捷方式启动。

启动 Visual FoxPro 系统后，进入图 1-2-6 所示的集成环境。

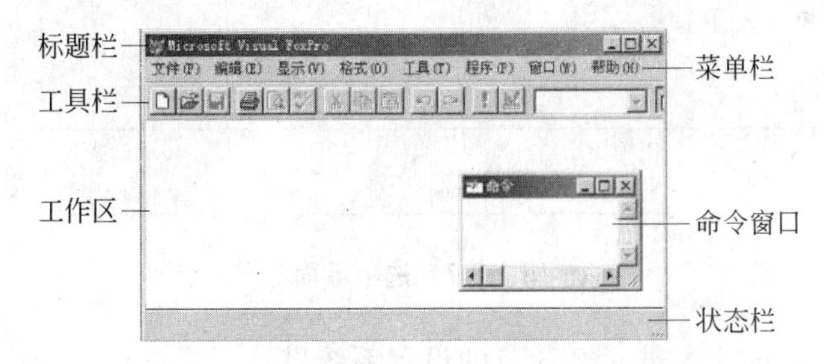

图 1-2-6　Visual FoxPro 集成环境

2.1.3　退出 Visual FoxPro 6.0

要退出 Visual FoxPro 6.0 系统时，可以使用以下几种方法：

(1) 在 Microsoft Visual FoxPro 6.0 主菜单中，打开“文件”菜单，选择“退出”选项。

(2) 按 Alt＋F4 组合键。

(3) 按 Ctrl＋Alt＋Del 组合键，进入“关闭程序”窗口，按“结束任务”按钮。

(4) 在 Microsoft Visual FoxPro 的系统环境窗口，单击其右上角的“关闭”按钮。

(5) 在“命令”窗口，输入命令 QUIT，并按回车键。

2.2 Visual FoxPro 系统环境的配置

Visual FoxPro 系统环境的配置决定了 Visual FoxPro 系统的操作环境和工作方式。Visual FoxPro 系统允许用户设置大量参数控制其工作方式。通过设置系统环境，可以添加或删除 Visual FoxPro 控件，更新 Windows Registry 注册项，改变选项栏和工具栏，安装 DOBC 数据源等。其中，添加或删除 Visual FoxPro 控件，更新 Windows Registry 注册项，安装 ODBC 数据源等操作，都要通过 Visual FoxPro 系统安装程序来实现配置，用户可以参照有关手册。本节仅介绍 Visual FoxPro 系统的选项对话框和工具栏的设置。

在 Visual FoxPro 系统主菜单下，选择“工具”选项，打开“工具”菜单；再选择其中的“选项”，可以进入到“选项”窗口，如图 1-2-7 所示。

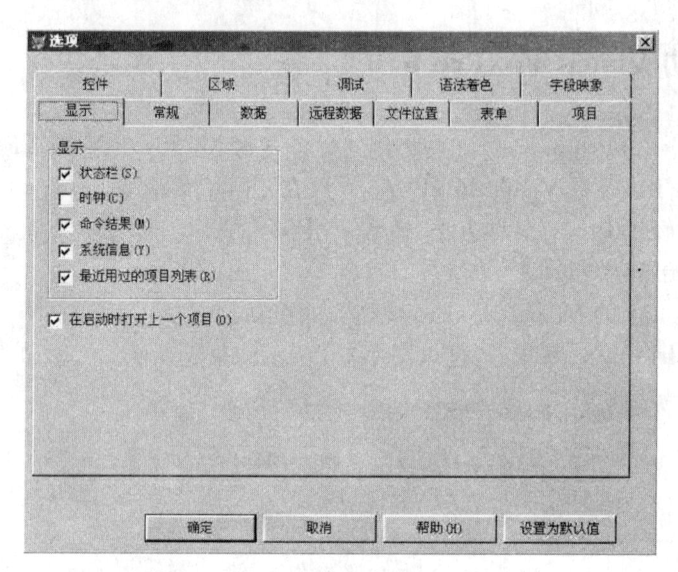

图 1-2-7　选项界面

单击“文件位置”选项卡进入 2.3 节的设置系统默认目录操作。

2.3 Visual FoxPro 设置系统默认目录

Visual FoxPro 6.0 默认目录的设置。如果不设置默认目录，系统就会将用户操作生成的文件保存到 Visual FoxPro 6.0 安装目录中，这样会使用户文件和系统文件混在一起，不便管理查找文件。

设置默认目录的目的是使每次上机生成的文件保存到所指定的目录中，便于管理、查找、使用文件。设置默认目录有两种方法，其中方法一的操作步骤见图 1-2-8 所示。

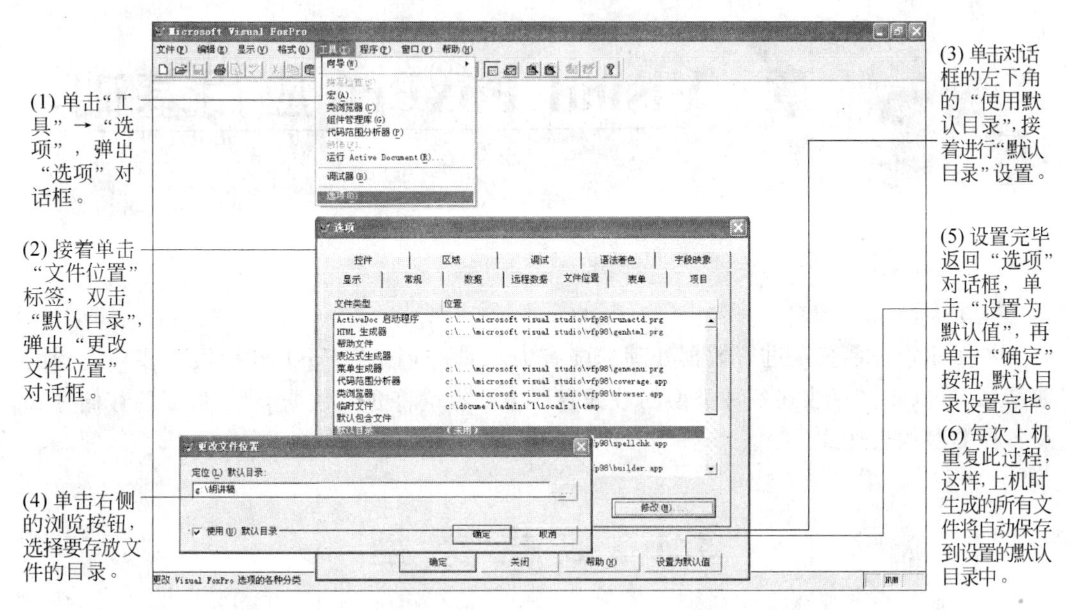

图 1-2-8　Visual FoxPro 6 设置默认目录操作示意图

方法一的操作步骤：

(1) 在图 1-2-7 中单击“文件位置”选项卡。

(2) 在“文件类型”列表框中，双击“默认目录”选项，弹出“更改文件位置”对话框，选中“使用(U)默认目录”。

(3) 在“定位(L)默认目录”中输入要设置的默认目录路径(或单击右侧的…按钮，弹出“选择目录”对话框(图 1-2-9)，如：D:\电气 091 班-刘海涛)。

(4) 然后按“确定”按钮一步步返回到“选项”对话框，单击“设置为默认值”，最后单击“确定”按钮。

(5) 默认目录设置完毕。

方法二：在命令窗口输入命令设置。

```
SET DEFAULT TO D:\电气 091 班-刘海涛
```

记住，每次开机进入 Visual FoxPro 6.0 都必须设置默认目录。

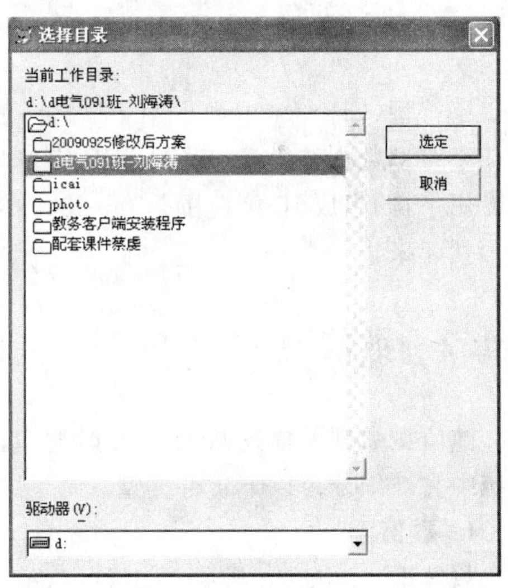

图 1-2-9　选择默认目录

第3章 Visual FoxPro应用基础

数据库管理系统是进行数据处理的强有力工具。Visual FoxPro 提供了多种类型的数据,并可以将其存放在各种类型的数据容器中。本章将介绍数据类型、数据的存储方式及各种类型的表达式。

3.1 数据类型

数据是反映客观事物属性的记录。通常分为数值型和字符型两种基本类型。数据类型一旦被定义,就确定了其存储方式和使用方式。Visual FoxPro 系统为了使用户建立和使用数据库更加方便,将数据细化分为以下几种类型。

3.1.1 字符型

字符型(Character)数据用于描述一般的文本符号数据,是最常用的数据类型之一。

字符型数据是由汉字和 ASCII 字符集中可打印字符(英文字符、数字字符、空格及其他专用字符)组成,长度范围是 0～254 个字符,使用时必须用定界符双引号(“”)或单引号(‘’)括起来。

3.1.2 数值型

数值型数据是描述数量的数据类型,是最常用的数据类型之一。在 Visual FoxPro 系统中它被细分为以下 4 种类型。

1. 数值型

数值型(Numeric)数据是由数字(0～9)、小数点和正负号组成。最大长度为 20 位(包括+、-号和小数点)。

2. 浮点型

浮点型(Float)数据是数值型数据的一种,与数值型数据完全等价。浮点型数据只是在存储形式上采取浮点格式。增设浮点型数据的主要目的是使计算有较高的精度。

3. 双精度型

双精度型(Double)数据是更高精度的数值型数据。它只用于数据表中的字段类型的定义,并采用固定长度浮点格式存储,占 8 个字节,有效位数可达 15 位。

4. 整型

整型(Integer)数据是不包含小数点部分的数值型数据。它只用于数据表中的字段类型的定义。整型数据以二进制形式存储。

3.1.3 货币型

货币型(Currency)数据用字母 Y 表示。在使用货币值时,可以使用货币型数据代替数值型。货币型数据默认保留 4 位小数,小数位数超过 4 位时,系统将进行四舍五入的处理,占 8 个字节。

3.1.4 日期型

日期型(Date)数据是用于表示日期的数据,用默认格式{mm/dd/yyyy}来表示。其中:mm 代表月,dd 代表日,yyyy 代表年,长度固定为 8 位。

3.1.5 日期时间型

日期时间型(Date Time)数据是描述日期和时间的数据,其默认格式为{mm/dd/yyyy hh:mm:ss}。其中:yyyy 代表年,前两个 mm 代表月,dd 代表日,hh 代表小时,后两个 mm 代表分钟,ss 代表秒,长度固定为 8 位。

3.1.6 逻辑型

逻辑型(Logic)数据是描述客观事物真假的数据,用于表示逻辑判断结果。逻辑型数据只有真(.T.)和假(.F.)两种值,长度固定为 1 位。

3.1.7 备注型

备注型(Memo)数据用于存放较长的字符型数据类型。可以把它看成是字符型数据的特殊形式。

备注型数据没有数据长度限制,仅受限于现有的磁盘空间。它只用于数据表中的字段类型的定义,其字段长度固定为 4 位,而实际数据被存放在与数据表文件同名的备注文件中,长度根据数据的内容而定。

3.1.8 通用型

通用型(General)数据是用于存储 OLE 对象的数据。通用型数据中的 OLE 对象可以是电子表格、文档、图片等。它只用于数据表中的字段类型的定义。

OLE 对象的实际内容、类型和数据量则取决于连接或嵌入 OLE 对象的操作方式。如果采用连接 OLE 对象方式，则数据表中只包含对 OLE 对象的引用说明，以及对创建该 OLE 对象的应用程序的引用说明；如果采用嵌入 OLE 对象方式，则数据表中除包含对创建该 OLE 对象的应用程序的引用说明，还包含 OLE 对象中的实际数据。

通用型数据长度固定为 4 位，实际数据长度仅受限于现有的磁盘空间。

3.2 常量与变量

在 Visual FoxPro 系统环境下，数据输入、输出是通过数据的存储设备完成的。通常都是将数据存入到变量、数组中。常量是在程序运行过程中其值不变的量，而变量的值是可能会变化的，Visual FoxPro 的变量分为字段变量、内存变量(包含数组变量)和系统变量。

3.2.1 常量

常量有数值型、浮点型、字符型、逻辑型、日期型和时间日期型 6 种。

1. 数值型常量

数值型常量由数字(0～9)、小数点和正负号组成。例如：134.16、984、－32、－5.67。

2. 浮点型常量

浮点型常量是数值型常量的浮点格式。例如：－250e＋6、－3.14159e－9。

3. 字符型常量

字符型常量由汉字和 ASCII 字符集中可打印字符组成的字符串，使用时必须用三种定界符中的一种括起来(双引号“ ”、单引号‘ ’或中括号[])。例如：“上海世博会”、‘中国北京’、[ABCDE]。

4. 逻辑型常量

逻辑型常量由表示逻辑判断结果为“真”或“假”的符号组成。例如：. t. 或. T. 、. f. 或. F. 。

5. 日期常量

日期常量用于表示日期，Visual FoxPro 6.0 默认的日期格式是严格的日期格式{^yyyy-mm-dd}。

例如：{^2011-3-8}、{^2011-3-8，10:10:45}。

要使用通常的日期格式{mm/dd/yyyy}，必须先执行命令 Set Strictdate to 0 设置成普通日期格式，否则系统会弹出错误提示。

例如：

```
Set  Strictdate to 0                    && 设置普通日期格式
?  {04/12/2010}                         && 在屏幕上输出 04/12/10
Set  Strictdate to 1                    && 设置严格日期格式
?  {^2010-04-12}                        && 在屏幕上输出 04/12/10
```

说明：在引用日期常量的时候不管采用严格日期格式还是普通日期格式，在屏幕上输出的都是{mm/dd/yyyy}的形式。

6. 日期时间型常量

用于表示日期时间，其规定格式与上述日期常量相同。用普通格式{mm/dd/yyyy hh：mm：ss}或严格格式{^yyyy-mm-dd hh：mm：ss}表示。例如：{04/12/2010 10：20：25}。

3.2.2 内存变量

内存变量是用于标识内存单元的，它独立于数据表文件而存在。它可以随时建立和使用，用于保存数据。

1. 内存变量的赋值

内存变量的赋值有下面两种形式：

格式一：STORE ＜表达式＞ TO ＜内存变量表＞

格式二：＜内存变量＞＝＜表达式＞

功能：将表达式的值赋给变量，变量数据类型由所赋表达式的值的类型决定。"＝"表示赋值号，其左边必须是变量。

【例 3-1】 应用示例。

```
a="abc"                     && 将字符串常量"abc"赋值给变量 a
STORE "ABC" TO aa           && 将字符串常量"abc"赋值给变量 aa
STORE  0 TO  x,y,z          && 将 0 赋给变量 x,y,z,等价于 x=0、y=0、z=0 三条赋值语句
```

用 STORE 和＝都可以赋值，但是用 STORE 可以给多个内存变量赋值。

内存变量命名必须由字符、数字或者下划线组成，其长度不超过 10 个字符。在上面例子中，a，aa，x，y，z 均为内存变量。a，aa 是字符型变量，而 X，Y，Z 是数值型变量。

在第 6 章我们还将学习 ACCEPT、INPUT、WAIT 键盘赋值语句以及变量的作用范围。

2. ？和？？

格式：？|？？＜表达式 1＞[，＜表达式 2＞][，…，＜表达式 n＞]

功能：计算表达式的值并在屏幕上输出。

说明：

？ 表示从当前光标所在行的下一行第 0 列开始显示。

？？ 表示从当前光标所在处开始显示。

【例 3-2】 应用示例。

```
S1="中华人民共和国成立"          && S1 为字符型变量
S2="周年"                        && S2 为字符型变量
d=2011-1949                      && d 为数值型变量
?s1+str(d)+s2                    && 函数 str()将数值型变量 d 转变为字符型"62"
                                 && 输出字符串"中华人民共和国成立 62 周年"
```

验证：？s1，d，s2 和？s1＋d＋s2，观察结果并分析原因。

3.2.3 数组变量

数组变量是结构变量。它是具有相同名称而下标不同的一组有序内存变量。Visual FoxPro 允许定义一维和二维数组，数组在使用之前需要先定义。

1. 定义数组

Visual FoxPro 中的数组和其他高级语言中的数组有所不同，数组本身是没有数据类型的，各种数组元素的数据类型跟最近一次被赋值的类型相同。换句话说，数组实际上只是有序的内存变量。创建数组的命令如下：

格式：DIMENSION|DECLARE（数组名 1)(＜数组表达式 1＞)[，
　　　＜数组表达式 2＞][，＜数组名 2＞(＜数组表达式 3＞[，＜数组表达式 4＞])]

【例 3-3】 定义 A(2)，B(2,2)数组：

```
DIMENSION A(2), B(2,2)
```

这表示数组 A 有两个元素，分别为 A(1)和 A(2)。数组 B 有 4 个元素，分别为 B(1,1)，B(1,2)，B(2,1)和 B(2,2)。

2. 数组赋值和引用

数组的赋值和引用遵循内存变量的规则。

【例 3-4】 定义数组、赋值并输出。

```
DIMENSION  A(2),B(2,2)
A(1)="ABCD"
A(2)=.T.
B(1,2)=A(1)
B(2,2)=123
B(2,1)=11.1
?A(1),A(2),B(1,2),B(2,2),B(1,1)
```

输出结果如下：

```
ABCD .T. ABCD 123 .F.
```

从结果可以看出数组元素 B(1,1)没有赋值，则自动为逻辑型且值为.F.。这一点在使用中要特别注意。

3.2.4 字段变量

字段变量是数据库管理系统中的一个重要概念，是指数据表中已定义的任意一个字段，它依赖于数据表而存在。

可以这样理解：在一个数据表中，同一个字段名下有若干个数据项，而数据项的值取决于该数据项所在记录行的变化，所以称它为字段变量。也有人把字段变量称为字段名变量。

字段变量的类型有数值型、浮点型、货币型、整型、双精度型、字符型、逻辑型、日期型、时间日期型、备注型和通用型等。

在图 1-3-1 学生基本信息表中，学号、姓名、性别、生日、籍贯、专业都为字段变量。如：姓名字段变量取值范围为李强、张伟、王美，而姓名字段变量的当前值为张伟。专业字段变量取值范围为计算机、自动化、造价，而当前值为自动化。

学号	姓名	性别	生日	籍贯	专业
200901	李强	男	1981.7	江西	计算机
200902	张伟	男	1982.8	陕西	自动化
200903	王美	女	1981.8	北京	造价

图 1-3-1　学生基本信息表

3.3　表　达　式

表达式是由常量、变量、函数和运算符组成的运算式。在 Visual FoxPro 系统中，根据不同的运算符及表达式的运算结果，表达式可以分为以下 5 种。

3.3.1　算术表达式

算术表达式可由算术运算符和数值型常量、数值型内存变量、数值型数组、数值类型的字段、返回数值型数据的函数组成。算术表达式的运算结果是数值型常数。

算术运算符及表达式实例见表 1-3-1。

表 1-3-1　算术运算符及表达式实例

运算符	功　能	表达式	表达式值	运算符	功　能	表达式	表达式值
**,^	幂	2**8,5^2	256,25	%	模运算(取余)	96%12	0
*,/	乘除	36*4/9	16	+,-	加,减	3+8-6	5

在进行算术表达式计算时，要遵循以下优先顺序：先括号；在同一括号内，先进行乘方(**)运算，再进行乘除(*、/)运算；接着进行模(%)运算；最后进行加减(+,-)运算。

3.3.2　字符表达式

字符表达式由字符运算符和字符型常量、字符型内存变量、字符型数组、字符型类型的字段和返回字符型数据的函数组成。字符表达式运算的结果是字符常数或逻辑型常数。

字符运算符及表达式的实例见表 1-3-2。

3.3.3　日期时间表达式

日期时间表达式由日期运算符和日期时间型常量、日期时间型内存变量和数组、返回

表 1-3-2　字符运算符及表达式的实例

运算符	功　能	表 达 式	表 达 式 值
＋	字符串 1＋字符串 2，将字符串 2 直接连接在字符串 1 的尾部	“计算机”＋“软件”	“计算机软件”
－	字符串 1－字符串 2，先将字符串 1 尾部空格移到字符串 2 尾部，再将字符串 2 连接到字符串 1 的尾部	“计算机”－“软件”	“计算机软件”
$	字符串 1 $ 字符串 2，判断字符串 1 是否包含在字符串 2 中。如果是，结果为. T.，否则结果为. F.	“计算机” $ “计算机软件”	. T.

日期时间型数据的函数组成。日期时间表达式运算的结果是日期时间型常量。

日期时间运算符及表达式实例见表 1-3-3。日期数据采用了非严格的日期形式表示。

表 1-3-3　日期时间运算符及表达式实例

运算符	功能	表 达 式	表 达 式 值
＋	相加	{10/10/2011}＋5 {10/10/2011 9:15:20}＋200	{10/15/2011} {10/10/2011 9:18:40}
－	相减	{10/15/2011}－{10/10/2011} {10/10/2011 9:18:40}－{0/10/2011 9:15:20}	5 200

运算符“＋”、“－”用于在日期数据上加减一个常量，结果表示该日期的后几天或前几天日期。运算符“＋”、“－”用于在日期时间数据上加减一个常量，结果表示该日期时间上再加的秒数或减的秒数。两个日期(时间)相减“－”表示两日期(时间)相差的天数或秒数。但不能进行相加“＋”，否则结果无意义。

3.3.4　关系表达式

关系表达式可由关系运算符和字符表达式、算术表达式、时间日期表达式组成。其运算结果为逻辑型常量。关系运算是运算符两边同类型元素的比较，关系成立结果为. T.；反之结果为. F.。关系运算符及表达式实例见表 1-3-4。

表 1-3-4　关系运算符及表达式实例

运 算 符	功　能	表 达 式	表 达 式 值
＜	小于	3 * 5＜20	. F.
＞	大于	3＞1	. T.
＝	等于(模糊相等)	“ABC”＝“AB” 但“AB”＝“ABC”	. T. . F.
＜＞，#，!＝	不等于	4＜＞－5	. T.
＜＝	小于或等于	3 * 2＜＝6	. T.
＞＝	小于或等于	6＋8＞＝15	. F.
＝＝	等于(精确相等)	“ABC”＝＝“AB”	. F.

3.3.5 逻辑表达式

逻辑表达式可由逻辑运算符和逻辑型常量、逻辑型内存变量、逻辑型数组、返回逻辑型数据的函数和关系表达式组成。其运算结果仍是逻辑型常量。

逻辑表达式在运算过程中，同样有其运算规则，其运算规则见表 1-3-5。

表 1-3-5 逻辑表达式运算规则

A	B	A. And. B	A. or. B	. not. A
. T.	. T.	. T.	. T.	. F.
. T.	. F.	. F.	. T.	. F.
. F.	. T.	. F.	. T.	. T.
. F.	. F.	. F.	. F.	. T.

进行逻辑表达式计算时，要遵循以下优先顺序：括号、. NOT. 、. AND. 、. OR. 。

逻辑运算符及表达式实例见表 1-3-6。

表 1-3-6 逻辑运算符及表达式实例

运算符	功能	表 达 式	表达式值
. NOT.	逻辑非	. NOT. 3＋5＞6	. F.
. AND	逻辑与	3＋5＞6. AND. 4 * 5＝20	. T.
. OR.	逻辑或	6 * 8＜＝45. OR. 4＜6	. T.

3.4 函 数

在 Visual FoxPro 系统中提供一批标准函数，可以使用户以简便的方式完成某些特定的操作。根据每一个函数的功能，标准函数大致分为 11 类：即数值类函数、字符类函数、数据转换函数、日期和时间类函数、变量处理类函数、数据库类函数、环境类函数、数据共享类函数、输入和输出类函数、编程类函数和动态数据操作类函数。

每个函数通过函数名调用。函数名实际上定义了一种运算，其一般形式为：

函数名(＜参数表＞)

函数可以有参数，也可以没有参数。当参数多于一个时，中间用逗号分开。不管函数是否带有参数，调用函数时后面的括号都不能省略。

下面分类介绍一些常用的函数。

3.4.1 数值函数

数值函数返回值是数值型，常用的数值函数有如下几种。

1. 绝对值函数 ABS

格式：ABS(＜数值表达式＞)

功能：返回＜数值表达式＞的绝对值。

例如：

```
a=10
b=20
?ABS(a-b)                                   && 结果得 10
```

2. 取整函数 INT

格式：INT(＜数值表达式＞)

功能：＜数值表达式＞的整数部分。

例如：

```
?INT(55.99)                                 && 结果得 55
?INT(-55.99)                                && 结果得-55
```

3. 最大值函数 MAX

格式：MAX(N1,N2,…)

功能：式中的 N1,N2 等可以是相同类型的数值型、日期型或字符型表达式。当它们是数值型时，返回最大的表达式值；当它们是日期型时，返回最晚的日期；当它们是字符型时，返回 ASCII 最大的字符串。

例如：

```
?MAX(22,33,11)                              && 得 33
?MAX({^2011-3-5},{^2010-3-5})               && 得 03/05/11
```

4. 最小值函数 MIN

格式：MIN(N1,N2,…)

功能：式中的 N1,N2 等可以是相同类型的数值型、日期型或字符型表达式。当它们是数值型时，返回最小的表达式值；当它们是日期型时，返回最早的日期；当它们是字符型时，返回 ASCII 码最小的字符串。

例如：

```
a="number"
b="over"
?MIN(a,b)                                   && 得 number
```

5. 四舍五入函数 ROUND

格式：ROUND(＜数值表达式 1＞,＜数值表达式 2＞)

功能：按＜数值表达式 2＞的规定对＜数值表达式 1＞的计算结果进行四舍五入处理。当＜数值表达式 2＞为正数时，其值是小数部分保留的位数；当它为负数时，其绝对值为整数部分四舍五入的位数。

例如：

```
?ROUND(55.8451,2)                      && 得 55.85
?ROUND(55.8451,0)                      && 得 56
?ROUND(55.8451,-1)                     && 得 60
```

6. 随机数函数 RAND

格式：RAND([<数值表达式>])

功能：获得一个 0～1 之间的随机数，其数值表达式的值为随机数的种子数，可缺省。如果缺省，则两次调用会得到相同的随机数序列。如果数值表达式取一个负数，则系统将从当前时钟获得一个种子数，此后的调用能确保获得真正随机数序列。

7. 指数函数 EXP

格式：EXP(<数值表达式>)

功能：返回以 e 为底，以<数值表达式>为指数的函数的值。

8. 对数函数 LOG

格式：LOG(<数值表达式>)

功能：返回以 e 为底的<数值表达式>的对数。

9. 平方根函数 SQRT

格式：SQRT(<数值表达式>)

功能：返回<数值表达式>的平方根。

10. 正弦函数 SIN

格式：SIN(<数值表达式>)

功能：返回以弧度所表示的正弦值。

11. 余弦函数 COS

格式：COS(<数值表达式>)

功能：返回以弧度所表示的余弦值。

12. 正切函数 TAN

格式：TAN(<数值表达式>)

功能：返回以弧度所表示的正切值。

3.4.2 字符串函数

字符串函数返回值的类型依具体函数而定，常用的字符串函数有如下几种。

1. 字符串长度函数 LEN

格式：LEN(<字符表达式>)

功能：返回<字符表达式>值的长度。

例如：

```
?LEN("foxpro")                         && 得 6
```

2. 删除尾部空格函数 TRIM

格式：TRIM(<字符表达式>)

功能：去掉(<字符表达式>)值尾部的空格。

例如：

```
?LEN("中国    ")                          && 得 8,因为"中国"后面有 4 个空格
?LEN(TRIM("中国    "))                    && 得 4,因为已删除了尾部空格
```

3. 删除头部空格函数 LTRIM

格式：LTRIM(<字符表达式>)

功能：去掉<字符表达式>值的前导空格。

4. 删除头尾部的空格函数 ALLTRIM

格式：ALLTRIM(<字符表达式>)

功能：去掉<字符表达式>值的前后空格。

5. 子字符串函数 SUBSTR

格式：SUBSTR(<字符表达式>,<数值表达式 1>,[<数值表达式 2>])

功能：返回<字符表达式>从<数值表达式 1>位置开始,长度为<数值表达式 2>的子字符串。

例如：

```
?SUBSTR("foxpro",4,2)                     && 得 pr
?SUBSTR("forpro",4)                       && 得 pro
```

6. 子字符串查找函数 AT

格式：AT(<字符表达式 1>,<字符表达式 2>)

功能：返回<字符表达式 1>在<字符表达式 2>的开始位置;若没找到,则返回 0。AT 函数在搜索时区分字母的大小写。

例如：

```
?AT ("as", As soon as possible")          && 得 9
```

7. 子串替换函数 STUFF

格式：STUFF(<字符表达式 1>,<数值表达式 1>,<数值表达式 2>,<字符表达式 2>)

功能：对<字符表达式 1>的从<数值表达式 1>开始到<数值表达式 2>为止的字符,置换为<字符表达式 2>的字符。

例如：

```
?STUFF("中国",3,4,"华人民共和国")          && 用"华人民共和国"置换"国"
```

8. 空格函数 SPACE

格式：SPACE(<数值表达式>)

功能：返回空格字符串,空格数由<数值表达式>的值决定。

9. 大写字母转换为小写函数 LOWER

格式：LOWER(<字符表达式>)

功能：将<字符表达式>值中的大写字母转换为小写，对非字母字符无影响。

10. 小字字母转换为大写函数 UPPER

格式：UPPER(<字符表达式>)

功能：将<字符表达式>值中的小写字母转换为大写，对非字母字符无影响。

11. 首字母大写函数 PPOPER

格式：PROPER(<字符表达式>)

功能：对<字符表达式>值中的首字母大写，其余小写。

例如：

```
?PROPER ("foxPRO")                              && 得 Foxpro
```

12. 字符串复制函数 REPLICATE

格式：PEPLICATE(<字符表达式>,<数值表达式>)

功能：将<字符表达式>的内容复制<数值表达式>次，函数返回值为字符型。

例如：

```
?REPLICATE("*",10 )                             && 输出 10 个 * 号,即**********
```

13. 宏替换函数(&)

格式：&<内存变量>[,<字符表达式>]

功能：用内存变量或数组元素中的值取代"&"号及其后的变量名。

说明：宏替换号"&"与内存变量之间不能有空格，内存变量只能是字符型。& 函数用法相当灵活，可通过它替换出内存变量中的命令、表达式、字段名或文件名等，这对编写通用程序是很有用的。

例如：把一个计算圆面积的公式存入一内存变量，然后用 & 函数替换出变量中的值(圆面积)。

```
r=2
a="3.14*r*r"
?&a                                             && 将 a 的值替换掉 &a,得 ?3.14*r*r
```

说明：求宏替换 & 时一定要将 & 后内存变量的原始字符串替换掉"& 内存变量"，得到新的表达式后再进行下一步的运算。

例如：把一个命令事先存入内存变量，然后用 & 函数替换出变量中的命令。

```
STORE "DELETE RECORD 2"TO c
&C                          && 替换出内存变量 c 中的值,相当于执行 DELETE RECORD 2 命令
```

例如：替换出数据库文件名。

```
STORE  "student.dbf " TO filename
USE &filename                                   && 相当于执行 use student.dbf 命令
```

如果宏替换函数后还有非空的<字符表达式>，此时将以"."表示<内存变量名>的结束，将宏替换的值与<字符表达式>的值连接起来。

例如：

```
STORE  "+" TO add
STORE "30&add.20" TO result                    && 相当于 store "30+20" to result
?&result                                       && 相当于?30+20,结果为 50
```

3.4.3 日期和时间函数

1. 获取系统日期函数 DATE

格式：DATE()

功能：返回当前系统日期。

例如：

```
?DATE()                                        && 得系统日期 99-01-06,是日期型数据
```

2. 获取系统时间函数 TIME

格式：TIME()

功能：返回当前系统时间。

例如：

```
?TIME()                                        && 得系统时间 15: 29: 14,是字符串
```

3. 年份函数 YEAR

格式：YEAR(<日期表达式>)

功能：返回<日期表达式>的年份值。

例如：

```
?YEAR(CTOD("99/03/21"))                        && 得 1999,表示一九九九年,是数值型数据
```

4. 月份函数 MONTH

格式：MONTH(<日期表达式>)

功能：返回<日期表达式>的月份值。

例如：

```
?MONTH(CTOD("09/03/2010"))                     && 得 3,表示三月份,是数值型数据
```

5. 日函数 DAY

格式：DAY(<日期表达式>)

功能：返回<日期表达式>的日子值。

例如：

```
?DAY(DATE())                                   && 得 6,表示 6 日
```

6. 日期格式转换函数 MDY

格式：MDY(<日期表达式>)

功能：返回以“月、日、年”格式表示的日期字符串。

例如：

```
?MDY(CTOD("09/03/2010"))                  && 得 march 21,99
```

3.4.4 数据类型转换函数

1. 字符型转数值型函数 VAL

格式：VAL(＜字符表达式＞)

功能：把＜字符表达式＞左部的由数字、正负号和小数点等组成的字符串转换成数值。

例如：

```
?VAL("3.14159PI")+0.3500                  && 得数值 3.4916
```

2. 数值型转字符型函数 STR

格式：STR(＜数值表达式 1＞)[,＜数值表达式 2＞[,＜数值表达式 3＞]]

功能：把＜数值表达式 1＞的值转换成字符型,＜数值表达式 2＞决定返回字符串长度,＜数值表达式 3＞决定小数部分的输出位数。

例如：

```
?STR(3.14159,6,4)                         && 得 3.1416
?STR(3.14159,6)                           && 得 3
?STR(3.14159)                             && 得 3,默认长度为 10
?STR(314159)                              && 得 314159,默认长度为 10
```

说明：当表达式 3 省略时,如果 ＜数值表达式 1＞带小数,则将整数部分按＜数值表达式 2＞的长度返回,不足部分前面补空格。如果＜数值表达式 2＞、＜数值表达式 3＞都省略,则将＜数值表达式 1＞按默认长度 10 转换。

3. 字符型转日期型函数 CTOD

格式：CTOD(＜字符表达式＞)

功能：将字符型转换成日期型,＜字符表达式＞必须是一个日期形式的表达式。

4. 日期型转字符型函数 DTOC

格式：DTOC(＜日期表达式＞)[,1]

功能：将＜日期表达式＞转换成相应的字符串;如果带可选项“1”,则返回一个适于进行索引的日期字符串。

例如：

```
?DTOC(DATE())                   && 将当前系统日期转换为字符型常数"99-03-20"
?DTOC(DATE(),1)                 && 转换为适合于索引的字符型常数"19990320"
```

3.4.5 测试函数

Visual FoxPro 提供了几十个测试函数，常用的有关于数据库操作方面的测试、变量类型的测试和光标位置的测试等。

1. 数据类型测试函数 TYPE

格式：TYPE(＜字符表达式＞)

功能：测试＜字符表达式＞的类型。测试变量类型时，变量名必须加上引号。函数返回值的意义如下：

C——字符型；N——数值型；D——日期型；L——逻辑型；M——备注型；U——未定义。

例如：

```
STORE "How are you" TO ok            && 对变量 ok 赋一个字符串
?TYPE("ok")                          && 将显示变量 ok 的类型为 C
?TYPE("2 * 3.14")                    && 将显示表达式为 N 型
```

2. 测试文件尾函数 EOF

格式：EOF([＜工作区号＞|＜文件别名＞])

功能：测试指定的＜工作区号＞或指定的＜文件别名＞的数据库文件记录指针是否指向文件尾，如指向文件尾则返回“真”，否则返回“假”。若缺省可选项，则指当前工作区。

3. 测试文件头函数 BOF

格式：BOF([＜工作区号＞|＜文件别名＞])

功能：测试数据库文件记录指针是否指向文件头，选择项意义同前。如指向文件头则返回“真”，否则返回“假”。

例如：

```
USE STUDENT          && 打开表文件 student,此时记录指针指向第一条记录
?EOF()               && 测试记录指针是否指向文件末尾,显然结果应该为假.F.
?BOF()               && 测试记录指针是否指向文件头,显然结果应该为假.F.
Skip -1              && 记录指针向前移动一条,此时指向文件头了
?BOF()               && 再次测试记录指针是否指向文件头,此时结果应该为真.T.
```

4. 测试当前记录号函数 RECNO

格式：RECNO([＜工作区号＞|＜文件别名＞])

功能：测试数据库文件记录指针指向的记录号，选择项意义同前。但函数的返回值为数值型。若指定的数据库文件无记录或记录指针位于文件头，则返回值为 1；若记录指针指向文件尾，则返回值为末记录号加 1。

5. 测试库文件记录数函数 RECCOUNT

格式：格式：RECCOUNT([＜工作区号＞|＜文件别名＞])

功能：测试数据库文件的记录数，选择项意义同前。函数的返回值为数值型。若指

定的数据库文件只有结构而无记录，则返回 0。

例如：

```
USE STUDENT
?RECNO()                              && 当前记录号为 1
?RECCOUNT()
8                                     && 表示 student 表中有 8 条记录
```

6. 测试查找记录函数 FOUND

格式：FOUND([<工作区号>|<文件别名>])

功能：测试查找记录是否成功，选择项意义同前。如查到记录，则返回“真”，否则返回“假”。

7. 测试屏幕光标坐标函数 ROW 与 COL

格式：ROW()

COL()

功能：测试并分别返回光标所在位置的“行坐标”和“列坐标”值。

8. 测试打印头坐标函数 PROW 与 PCOL

格式：PROW()

PROL()

功能：测试并分别返回打印机字头所在的“行坐标”和“列坐标”值。

第4章 数据库的建立

数据库结构定义的任务是将数据库设计结果输入到计算机中去，所使用的语言是数据库定义语言。数据库定义语言主要有 CREATE（创建）、ALTER（修改）和 DROP（删除）。在 Visual FoxPro 6.0 中，这些命令可以使用系统提供的工具来操作。

4.1 Visual FoxPro 数据库概念

由于 Visual FoxPro 的物理组织均由操作系统来管理，不需要更细的存储设计，所以可以直接根据逻辑设计的结果在计算机上创建数据库。使用 Visual FoxPro 创建数据库是通过数据库设计器来完成的，下面结合学生成绩管理系统来实现数据库的创建。

4.1.1 数据库容器概念

在大型数据库中，数据库是很重要的概念。通常数据库是由表、索引、参照关系、存储、触发器等对象组成的。数据库是一个容器，可以将相应对象容纳在数据库容器中。在 Visual FoxPro 6.0 中，数据库容器中实际上是数据表，该表记录了数据库中表的结构信息、索引表达式、参照关系表达式和存储程序等，因此可用图 1-4-1 表示。

数据库容器

表结构　索引　参照关系　存储程序

图 1-4-1 数据库容器

从图中可以看出，数据库容器是数据库中最重要的信息，是数据库的核心。因此，创建数据库的第一项任务就是创建一个数据库容器。然后将其他对象添加到该库中，从而实现整个数据库的控制和操作。

4.1.2 创建数据库

设计数据库的首要任务是创建数据库容器表，每一个数据库只能有一个这样的表。例如学生成绩管理系统数据库，只能有一个“容器”表，然后其他对象都是通过添加手段加到该容器中。设计数据库是通过数据库设计器来完成的。

在进行数据库设计前请按第 2.3 节设置好系统的默认目录，本章默认目录为 d:\vfp，见图 1-4-2。

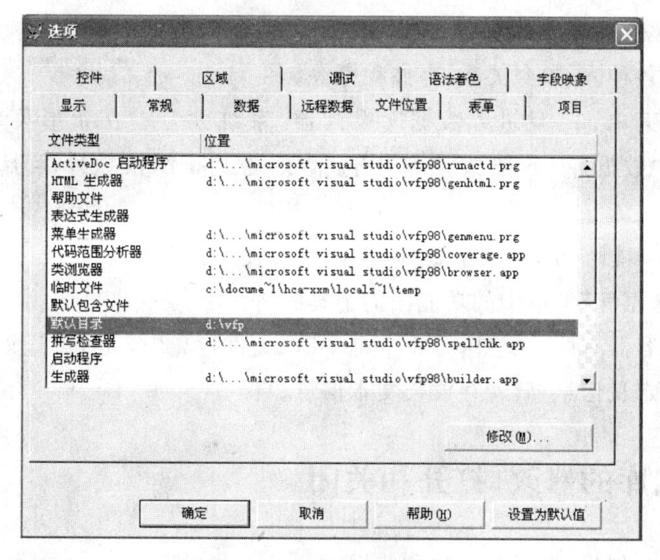

图 1-4-2　设置默认目录

1. 进入数据库设计器

进入数据库设计器的操作是选择"文件"|"新建"菜单项，得到"新建"对话框，在该对话框中单击"数据库"单选按钮。然后，单击"新建文件"按钮，得到一个创建对话框，在该对话框上部的"保存在"右侧的下拉列表框中选择存放文件的文件夹(如果之前已设好默认目录，此操作可以省略)。在数据库名右侧的文本框中输入数据库名(如 XSCJ.DBC)，就可创建一个空数据库文件 XSCJ.DBC。

这些操作相当于在命令窗口输入：

```
CREATE DATABASE d:\vfp\XSCJ.DBC
```

2. 数据库设计器界面

上述操作将得到如图 1-4-3 所示的数据库设计器窗口。

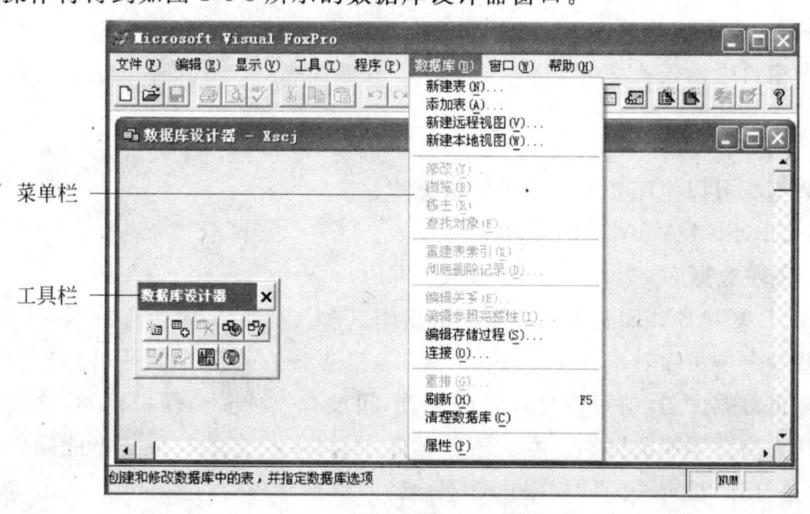

图 1-4-3　数据库设计器和数据库菜单

(1) 数据库设计器：数据库设计器是专门用来设计数据库模型的操作界面，可以在这里创建和修改各种表、参照关系、存储程序等。

(2) 数据库菜单：一旦进入数据库设计器，系统就自动在条形菜单中增加了“数据库”菜单项。“数据库”下拉式菜单中包括了关于操作数据库容器类的常用操作功能。

(3) 设计器工具栏：除了菜单之外，可以直接使用工具栏中的按钮进行操作。实际上这些按钮是“数据库”菜单中的功能项的子集。

通常数据库容器有两个文件，第 1 个是 DBC 文件，第 2 个是 DBT 文件，这是成对出现的。前者存放定义信息，后者存放长文本信息。

4.1.3 数据库的修改、打开和关闭

数据库一旦被创建，就可以修改和使用。

格式：MODIFY DATBASE 数据库名|?

功能：修改数据库。

【例 4-1】 修改 XSCJ.DBC 数据库。

在命令窗口中输入：

```
MODIFY DATABASE XSCJ.DBC
```

使用数据库时，首先要打开数据库，其命令如下：

格式：OPEN DATABASE[数据库名|?][EXCLUSIVE|SHARED]
[NOUPDATE]
[VALIDATE]

功能：打开数据库。

【例 4-2】 共享式打开 XSCJ 数据库。

在命令窗口中输入：

```
OPEN DATABASE XSCJ SHARE
```

用完数据库可以使用如下命令关闭数据库。

格式：CLOSE DATABASE [ALL]

功能：关闭数据库。

CLOSE DATABASE 表示关闭当前数据库。ALL 表示关闭所有数据库。

从这些命令中可以看出 Visual FoxPro 6.0 数据库存在一个问题，即安全机制较差。用户只要知道数据库名，就可以打开并使用，中间没有一种安全保护机制，这就是这种小型数据库和大型数据库的区别。在大型数据库中，没有一定的权限是不能随便打开数据库的，即便是打开，没有一定的权限也是不能访问数据库中的对象的。

另外，也可以选择“文件”菜单的“打开”菜单项来打开数据库设计器。

4.2 表 设 计

4.2.1 表结构设计

人们在工作、学习、生活中经常遇到二维表格。比如，表 1-1-3 的学生基本情况表、表 1-1-4 的课程情况表、表 1-1-5 的学生成绩表。

由于 Visual FoxPro 采用关系型数据模型，故能方便地将二维表作为“表”存储到电脑的存储器中。建表时，二维表标题栏的列标题将成为表的字段，也就是第 3 章讲的字段变量。标题栏下方的内容输入到表中成为表的数据，每一行数据称为表的一个记录。也就是说，表由结构和数据两部分组成。

建立表结构就是定义各个字段的属性。基本的字段属性包括字段名、字段类型、字段宽度和小数位数等。

1. 字段名

字段名用来标识字段，它是一个以字母或汉字开头，长度不超过 10 个的字母、汉字、数字、下划线序列。

2. 类型与宽度

字段类型、宽度及小数位数等属性都用来描述字段值。表 1-4-1 列出了字段的数据类型与宽度。

表 1-4-1 字段的数据类型及宽度

类型	代号	说 明	字段宽度	范 围
字符型	C	存放从键盘输入的可显示或打印的汉字和字符	1 个字符占 1 个字节，最多 254 个字节	最多 254 个字符
数值型	N	存放由正负号、数字和小数点所组成，且能参与数值运算的数据	最多 20 位	－.9999999999E＋19～.9999999999E＋20
货币型	Y	与数值型不同的是数值保留 4 位小数	8 个字节	－922337203685477.5808～92233720368547.5807
日期型	D	格式为 mm/dd/yy，mm、dd、yy 分别代表月、日、年。例如 05/15/95 表示 1995 年 5 月 15 日	8 个字节	01/01/001～12/31/9999
日期时间型	T	存放日期与时间。例如 05/15/95 12:00:00 AM 表示 1995 年 5 月 15 日上午 12:00	8 个字节	01/01/001 ～ 12/31/9999, 00:00:00AM～11:59:59PM
逻辑型	L	存放逻辑值 T 或 F。T 表示“真”，F 表示“假”	1 个字节	“真”.T.或“假”.F.

续表

类型	代号	说　明	字段宽度	范　围
备注型	M	能接受一切字符型数据，数据保存在与表的主名相同的备注文件中，其扩展名为.FPT。该文件随表的打开自动打开，若被损坏或丢失则表就打不开	4个字节	只受存储空间限制
通用型	G	用来存放图形、电子表格、声音等多媒体数据。数据也储存于扩展名为.FPT的备注文件中	4个字节	只受存储空间限制

字段宽度用以表明允许字段存储的最大字节数。对于字符型、数值型、浮动型3种字段，在建立表结构时应根据要存储的数据的实际需要设定合适的宽度。其他类型字段的宽度均由Visual FoxPro规定。例如日期型宽度为8，逻辑型宽度为1等。需要指出，备注型与通用型字段的宽度一律为4个字节，用于表示数据在.FPT文件中的存储地址。

根据上述规定，可为表1-1-3学生基本情况表、表1-1-4课程情况表、表1-1-5学生成绩表设计如表1-4-4、表1-4-3、表1-4-2所示的结构。

表1-4-2　成绩表(CJ.DBF)的结构

字段	字段名	类型	宽度	小数位	索引	排序	Nulls
1	学号	字符型	6		升序	PINYIN	否
2	课程号	字符型	3				否
3	成绩	数值型	6	2			是
** 总计 **			16				

表1-4-3　课程表(COURSE.DBF)的结构

字段	字段名	类型	宽度	小数位	索引	排序	Nulls
1	课程号	字符型	3				否
2	课程名	字符型	10				是
3	学时数	数值型	4				是
4	学分	数值型	3	1			是
** 总计 **			22				

表1-4-4　学生表(STUDENT.DBF)的结构

字段	字段名	类型	宽度	小数位	索引	排序	Nulls
1	学号	字符型	6				否
2	姓名	字符型	8				是
3	性别	字符型	2				是
4	出生日期	日期型	8				是
5	党员	逻辑型	1				是
6	所在学院	字符型	10				是
7	简历	备注型	4				是
8	照片	通用型	4				是
** 总计 **			36				是

人事表的结构如表 1-4-5 所示。

表 1-4-5　人事表(RSDA.DBF)的结构

字段	字段名	类型	宽度	小数位	索引	排序	Nulls
1	编号	字符型	6				否
2	姓名	字符型	8				是
3	性别	字符型	2				是
4	出生日期	日期型	8				是
5	职称	字符型	10				是
6	工资	数值型	7	2			是
7	退休	逻辑型	1				是
8	工作简历	备注型	4				是
9	照片	通用型	4				是
** 总计 **			52				是

4.2.2　使用命令方式创建和修改表

Visual FoxPro 的用户可以创建两种类别的表，一种是数据表，另一种是所谓的自由表。自由表是不与数据库关联的表。用户可以在适当的时间将自由表加入到数据库中成为数据库表。建立或修改表结构时，无论通过菜单操作还是使用 MODIFY STRUCTURE 命令，只要是打开表设计器来操作，都属于交互方式。若要在程序执行中建立或修改表的结构，就要使用 CREATE TABCE 和 ALTER TABLE 两种命令。

1. 创建表

创建表命令格式如下：

```
格式：CREATE TABLE|DBF <表名>[NAME 长表名]
      [FREE]                                    && 创建自由表
      (字段名 1 字段类型(字段长度[,小数点位数]    && 字段属性设置
      [NULL|NOT NULL]                           && 空设置
      [CHECK 逻辑表达式[ERROR 出错显示信息]]      && 逻辑检查设置
      [DEFAULT 表达式]                           && 缺省值设置
      [DEFAULT 表达式]                           && 缺省值设置
      [PRIMARY KEY | NUIQUE]           && 设置主关键字或候选关键字
      [PEFERENCES 表名 1[TAG 索引标识 1]]         && 参照设置
      [NOCPTRANS]         && 设置不转换的代码页字段(字符或备注字段)
      [,字段名 2 字段类型(字段长度[,小数点位数]
      [NULL | NOT NULL]
      [CHECK 逻辑表达式[ERROR 出错显示信息]]
      [DEFAULT 表达式]
      [PRIMARY KEY | NUIQUE]
      [PEFERENCES 表名 2[TAG 索引标识 2]]
```

[NOCPTRANS]…))

|FROM ARRAY 数组名

功能：创建表。

这是一个 SQL(数据库标准语言)数据库定义语言中的命令，该命令必须在数据库打开的状态下才能使用。该命令功能说明如下：

CREATE TABLE |DBF<表名>[NAME 长表名]表示创建一个表。如果数据库处于打开状态，则创建的表被自动添加到数据库中。NAME 长表名也只有在数据库打开状态下才能使用，可以将长表名放置到数据库容器表中。

FREE 关键字表示创建的表是自由表，不被添加到数据库中。

<字段名 1，字段类型[<字段长度>[，<小数点位数>]]>]这些是字段属性的描述部分，如前面所述类型：

NULL|NOT NULL 表示空设置，空表示什么也没有。有的字段可以使用空，有的字段不能使用，如关键字字段不能为空。

CHECK 逻辑表达式[ERROR 出错显示信息]表示逻辑检查设置，这实际上是字段有效性检查。例如年龄必须为 17～25 岁。

DEFAULT 表达式　表示设置缺省值。

PRIMARY KEY |NUIQUE 表示设置主关键字或候选关键字。

PEFERENCES 表名 1[TAG 索引标识 1]表示参照设置。

【例 4-3】 创建 STUDENT 表。

```
CREATE TABLE STUDENT (学号 C(5)Primary key,姓名 N(8),性别 C(2),出生日期 D,党员 L,所在
系 C(2),简历 M,照片 G)
```

在这个例子中，在数据库中创建了一个新表 STUDENT，有 8 个字段，学号为主关键字。

2. 修改表

修改表的命令格式如下：

```
格式：ALTER TABLE <表名>
        [ADD|ALTER 字段名 1 字段类型(字段长度[，小数点位数])
                                                    && 加或修改字段
        [NULL | NOT NULL]                           && 空设置
        [CHECK 逻辑表达式[ERROR 出错显示信息]]      && 逻辑检查设置
        [DEFAULT 表达式]                            && 缺省值设置
        [PRIMARY KEY |NUIQUE]              && 设置主关键字或候选关键字
        [PEFERENCES 表名 1[TAG 索引标识 1]]         && 参照设置
        [NOCPTRANS]]        && 设置不转换的代码页字段(字符或备注字段)
        [DROP 字段名 2]                             && 删除字段
        [SET CHECK 逻辑表达式[ERROR 出错显示信息]]  && 修改检查
        [DROP CHECK]                                && 删除检查
```

```
[ADD PRIMARY KEY＜表达式＞]                    && 修改主关键字
[DROP PRIMARY KEY])                            && 删除主关键字
```

功能：修改表。

修改表的命令很复杂，一般来说对表中字段及属性可以进行删除、增加操作。

【例 4-4】 修改 STUDENT。

```
ALTER TABLE STUDENT ADD 出生地 C(20)
```

在这个例子中，STUDENT 表中增加了一个字段。

4.2.3 初识表设计器

使用命令创建和修改表相当麻烦，为了使人们从烦琐的操作中解脱出来，系统提供了表设计器，专门用来进行表的创建和修改操作。

启动表设计器的途径有很多种，如选择“文件”下拉式菜单中的“新建”菜单项。选择数据库设计器工具栏中的“新建表”按钮，选择“数据库”下拉式菜单中的“新建表”菜单项等。无论哪一种方法，首先要输入表的文件名，如输入学生表的文件名为 student.dbf，注意该表是以独立磁盘文件存储，扩展名是 DBF。完成文件名输入后，得到如图 1-4-4 所示窗口。

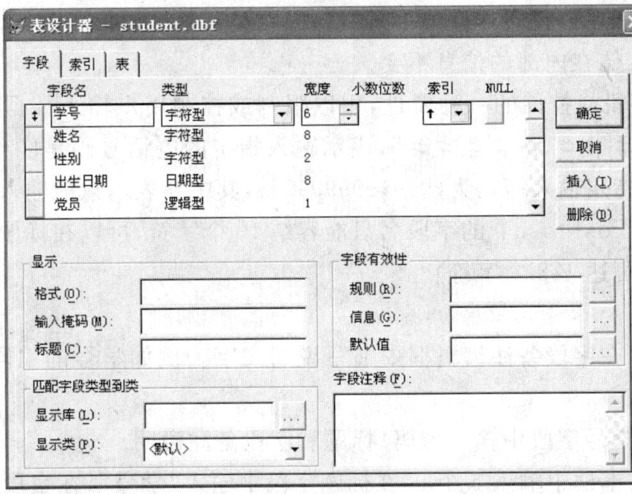

图 1-4-4 表设计器

该工具将创建表的过程分为字段、索引和表约束 3 个部分，即字段设计、索引设计和表约束设计，分别用页框控件来描述，单击相应页标题就会到相应的设计界面。下面以创建 student.dbf 为例。

4.2.4 设计字段

设计字段是创建表的基本任务。在设计字段页面中，将其分为字段属性设置、字段显示、字段有效性检查、匹配字段类型到类和字段备注 5 个部分。

1. 字段属性设置

字段属性设置的任务是设置字段的名称、类型、长度、索引等信息。在“字段名”下输入：学号，在“类型”下选择“字符”，在“宽度”下选择 5。其他字段依此输入。注意，Visual FoxPro 6.0 提供了许多数据类型，单击“类型”列表框，选择所需的数据类型。

几点说明：

(1) 有的属性需要填写字段的长度信息，有的不需要，系统自动设置，如通用型、逻辑型、日期型、备注型等。

(2) 字段是否可以使用空，所谓空，就是什么也没有，例如姓名字段中可以使用空，但学号字段就不允许空。允许空的字段，可以在 NULL 列下单击。标有“√”符号表示可以使用空。

(3) 字段一旦输入之后，就可以使用“字段调整”工具调整字段的先后次序。操作方法是单击“字段调整”按钮，然后拖放到指定的位置即可。

(4) 可以使用“插入”、“删除”按钮来对某字段进行插入和删除操作。

2. 显示设置

显示设置中包括 3 项内容，即格式、输入掩码和标题。

格式：指定字段在浏览窗口、表单或报表中的显示数据的格式。比如设置该字段的数据显示为大写，则在格式文本框中输入“!”，即在显示该字段信息时均以大写方式显示。注意，只是显示，存储在内部的信息不变。

输入掩码：字段或控件的一种属性，用以限制或控制用户输入数据的格式。如输入掩码是“(###)####-####”，表示输入指定的电话号码是区号为 3 位，电话号码是 8 位，则可以指定输入掩码为(999)999999999，其中 9 表示只能输入数字字符。

标题：Visual FoxPro 6.0 的字段名只能容纳 10 个字符，可以在标题文本框中输入一个显示标题(长度可达 128 个字符)。

3. 字段注释

每个字段可以在字段备注编辑框中书写说明文字。例如学号的编码规则，可以在字段备注中写明。

【例 4-5】 在学号字段中输入掩码、标题和字段备注说明。

在输入掩码文本框中输入 5 个 9，在标题字段中输入“学号”，在字段备注编辑中输入说明信息，结果如图 1-4-5 所示。

4. 字段有效性

字段有效性是对字段约束的设计，其中包括 3 项，即规则、信息和默认值。

规则：在这里可以设置字段的有效性检查设置。这里可以设置表达式，也可以设置函数或过程。如果使用函数或过程，其代码将存储在数据库容器中，作为存储程序来处理。所谓存储程序是指不以文件方式存储的程序。这种程序的优点是，只要使用数据库就可以自动执行。

信息：当有效性规则出现错误时，显示这里提供的提示信息。

默认值：设置字段的默认值。

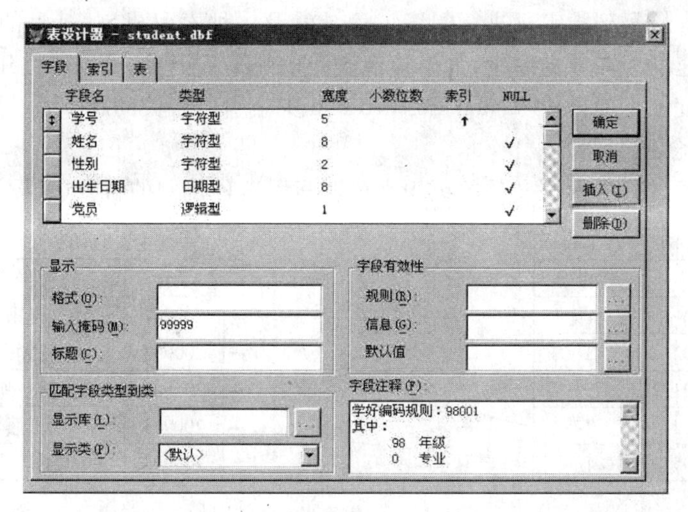

图 1-4-5　字段显示和备注

5. 匹配字段到类

匹配字段到类是面向对象程序设计的特点。可以在这里指定字段的类。一旦指定了字段的类，在程序设计时就能自动以类的形式表现在表单、报表中。这里就不介绍了。

字段设计的这 5 个方面很重要，如果在这里精心设计，将会为后面的程序设计和操作提供很多方便。上述设计完成之后，单击“确定”按钮，就在数据库 XSCJ.DBC 中创建了 STUDENT.DBF 表，如图 1-4-6 所示。

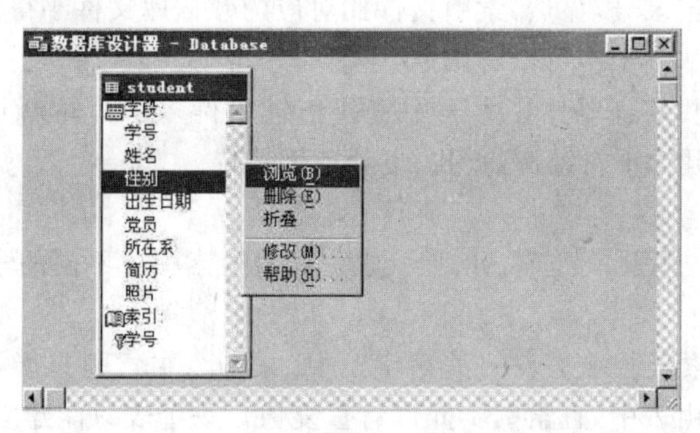

图 1-4-6　创建表

创建表之后，系统会提示是否输入记录，这里暂时不输入记录。单击 STUDENT，然后右击会出现一个弹出式菜单。其中，“浏览”表示浏览该表；“删除”表示删除该表；“折叠”表示只出现表名，而不显示表中字段等信息；“修改”表示修改表的结构，以后再修改该表结构时，可以通过选择“修改”菜单项进入。

4.2.5　设计索引

任何一本图书都有一个目录，人们在阅读图书时，一般是先查看目录，然后再根据目录所标的页码直接翻到指定页进行阅读。目录就是一种索引机制，其目的是为了提高查找书中内容的速度。在数据库中，为了快速查找表中某条记录，可以通过建立索引的方法来提高查找速度。下面讨论 Visual FoxPro 6.0 中索引的有关问题。

1. 索引概念

下面首先通过分析索引文件的组织来说明索引这种机制的特点（见图 1-4-7）。

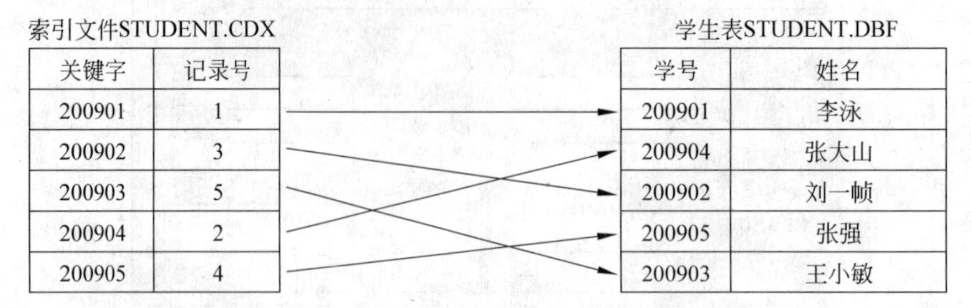

图 1-4-7 学生表的索引机制

从图中可以看出，学生表的索引文件是与学生表同名的文件，其扩展名是 CDX。该文件由两项组成，第 1 项是关键字，第 2 项是记录号。如果要查找学号为 200903 的学生，只要在索引文件中找到 200903 关键字，从索引文件中得到学生表的记录号 5，根据该记录号，直接定位到学生表的第 5 号记录就可得到查询结果。

由此可见，索引方法有如下特点：

- 利用索引文件。索引文件是独立的文件，它与表文件的性质不同。索引文件只存储关键字和记录号，显然，索引文件比对应的数据库文件小得多。
- 查询较快。从例子中可以看出，学生表是一个"大"表，而索引文件是一个"小"表，从小表中查找信息要比在大表中查找信息快得多。另外，Visual FoxPro 6.0 的索引文件采用 B+树结构，查找、更新速度很快。

2. 索引种类

索引一般分为主索引、候选索引、唯一索引和普通索引。不同的索引类型使用于不同的场合。

- 主索引：主索引通常是表的关键字索引。因此，主索引只能在数据库表中，而不能使用于自由表中，且索引不允许有重复值。一个表只能建立一个主索引。
- 候选索引：候选索引就是候选关键字，因为有关键字的特征，所以，索引值就不可能有重复值。候选索引与主索引的唯一区别是：候选索引可以有多个索引。
- 唯一索引：主索引是唯一索引，但唯一索引不一定是主索引。唯一索引表示索引值只能取一个。如果出现两个或两个以上的索引值，则只取其中一个。由此可见，唯一索引可能丢掉一些表记录。
- 普通索引：普通索引是允许重复索引值的索引。普通索引没有前面几种索引的约束条件。普通索引可以用在数据库表中，也可以用于自用表中。

3. 创建索引

对数据库中的每一个表必须建立一个主索引，代表该表的关键字。其他索引可以根据需要进行创建。创建索引的操作如下：

单击表设计器中的"索引"页标题,得到如图 1-4-8 所示窗口。

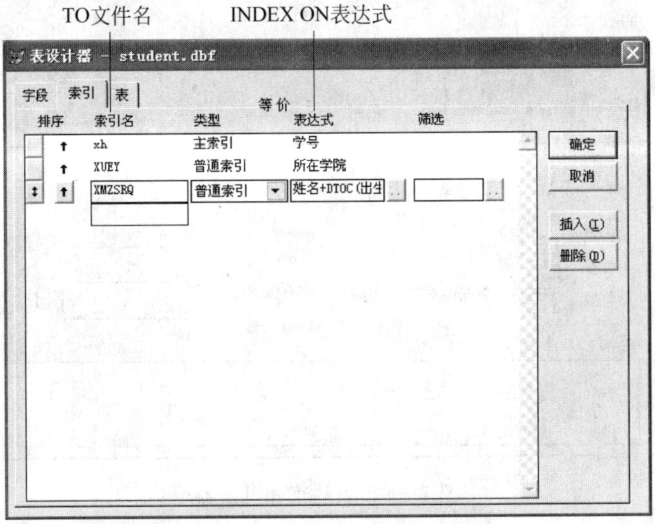

图 1-4-8　在表设计器中建立索引

创建学生表的主索引操作是:在索引名输入学号,代表主索引的名称,在类型列表框中选择"主索引",在索引表达式中输入学号。

注意:索引表达式通常是字符表达式,是用组成索引的字段名或函数组成的表达式。该表达式可以通过表达式生成器来建立和验证。其中"筛选"是指可以为指定的一些记录进行索引。

另外,根据需要还可以建立其他索引,如姓名和出生日期索引。操作方法是:在索引名下输入 XMZSRQ,在类型列表框中选择"普通索引",在索引表达式中输入:姓名+DTOC(出生日期)。注意,姓名字段是字符型,而出生日期字段是日期型,所以在书写表达式时,需要统一数据类型。

在表设计器中建立索引时,可以用命令来建立,如图 1-4-8 窗口上部所示。

4.2.6　设计表约束

单击表设计器中的"表"页标题,得到如图 1-4-9 所示窗口。

在该画面中,首先显示该表的名称,并在那个数据库中显示表结构的信息,如记录个数、字段个数、记录长度等。下面有三部分内容,即记录有效性、触发器和表注释。

1. 记录有效性

在表中,除了对字段可以进行有效性验证外,还可以对记录有效性进行验证。记录有效性验证是指用户输入的记录是否有效。即字段和字段之间,其值是否有矛盾。例如,输入学生记录时,学生出生日期要求在 1990 年 1 月 1 号以后。即输入的出生日期必须是 1990 年 1 月 1 号以后的日期,如果不是,则一定是输入有错。要避免这种错误的发生,可

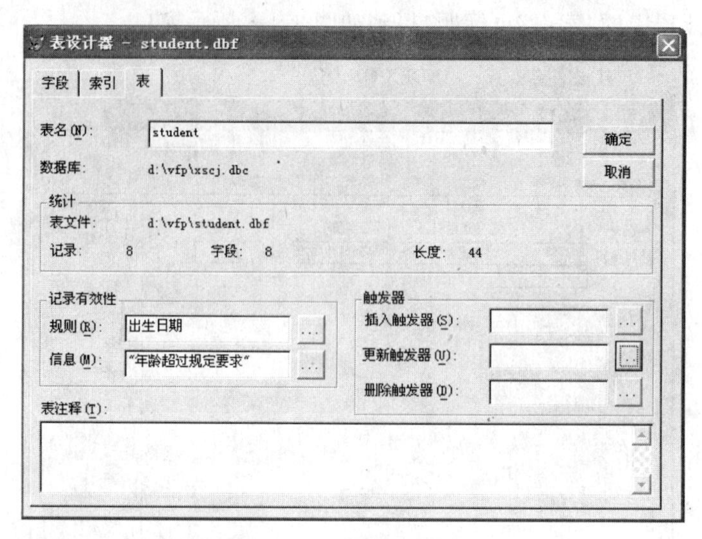

图 1-4-9　表约束和触发器

以通过记录有效性检验来控制。

浏览窗口、表单或进行记录扫描时，记录的某些字段值会发生变化，Visual FoxPro 将自动激活验证规则。

2. 触发器设计

触发器是大型数据库中常用的一种功能。触发器分为插入触发器、删除触发器和更新触发器。也就是说，当进行数据库插入、删除和更新时，会自动启动这些触发器，以保证数据库的完整性。具体内容见下一节。

4.3　参照完整性设计

使用数据库进行事务处理的最大优点是可以对数据库中表之间的关系进行约束，从而实现一体化操作。例如：从学生情况表中删除一个学生，在 SC 中就会自动删除与该学生有关的选课相关记录，从而实现联合行动。

4.3.1　创建表间关系

创建表间关系的操作分为两步：第一步是创建表中相应的索引，即表间关系是建立各表索引的基础；第二步是创建表间关系。

1. 创建索引

创建表间关系是建立在两个表索引机制上的。为在两表之间建立关系，将表分为主表和子表。主表的索引必须是主索引或候选索引，而从表的索引可以是主索引、候选索引、唯一索引和普通索引。

2. 创建表间关系

创建表间关系的操作是在数据库容器中进行的。单击主表的索引，然后将鼠标拖到子表的索引上。松开鼠标之后，就在主表和子表之间建立了一个关系，用线连接起来。如果是一对多关系，则在主表侧显示的是一，而在子表侧显示的是三叉。学生管理系统的关系图如图 1-4-10 所示。

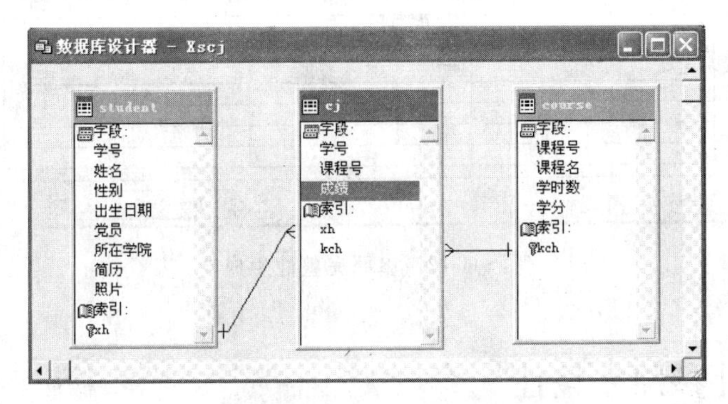

图 1-4-10　学生-成绩-课程三表关系图

从图中可以看出：当 STUDENT 表是主表，CJ 表是子表时，建立了学号之间一对多的关系；当 COURSE 表是主表，CJ 表是子表时，建立了课号之间一对多的关系。

在图中的主索引前面带有一把钥匙，表示是主索引。

4.3.2　删除和修改表间关系

如果希望删除或修改关系，只要在关系连线上单击，这时该线变成粗线。右击，会出现一个弹出式菜单，其菜单项给出了关于关系操作的功能。

1. 删除关系

单击图 1-4-10 数据库设计器中 COURSE 与 CJ 两表间的连线(或选择弹出式菜单中的“删除关系”菜单项)，按 DELETE 键可将该关系删除掉。

2. 编辑关系

双击图 1-4-10 数据库设计器中 STUDENT 与 CJ 两表间的连线(或选择弹出式菜单中的“编辑关系”菜单项)，得到如图 1-4-11 所示窗口。

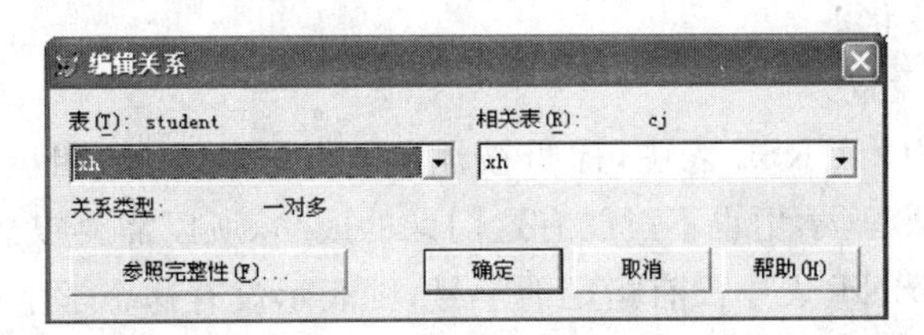

图 1-4-11　编辑关系

单击“参照完整性”按钮，弹出如图 1-4-12 所示的参照完整性生成器。

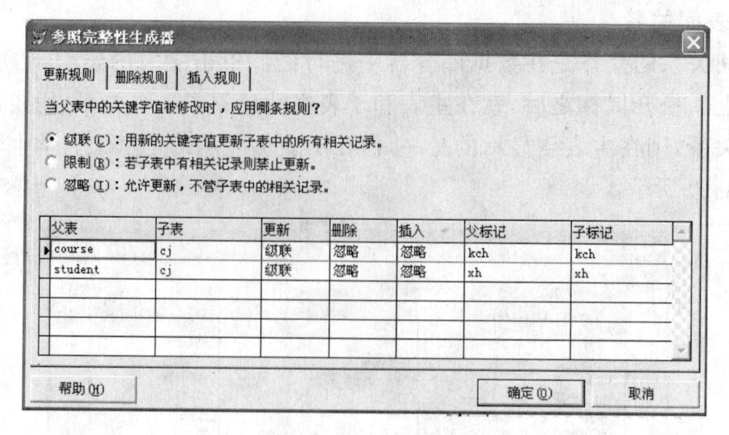

图 1-4-12 参照完整性生成器

4.3.3 设计参照完整性

设计参照完整性是在建立表间关系的基础上进行的，所以，要设计参照完整性必须先设计好表间关系。可以从多处（数据库菜单、弹出式菜单、编辑关系对话框中）选择"编辑参照完整性"菜单项（或按钮），进入参照完整性设计窗口。

需要注意的是：在进入参照完整性设计窗口之前，要先进行"清理数据库"操作。操作如下：在图 1-4-10 的画面中，单击主菜单"数据库"下的"清理数据库"，屏幕会抖动一下，说明完成操作。接着双击表间连线，选择"编辑关系"→"参照完整性"，如图 1-4-12 所示。

针对学生成绩管理系统，参照完整性设计操作如下。

1. 更新触发器设置

如果 COURSE 表中课号被修改，则子表 SC 表中的课号将自动被修改，即存在级联关系。将鼠标移到"更新"栏下，单击"忽略"之后出现列表框，选择"级联"项。同样，若 STUDENT 表中学号也发生变化，则 SC 表中的学号也必须随时修改，即也存在级联关系。

从图中可以看出，在这里定义了 3 个更新触发器，只要主表中的记录发生变化，子表中的记录也会随之变化。

2. 删除触发器设置

和更新一样，在 COURSE 表中，课号被删除，子表 SC 表的相应记录也要被相应删除。因为没有这门课程，学生也不可能有这门课的成绩，所以需要定义级联删除触发器。

另外，若 STUDENT 表中没有指定的学号，则表示没有这个学生，当然所对应的成绩记录也随之被删除，所以也需要定义级联触发器。

3. 插入触发器设置

在插入一条记录时有两个限制，第一课号必须来自 COURSE 表，第二学号必须来自 STUDENT 表中，这样才能控制输入关键字的正确性。因此，需要给成绩表设置插入限制触发器。

这些设置全部完成之后，单击“确定”按钮，屏幕上显示如图 1-4-13 所示。

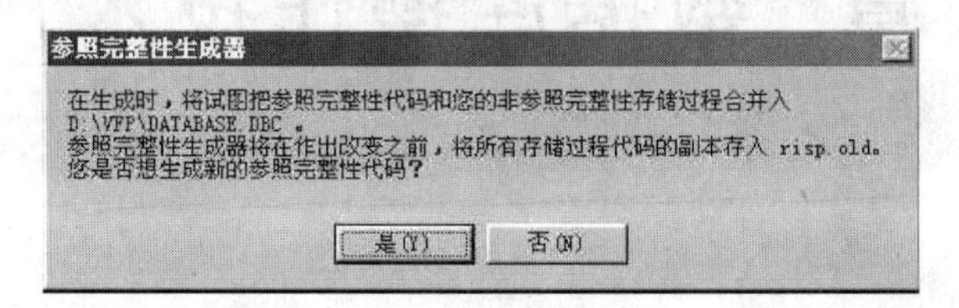

图 1-4-13　生成代码

从图中可以看出，系统提示将旧代码存储，同时生成参照完整性代码。这些代码的长度根据所设置触发器的多少而有所不同。

第5章 数据库操作技术

使用数据库设计器和表设计器，只是完成了数据库结构的定义，数据库中记录的增加、删除、修改等操作还未进行。本章重点讨论数据库记录的各种操作方法和技术。

5.1 数据库基本操作

数据库基本操作包括记录的添加、显示、修改、插入、删除、恢复和记录指针管理等。

5.1.1 显示表结构

表结构信息可以显示出来，甚至可以打印或存放到一个文本文件中。通过如下命令显示表结构。

格式：(1) DISPLAY STRUCTURE IN＜工作区号＞|＜表别名＞]

　　　　[TO PRINTER [PROMPT]|TO FILE ＜文件＞][NOCONSOLE]

　　　(2) LIST STRUCTURE [NOCONSOLE][TO PRINTER[PROMPT]]

　　　　[TO FILE ＜文件＞]

功能：显示一个表结构。

说明：

(1) IN ＜工作区号＞|＜表别名＞表示哪一个工作区或别名。

(2) TO PRINTER [PROMPT] 将结果输出到打印机上。

(3) TO FILE ＜文件＞ 将结果输出到文本文件中。

(4) NOCONSOLE 不在控制台(屏幕)上显示。

注意：LIST 和 DISPLAY 命令的功能基本相同，区别是 LIST 显示的内容是连续的，而 DISPLAY ALL 是分屏显示信息。

【例 5-1】 显示表结构。

在命令窗口键入：

```
OPEN DATABASE  d:\vfp6\xscj.dbc
USE STUDENT
DISPLAY/LIST STRUCTURE
```

屏幕显示如下：

```
表结构：D:\VFP\STUDENT.DBF
数据记录数：8
最近更新的时间：2010-5-8
备注文件块大小：64
代码页：936
字段      字段名      类型      宽度    小数位    索引    排序    Nulls
1         学号        字符型    5                                 否
2         姓名        字符型    8                                 是
3         性别        字符型    2                                 是
4         出生日期    日期型    8                                 是
5         党员        逻辑型    1                                 是
6         所在学院    字符型    2                                 是
7         简历        备注型    4                                 是
8         照片        通用型    4                                 是
** 总计 **                      36
```

在最后的字节数统计中，记录字节数是 34，结果是 36，这其中 NULL 要占一个字节，另外多出来的一个字节是用来删除标记的。其他表结构信息均采用同样的方法获取。

5.1.2 显示数据库结构

数据库容器的结构可使用 LIST/DISPLAY DATABASE 命令显示，结果如下：

```
数据库名：        DATABASE
数据库路径：      D:\vfp6\xscj.dbc
数据库版本：      10
Database     StoredProceduresDependencies
Table        student
             * Path        student.dbf
               Field       学号
               Field       姓名
               Field       性别
               Field       出生日期
               Field       党员
               Field       所在系
               Field       简历
               Field       照片
      ………………………………
```

从上述结果中可以看出，该数据库定义了 3 个表(其他两个表略)。

5.1.3 打开与关闭表

开始操作表之前，先打开数据库，然后打开表。打开表时要安排一个工作区。工作区的序号是1～225，首先对应字符A～Z，超过Z字符的工作区只能用数字表示。同时打开的表最多可达225个。既然有多个工作区，那么对工作区就可以进行选择了。

1. 工作区选择命令

格式：SELECT <工作区号>|<表别名>

功能：选择指定工作区。

【例5-2】 选择工作区。

```
SELECT 1                       && 选择工作区 1
SELECT B                       && 选择工作区 2
SELECT STUDENT                 && 选择别名为 STUDENT 的工作区
SELECT 0                       && 选择当前空闲工作区
```

选择工作区的目的是为了在工作区打开表，打开表时首先要打开数据库。

【例5-3】 打开DATABASE数据库。

```
OPEN DATABASE E:\vfp6\xscj.dbc
```

打开数据库之后再打开表。

2. 打开表命令

格式：USE [<表名>|<SQL视图名>|?][IN<工作区号>|别名][AGAIN]
[INDEX<索引文件表>|[ALIAS <别名>][EXCLUSIVE]
[SHARED][NOUPDATE]

功能：打开表.DBF文件和相应的索引文件。

说明：

(1) IN<工作区号>　指定工作区打开文件。

(2) AGAIN　再次打开这个表，一个表可以在不同的工作区同时打开。

(3) INDEX <索引文件表>|?　打开索引文件。

(4) ALIAS <别名>　打开该表后，给定一个别名。

(5) EXCLUSIVE　排他性打开(网络环境下使用)。

(6) SHARED　共享性打开(网络环境下使用)。

(7) NOUPDATE　打开的表不能被修改。

【例5-4】 在不同工作区中打开表。

```
SELECT 1                       && 选择工作区 1
USE student                    && 打开学生表
SELECT 0                       && 选择空闲工作区
USE student ALIAS TT           && 再次打开学生表,并定义别名为 TT
SELECT 1                       && 选择工作区 1
```

```
LIST STRUCTURE                        && 显示该表结构
```

一个比较好的习惯是选择一个空闲工作区来打开表，这样就不必再为避免打开表时产生冲突而进行检查了。打开数据库和表名时，可以使用“文件”下拉式菜单中的“打开”菜单项。

3. 关闭表命令

数据库、表使用完后要关闭，以免数据丢失。可用以下命令之一来关闭表。

USE：不带任何参数的 USE 命令，表示关闭当前工作区已打开的表。

CLEAR ALL：关闭所有表，并选择工作区 1；从内存释放所有内存变量及用户定义的菜单和窗口但不释放系统变量。

CLOSE ALL：关闭所有打开的文件。

CLOSE DATABASE [ALL]：关闭当前数据库及其中的表。

CLOSE TABLES [ALL]：关闭当前数据库中的所有表，但不关闭数据库。

5.1.4 增加记录

向表中增加记录称之为插入记录，Visual FoxPro 6.0 中提供了两种方式：第 1 种方式是添加记录，即 APPEND；第 2 种方式是插入记录，即 INSERT，或者是 SQL 的命令。

1. 添加记录

格式：APPEND [BLANK]

功能：在当前表的尾部添加记录。

APPEND BLANK 表示在表的最后添加一个空记录，注意向表中添加空记录不总是有效。如果该表具有完整性约束，就无法添加一个空记录。

APPEND 命令是一个交互式命令，一旦在命令窗口输入 APPEND 命令，系统就提供一个交互式窗口，让用户输入记录。

【例 5-5】 在 student 表中添加记录。

```
SELECT 0
USE student
APPEND
```

则屏幕显示如图 1-5-1 所示窗口。

注意：开始画面中，字段名称显示在左边。单击右边字段位置，然后输入数据。输入完一个记录后再输入第 2 个记录，直至输入完毕，最后按 Ctrl+W 存盘退出。

2. 插入记录

Insert Into 是 SQL 数据操纵命令。

格式 1：INSERT INTO 表名([字段 1,字段 2,…])VALUES(值 1[,值 2][,…])

格式 2：INSERT INTO 表名 FROM ARRAY <数组名>|FROM MEMVAR

功能：在指定表文件末尾插入一条新记录。

格式 1：用 VALUES 后面各值一一赋值给各字段。如果没有字段名，则表示插入一条记录，即必须给出所有的字段值。如果给出相应字段名，则值和字段按一一对应的关系插入。

格式 2：用数组或内存变量的值赋给表文件中各字段。

【例 5-6】 向 student 表中插入一条记录。

```
INSERT INTO student (学号,姓名,性别,出生日期,党员,所在学院);
VALUES('200913','成龙', '男',CTOD('03/05/83'),.T.,'信息学院')
```

【例 5-7】 用数组方式追加记录。

```
DIMENSION ST(6)
st(1)='200914'
st(2)='段绵玉'
st(3)='女'
st(4)={^1991-12-12}
st(5)=.t.
st(6)="文法学院"
Insert into student from array st
Use student                         && 打开 student 表
List                                && 观察记录是否添加到表中
```

5.1.5 显示记录

显示记录是为了使用户能够了解输入到数据库中的信息，以便可以直接使用下面的命令。

格式：LIST/DISPLAY [FIELDS ＜字段名表＞][＜范围＞]

[FOR ＜条件表达式＞] [WHILE ＜条件表达式＞] [OFF]

功能：连续显示记录或者环境信息。

说明：

(1) ＜范围＞记录范围，即 NEXT、ALL、REST 和 RECORD 记录号子句。

(2) ALL 所有记录。

(3) NEXT N 从当前记录起第 N 个记录。

(4) RECORD N 第 N 个记录。

(5) REST 从当前记录起到最后一个记录止的所有记录。

缺省范围子句时通常默认为 ALL，例如 LIST 命令；但也有例外，DISPLAY 命令在缺省范围子句时，默认范围为当前记录。

(6) FOR ＜条件表达式＞对所有满足条件（即条件表达式的值为真）的记录进行显示。

(7) WHILE＜条件表达式＞对满足指定条件的记录进行显示；但它仅在当前记录符合条件时开始依次筛选记录，一旦遇到不满足条件的记录时就停止操作。

应注意，若一条命令中同时有 FOR 与 WHILE 子句则优先处理后者。

(8) FIELDS <表达式表>输出字段名称。

范围、FOR与WHILE子句都能将表中需要操作的记录筛选出来，FIELDS子句则能确定需要操作的字段。该子句的保留字FIELDS可以缺省，而<表达式表>用来列出需要的字段。

FIELDS子句缺省时显示除备注型、通用型字段外的所有字段。

(9) OFF不显示记录号。

为使用户能了解记录位置，LIST命令自动显示记录号，若要求记录号不显示，只需在命令中使用[OFF]选项。

【例5-8】 显示学生记录。

```
USE student
LIST                                        && 显示所有的记录
记录号   学号    姓名    性别  出生日期   党员  所在学院  简历   照片
  1     200901  李泳     男   09/06/79   .T.   机电学院  memo   gen
  2     200902  刘一帧   女   09/10/80   .F.   信息学院  memo   gen
  3     200903  王小敏   女   04/05/78   .F.   材化学院  memo   gen
  4     200904  张大山   男   11/30/81   .T.   机电学院  memo   gen
  5     200905  张强     男   04/10/78   .F.   机电学院  memo   gen
  6     200906  王达     女   11/10/82   .T.   信息学院  memo   gen
  7     200907  许志忠   男   02/08/82   .F.   信息学院  memo   gen
  8     200908  刘晓东   男   01/01/79   .F.   材化学院  memo   gen
```

显示所有女生记录。

```
LIST FOR 性别='女'                          && 显示所有女生的记录
记录号   学号    姓名    性别  出生日期   党员  所在学院  简历   照片
  2     200902  刘一帧   女   09/10/80   .F.   信息学院  memo   gen
  3     200903  王小敏   女   04/05/78   .F.   材化学院  memo   gen
  6     200906  王达     女   11/10/82   .T.   信息学院  memo   gen
GO 3                                        && 定位在3号记录
DISPLAY                                     && 显示当前记录(即3号记录)
记录号   学号    姓名    性别  出生日期   党员  所在学院  简历   照片
  3     200903  王小敏   女   04/05/78   .F.   材化学院  memo   gen
LIST FIELDS 学号,姓名,所在学院 FOR 党员= .T.   && 显示所有党员的记录,且仅显示
或 LIST FIELDS 学号,姓名,所在学院 FOR 党员      && 学号、姓名、所在学院三个字段
记录号   学号    姓名    性别  出生日期   党员  所在学院  简历   照片
  1     200901  李泳     男   09/06/79   .T.   机电学院  memo   gen
  4     200904  张大山   男   11/30/81   .T.   机电学院  memo   gen
  6     200906  王达     女   11/10/82   .T.   信息学院  memo   gen
LIST TO TT.TXT                              && 将结果输出到TT.TXT文件中
LIST TO PRINT                               && 将结果送到打印机上输出
```

从某种意义上讲，LIST命令是一种检索命令，可按各种组合要求进行检索，并能将

结果存入文本文件或者输出到打印机上打印。

5.1.6 定位记录

Visual FoxPro 6.0 的表物理存储结构是索引顺序结构，所以放置在表中的记录是依次存放的，就像一张日常表格。选择记录时，可以使用简单的记录指针进行移动。移动指针的命令如下；

格式：GO| GO TOP| BOTTOM |[RECORD] ＜数值表达式＞

功能：将记录指针定位到指定的记录上。

说明：

TOP　将记录指针移到表的顶部。

BOTTOM　将记录指针移到表的底部。

＜数值表达式＞　将记录指针移到数值表达式表示的记录号上。

GO 与 GOTO 等价。GO 命令可以将记录指针在表记录范围内任意移动。如果超出最大、最小范围，系统将提示记录越界。

【例 5-9】 移动记录指针。

```
GO BOTTOM                       && 将记录指针移到表底
GO 2                            && 将记录指针移到第 2 个记录
```

格式：SKIP [＜数值表达式＞][IN ＜工作区号＞|＜表别名＞]

功能：记录相对移动。

【例 5-10】 相对移动记录。

```
SKIP                            && 下移 1 个记录
SKIP -1                         && 上移 1 个记录
SKIP 10                         && 将记录指针下移 10 个记录
```

记录的移动实际上是记录的定位，即将当前指针定在哪一个记录上。定位之后，可以对这个记录操作。例如：修改数据、显示数据等。

【例 5-11】 显示指定记录内容。

```
GO 3                            && 定位到第 3 个记录
DISPLAY                         && 显示第 3 个记录,DISPLAY 可以直接显示单个记录
SKIP                            && 移到下 1 个记录
DISPLAY                         && 显示第 4 个记录
```

GO 和 SKIP 操作是对记录的直接操作，没有条件限制。

5.1.7 更新记录

更新记录就是修改记录的内容。更新记录分为交互式更新和命令方式。交互式更新

记录可通过 EDIT、CHANGE 和 BROWSE 命令进行。由于 EDIT、CHANGE 的功能都包含在 BROWSE 中，所以本书只讨论 BROWSE 方式(稍后介绍)。以命令方式更新记录的命令有 REPLACE 和 UPDATE。

1. REPLACE 命令

格式：REPLACE ＜字段 1＞ WITH ＜表达式 1＞ [ADDITIVE]

[,＜字段 2＞ WITH ＜表达式 2＞ [ADDITIVE]]…

[＜范围＞][FOR ＜条件表达式＞][WHILE ＜条件表达式＞]

功能：对当前数据表中给定范围内满足条件的所有记录进行修改，用表达式的值替换对应字段的值。如：字段 1 的值用表达式 1 的值替换。

说明：(1) 命令中 ADDITIVE 子句表示可以将新输入的内容添加到原来内容的后面，这主要是备注字段的情况。

(2) 如果＜范围＞、FOR ＜条件表达式＞、WHILE ＜条件表达式＞都没有，则指当前记录。

【例 5-12】 将所有课程的学分增加 0.5 分。

```
USE course
Browse                                  && 浏览替换前的记录,见图 1-5-1(a)
REPLACE ALL 学分 WITH 学分+0.5          && 用学分的值加 0.5 替换掉所有记录学分的值
Browse                                  && 浏览替换后的记录,见图 1-5-1(b),观察比较学分值的变化
```

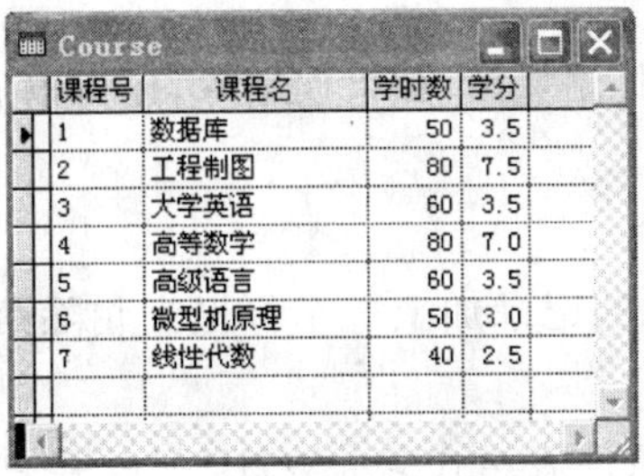

Course

课程号	课程名	学时数	学分
1	数据库	50	3.5
2	工程制图	80	7.5
3	大学英语	60	3.5
4	高等数学	80	7.0
5	高级语言	60	3.5
6	微型机原理	50	3.0
7	线性代数	40	2.5

(a) 替换前记录清单

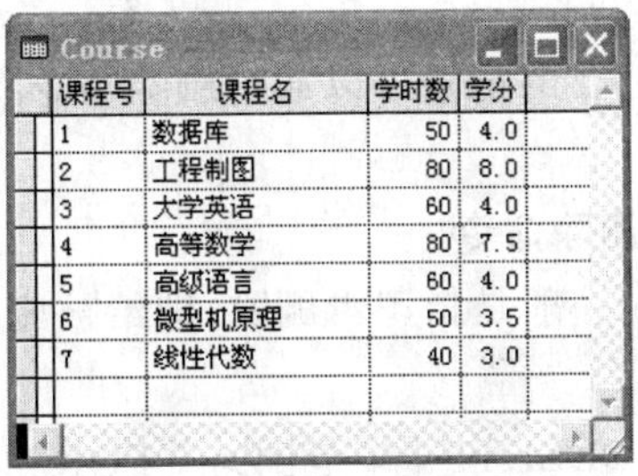

Course

课程号	课程名	学时数	学分
1	数据库	50	4.0
2	工程制图	80	8.0
3	大学英语	60	4.0
4	高等数学	80	7.5
5	高级语言	60	4.0
6	微型机原理	50	3.5
7	线性代数	40	3.0

(b) 替换后记录清单

图 1-5-1　Course 记录清单

2. UPDATE 命令

UPDATE 命令是更新记录的命令。它是数据库操纵语言 SQL 的标准命令，其格式如下。

格式：UPDATE [数据库名!]表名 SET 字段名 1=表达式 [,字段名 2=表达式…]

WHERE [条件]

功能：用表达式的值更新满足 WHERE＜条件＞指定记录的字段值。

说明：SET 用于指定字段和更新的值。

【例 5-13】 给"数据结构"课程的学时数增加 10 学时。

```
USE course
LIST                                    && 显示数据更新前的内容
```

```
记录号  课程号    课程名      学时数  学分
   1      1     数据库         50    3.5
   2      2     数学          120    7.5
   3      3     操作系统       60    3.5
   4      4     数据结构       70    7.0
   5      5     编译原理       60    3.5
   6      6     微型机原理     50    3.0
   7      7     计算方法       40    2.5
UPDATE DATABASE!COURSE SET 学时数=学时数+10 WHERE 课程名='数据结构'
LIST                                   && 显示数据更新后的内容
记录号  课程号    课程名      学时数  学分
   1      1     数据库         50    3.5
   2      2     数学          120    7.5
   3      3     操作系统       60    3.5
   4      4     数据结构       80    7.0
   5      5     编译原理       60    3.5
   6      6     微型机原理     50    3.0
   7      7     计算方法       40    2.5
```

5.1.8 删除和恢复记录

对于不需要的记录可以通过删除命令将其删除掉，如果误删除，还可以通过命令将其恢复。

1. 逻辑删除命令

删除记录一般是指逻辑删除，即给被删除的记录加上一个标记。删除命令 DELETE 格式如下：

格式 1：DELETE [<范围>][FOR <条件表达式>][WHILE <条件表达式>]

格式 2：DELETE FROM [数据库名!]表名 [WHERE <条件表达式>]

功能：逻辑删除记录。

第一条 DELETE 命令属于传统 FoxPro 的删除命令，第二条 DELETE 命令属于 SQL 语言删除命令。

【例 5-14】 插入一个记录并删除这个记录。

```
INSERT INTO STUDENT (学号,姓名,性别,出生日期,党员,所在学院);
VALUES('99013','成功', '男',CTOD('03/05/83'),.T.,'信息学院')
DELETE   FOR 姓名='成功'
记录号  学号     姓名    性别  出生日期   党员  所在学院  简历   照片
  1    200901  李泳     男   09/06/79   .T.  机电学院  memo   gen
  2    200902  刘一帧   女   09/10/80   .F.  信息学院  memo   gen
  3    200903  王小敏   女   04/05/78   .F.  材化学院  memo   gen
  4    200904  张大山   男   11/30/81   .T.  机电学院  memo   gen
  5    200905  张强     男   04/10/78   .F.  机电学院  memo   gen
```

```
6    200906  王达     女    11/10/82   .T.   信息学院   memo   gen
7    200907  许志忠   男    02/08/82   .F.   信息学院   memo   gen
8    200908  刘晓东   男    01/01/79   .F.   材化学院   memo   gen
9    *99013  成功     男    03/05/83   .T.   信息学院   memo   gen
```

使用 SQL 的 DELETE 命令也可以逻辑删除该记录,用法如下:

```
DELETE FROM student WHERE 姓名='成功'
```

在第 9 条记录前面加了"*"号,表示该记录已经逻辑删除掉。但是,这些记录仍然可以被操作,只是作了一个标记而已!使用下面的函数可以判断记录是否被删除。

(1) DELETED()函数

格式:DELETED([<表别名>|<工作区号>])

功能:返回记录的删除状态,对有删除标记的记录返回.T.。

返回:逻辑值。

【例 5-15】 判断第 3、9 条记录是否被删除。

```
GO 3
?DELETED()                          && 结果为.F.,表示第 3 号记录没被做删除标记
GO 9
?DELETED()                          && 结果为.T. ,表示第 9 号记录被做删除标记
```

DELETED()返回真值,表示记录已经被逻辑删除。

可以用下面的命令来控制对已逻辑删除的记录的操作。

(2) SET DELETED 命令

格式:SET DELETED ON|OFF

功能:ON 表示被删除的记录不参与操作,OFF 表示被删除的记录参与操作。

要在任何情况下删除全部记录,可用下面的命令。

2. 恢复记录

如果要将已经逻辑删除的记录恢复过来,可以使用下面的命令。

格式:RECALL [<范围>][FOR <条件表达式>][WHILE <条件表达式>]
[NOOPTIMIZE]

功能:恢复记录。缺省<范围>和 FOR <条件表达式>,WHILE <条件表达式>,指当前记录。

【例 5-16】 下列命令分别恢复删除的单个记录和所有记录。

```
RECALL FOR 姓名='成功'              && 恢复姓名为"成功"的记录
RECALL ALL                          && 恢复所有逻辑删除的记录
```

3. 物理删除命令

格式 1:PACK

功能:真正删除表中所有作了删除标记的记录。

在命令窗口键入 PACK 命令,就会将数据库中加有删除标记的记录真正删除掉,这是一个物理操作过程,计算机将自动重新整理表记录。物理删除记录是永久删除,所以在

做 PACK 操作时要特别小心！一般来说，PACK 命令是数据库管理员操作的命令，PACK 命令操作要求表必须以独占方式打开。

格式 2：ZAP 命令

功能：从表中物理删除所有记录。

说明：执行该命令相当于执行：DELETE ALL 和 PACK 两条命令。

5.1.9 过滤记录

过滤记录是一种很好的“屏蔽”操作；可以将希望的记录筛选出来，而将不需要的记录“屏蔽”掉。其命令格式如下：

格式：SET FILTER TO [<条件表达式>]

功能：过滤记录

【例 5-17】 过滤所有男生记录。

```
USE student
SET FILTER TO 性别='女'                         && 只操作女生的记录
LIST
记录号   学号     姓名    性别   出生日期   党员   所在学院   简历   照片
   2    200902  刘一帧   女    09/10/80   .F.   信息学院   memo   gen
   3    200903  王小敏   女    04/05/78   .F.   材化学院   memo   gen
   6    200906  王达     女    11/10/82   .T.   信息学院   memo   gen
```

使用过滤功能在记录的可视化操作中很有用，如果只对女生记录操作。男生记录将不出现。过滤和删除是两个完全不同的概念，过滤只是提供给用户一个视图进行操作，不满足条件的记录仍然存在，只是当时不参与操作而已！

5.2 数据库可视化操作

以命令方式操作记录是程序设计的基础。如果使用程序方式操作记录，就需要使用命令来编写程序，但是这种方式不直观、不方便。为此系统提供了更直观的可视化操作界面。该界面是以浏览方式提供的，同时提供了表操作下拉式菜单，以完成相应的操作。

5.2.1 浏览操作

浏览操作以表格方式提供操作表的界面。在窗口中键入 BROWSE 命令(或在设计数据库时双击表)，得到如图 1-5-2 所示的界面。

由图中可以看出，表中字段信息以表格方式列出放在窗口中，该窗口可以随意调整大小和位置。使用浏览方式操作记录，可以完成记录的基本操作、界面变换操作和多表浏

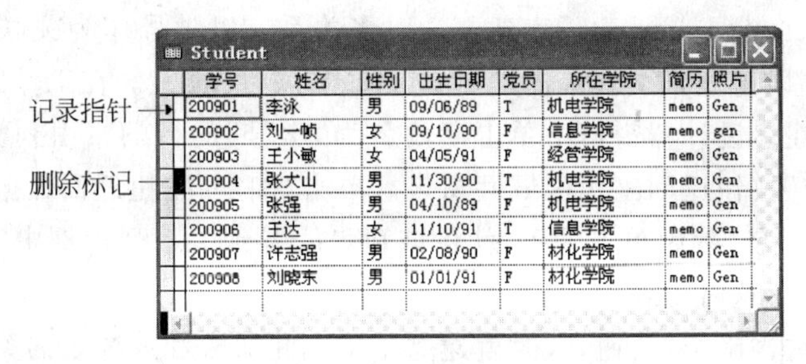

学号	姓名	性别	出生日期	党员	所在学院	简历	照片
200901	李泳	男	09/06/89	T	机电学院	memo	Gen
200902	刘一帧	女	09/10/90	F	信息学院	memo	gen
200903	王小敏	女	04/05/91	F	经管学院	memo	Gen
200904	张大山	男	11/30/90	T	机电学院	memo	Gen
200905	张强	男	04/10/89	F	机电学院	memo	Gen
200906	王达	女	11/10/91	T	信息学院	memo	Gen
200907	许志强	男	02/08/90	F	材化学院	memo	Gen
200908	刘晓东	男	01/01/91	F	材化学院	memo	Gen

图 1-5-2　浏览界面

览等。

基本记录操作包括记录的输入、修改、删除、定位等。具体操作说明如下：

(1) 输入、修改数据。将鼠标移到该字段单元格上单击，然后即可输入、修改数据。

(2) 定位记录。将鼠标移到相应记录的最左边一列上单击，指针就移到该记录上了(就像执行 GO 记录号命令)。

(3) 删除记录。将鼠标移到指定记录左边第二列小方格上单击，这时该方格变成黑色，表示已做上删除标记(逻辑删除 DELETE)。再单击一次，方格变成白色，表示恢复(RECALL)。

在浏览窗口中，可以改变字段显示宽度，调整字段位置、分区等。

【例 5-18】 设置左区为表格方式，右区为单记录方式。

```
BROWSE REDIT PARTITION 50
```

其中 REDIT 表示右区，PARTITION 表示分区。关于命令的细节稍后讨论。操作结果画面如图 1-5-3 所示。

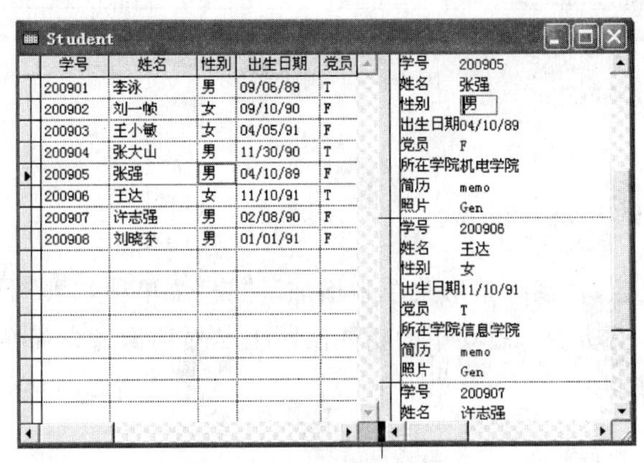

学号	姓名	性别	出生日期	党员
200901	李泳	男	09/06/89	T
200902	刘一帧	女	09/10/90	F
200903	王小敏	女	04/05/91	F
200904	张大山	男	11/30/90	T
200905	张强	男	04/10/89	F
200906	王达	女	11/10/91	T
200907	许志强	男	02/08/90	F
200908	刘晓东	男	01/01/91	F

图 1-5-3　左右分区浏览

从图中可以看出，左分区为表格方式，右分区为单记录方式。

【例 5-19】 同时浏览学生注册表和成绩表。

首先选择“窗口”菜单下的“数据工作期”菜单项，得到数据工作期对话框。在该对话框中，单击“打开”按钮，分别打开 Student. dbf 和 cj. dbf 表。

以 student 为父表，dj. dbf 为子表建立一对多关系。以学号作为关联的关键字，为子表 cj. dbf 按学号字段建立索引。单击别名 CJ，选定“属性”按钮。在工作区属性对话框中单击“修改”按钮，在表设计器窗口中单击字段名为“学号”的行的索引列。在组合框中选定升序，单击“确定”按钮返回工作区属性窗口。单击“确定”按钮返回数据工作期窗口。

单击 student 别名，然后单击关系，就将该别名放置到关系列表框中。然后在别名列表框中单击 CJ 别名，这时出现“设置索引顺序”对话框，单击“确定”按钮，将出现表达式生成器对话框。单击“确定”按钮，这时就建立了学生注册表和成绩表的关系。

最后，单击 student 别名，接着单击“浏览”按钮，将出现浏览学生注册表的窗口。单击 CJ 别名，接着单击“浏览”按钮，将出现浏览成绩表的窗口。单击 student 表中的第一个记录，在 cj 窗口中将显示与学生注册表中记录相关的记录，从而实现带关系的浏览结果。其过程和窗口如图 1-5-4 所示。

图 1-5-4　浏览多表

5.2.2　菜单操作

进入浏览状态之后，在系统条形菜单中增加了“表”菜单项，“表”下拉式菜单中集中提供了关于表操作的各项功能。表菜单的功能实际上是对前面命令操作的总结。下面将详细讨论这些菜单的功能。

1. 转到记录

菜单中的“转到记录”实际上是 GOTO、SKIP、LOCATE 命令的集合。选择该菜单项之后，子菜单如图 1-5-5 所示。

从菜单中可以看出。“第一个”是 GO TOP 命令，“最后一个”是 GO BOTTOM 命令，“下一个”是 SKIP 命令。“上一个”是 SKIP －1 命令。“记录号”是 GOTO 记录号命令。选择该菜单项时，系统会出现一个对话框，要求输入记录号。“定位”是 LOCATE 命令，选择该菜单项之后，出现如图 1-5-6 所示的对话框，要求输入条件。

第一个(T)
最后一个(B)
下一个(N)
上一个(P)
记录号(R)...
定位(L)...

图 1-5-5 转到记录子菜单

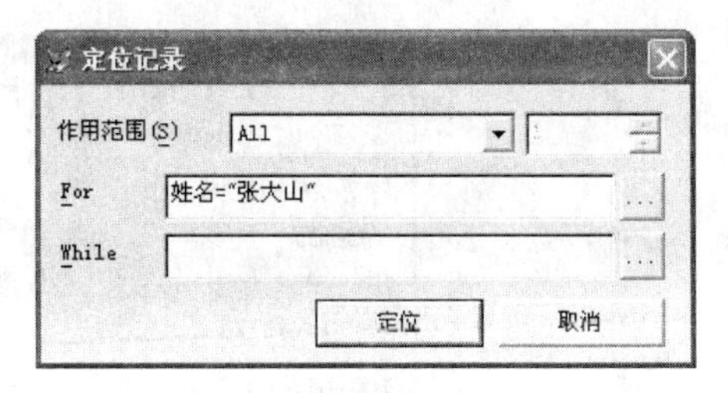

图 1-5-6 定位记录对话框

【例 5-20】 在学生注册表中将记录定位到姓名为张大山的记录上。

```
USE student
BROWSE
```

选择菜单项“表”中的“转到记录”命令项中的“定位”命令，将弹出如图 1-5-6 所示的定位记录对话框。

可以在 FOR 文本框中输入姓名='张大山'，单击“定位”按钮之后，就将记录指针移到了姓名为张大山的记录上。

2. 记录的添加、删除、更新操作

记录的添加、删除和更新是通过下面一些菜单项来实现的。

(1) 添加新记录

添加新记录是在表的尾部先添加一个空记录，然后输入新记录，相当于 APPEND 功能。注意，如果数据库存在插入限制，不能使用这个功能，会出现“触发器失败”提示。

操作：单击“显示”菜单→“追加方式”，可进入编辑状态。

(2) 切换删除标记

切换删除标记的功能实际上是用 DELETE 和 RECALL 命令，在当前记录上，选择该菜单项，表示删除该记录。再选择该菜单项，表示恢复该记录。

(3) 删除记录

利用 DELETE 命令，可以在给定的条件和范围内删除指定的记录。

(4) 恢复记录

利用 RECALL 命令，可以在给定的条件和范围内恢复指定的记录。

(5) 彻底删除

彻底删除菜单项是 PACK 命令的功能。

(6) 替换记录

替换记录菜单项是 REPLACE 命令的功能。

3. 过滤、选择设置

“表”下拉式菜单中第一个菜单项“属性”的功能是设置数据缓冲、索引、数据过滤和字段选择等项。选择“表”菜单中的“属性”菜单项，得到如图 1-5-7 所示窗口。

从图中可以看出，当前操作的临时表是 student，如果允许数据缓冲，则选中“允许数据缓冲”复选框。然后确定是“在编辑时”还是“在写入时”锁定记录，缓冲是使用“当前记录”还是“所有编辑过的记录”。

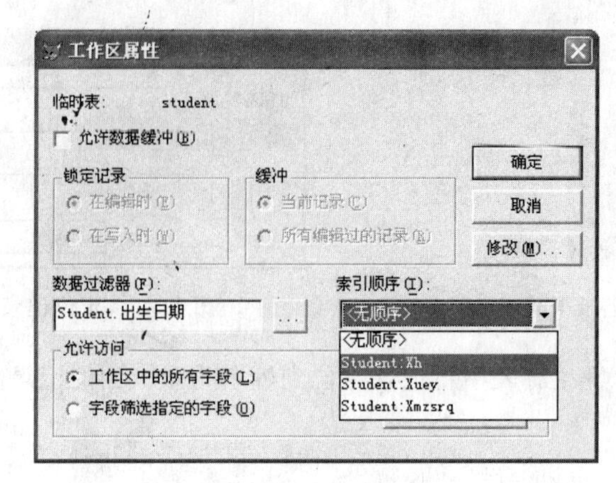

图 1-5-7　属性

(1) 设置数据过滤

数据过滤器实际上就是 SET FILTER TO 命令的应用。

【例 5-21】　浏览 1990 年 1 月 1 日以后出生的学生的记录。

可以在“数据过滤器”文本框中直接书写过滤表达式，也可以单击文本框右边的按钮，使用表达式生成器来书写。本例的表达式比较简单，所以直接在文本框中输入：出生日期＞CTOD('01/01/90')。这时浏览的窗口信息如图 1-5-8 所示。

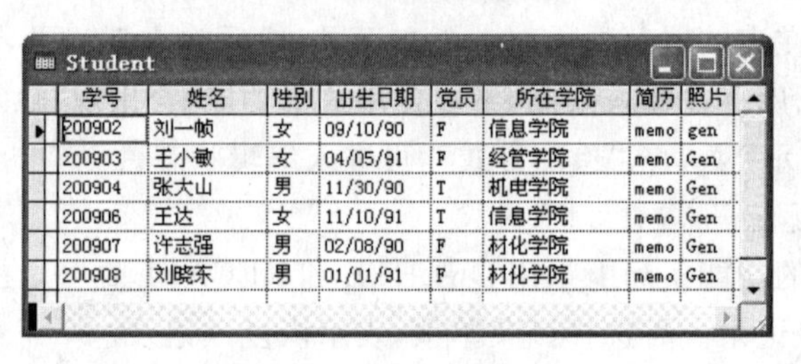
Student

学号	姓名	性别	出生日期	党员	所在学院	简历	照片
200902	刘一帧	女	09/10/90	F	信息学院	memo	gen
200903	王小敏	女	04/05/91	F	经管学院	memo	Gen
200904	张大山	男	11/30/90	T	机电学院	memo	Gen
200906	王达	女	11/10/91	T	信息学院	memo	Gen
200907	许志强	男	02/08/90	F	材化学院	memo	Gen
200908	刘晓东	男	01/01/91	F	材化学院	memo	Gen

图 1-5-8　浏览学生的记录

从图中可以看出，表中只列出 1990 年 1 月 1 日以后出生的学生的记录，这是因为过滤器在起作用。

(2) 选择字段

过滤器的作用是实现记录选择，如果只浏览指定的字段，则需要字段投影功能。

【例 5-22】　接上例，只浏览学号、姓名、出生日期和所在学院字段。

在图 1-5-7 中单击“字段筛选指定的字段”单选按钮，然后单击“字段筛选”按钮，得到如图 1-5-9 所示窗口。

在字段选择器中挑选指定的字段并移到“选定字段”列表框中，操作方法是在“所有字段”列表框中双击指定字段，就将该字段移到“选定字段”列表框中；或单击指定的字段，然后单击“添加”按钮，也可将该字段移到“选定字段”列表框中。单击“确定”按钮，浏览画面如图 1-5-10 所示。

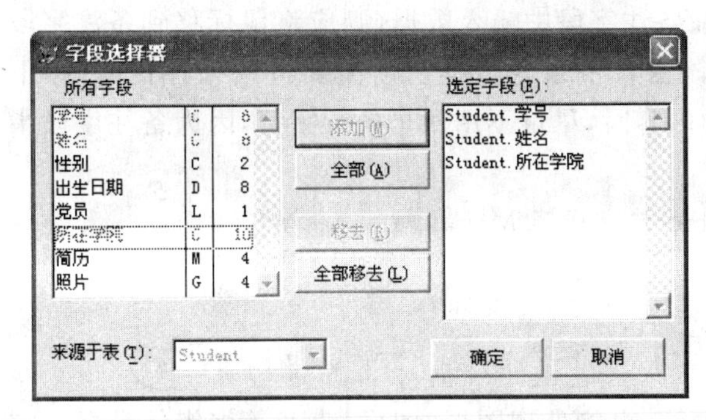

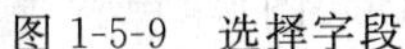
图 1-5-9 选择字段

图 1-5-10 浏览指定的字段

5.2.3 BROWSE 命令

交互式浏览操作为用户带来了许多方便，事实上这个菜单的功能只是浏览命令的部分内容。下面是 BROWSE 命令的全部内容。

格式：BROWSE [FIELDS ＜字段表＞][FOR ＜条件表达式＞] [＜范围＞]
[NOAPPEND][NOCLEAR][NODELETE][NOEDIT|NOMODIFY]

功能：打开当前数据表记录的“浏览”窗口，显示或修改、删除记录。

浏览选项控制浏览的一些操作，子句如下：

```
NOAPPEND            不允许添加记录；
NOCLEAR             将浏览结果输出到屏幕上；
NODELETE            不允许删除记录；
NOEDIT|NOMODIFY     不允许修改记录，只显示查阅的内容。
```

这些子句是一些控制选项。当需要相应的控制时，将这些控制选项加到 BROWSE 命令中，即可以完成相应的控制任务。

【例 5-23】 只浏览男生记录。

```
BROWSE FOR 性别='男'NORGRID
```

5.2.4 操作备注字段

备注字段实际上是一个可变长字段，它可以存放各种文字，例如附记、注解、记号和特殊指示等。一个备注字段最大可以到 64KB，它的最大特点是不必事先定义大小，编辑或处理这个字段时，可根据需要将其增大。Visual FoxPro 对备注字段的处理提供了大量的函数和命令。备注字段可以理解作为一个长字符串。当这个字符串长到一定程度时，就将结果存盘。但是它又不同于一个长字符串，因为它是一个字段变量，具有字段操作的若干属性。

备注字段操作如下：

在浏览和 APPEND 时，如果希望在备注字段中输入数据，则应将鼠标移到备注字段双击，就出现备注字段编辑窗口，可在该窗口下录入数据。当需要将结果存盘时，按下 Ctrl＋W 键即可。在编辑备注字段中的内容时，尽量不用回车换行字符，因为备注字段中的内容是作为一个字符串来处理的。

注意：当备注字段中有内容后，memo 就变成了 Memo。

5.2.5 操作通用字段

Visual FoxPro 除能处理数字、文本外，也能处理图形、图像、声音等多媒体数据。它的通用型字段就可以存储多媒体数据。

通用型字段在许多方面和备注型字段类似。其一，它的内容也存储在.FPT 文件中；其二，在记录显示窗口中，备注型字段数据区标出 memo 字样，通用型字段则标以 gen 字样，存储过内容后 gen 的第一个字符就会变为大写 G。其三，要编辑其内容，可将光标移到 gen 区后按 Ctrl＋PgDn 键，或直接双击该区；要退出编辑，可按 Ctrl＋W 键或双击通用型字段窗口的关闭按钮。

5.3 排序与索引

表的记录通常按输入的先后排列，用 LIST 等命令显示表时按此顺序输出。若要以另一种顺序来输出记录，例如要求 STUDENT.DBF 的记录按出生日期从小到大输出，则需对表进行排序或索引。排序或索引都能改变记录的输出顺序，后者还能决定记录的存取顺序。

5.3.1 排序操作

排序就是根据表的某些字段重排记录。排序后将产生一个新表，其记录按新的顺序排列，但原文件不变。下述命令可实现排序。

```
格式：SORT TO <新文件名> ON <字段 1> [/A|/D][/C][,
      <字段 2> [/A|/D][/C]…]
      [ASCENDING | DESCENDING]
      [<范围>][FOR <条件表达式>][WHILE <条件表达式>]
      [FIELDS <字段表>]                         && 输出的字段
      [NOOPTIMIZE]                              && 不优化
```

功能：对当前表进行记录排序，然后输出到一个新表中。

【例 5-24】 按所在学院排序。

```
SORT ON 所在学院 TO tt.dbf                && 按所在学院排序，并将结果存入 tt.dbf 中
USE tt                                    && 打开 tt.dbf
```

```
LIST                                          && 显示结果
记录号  学号    姓名    性别  出生日期  党员  所在学院  简历  照片
   1    200901  李泳    男    09/06/79  .T.   机电学院  Memo  Gen
   2    200904  张大山  男    11/30/81  .T.   机电学院  memo  gen
   3    200905  张强    男    04/10/78  .F.   机电学院  memo  gen
   4    200903  王小敏  女    04/05/78  .F.   材化学院  memo  gen
   5    200908  刘晓东  男    01/01/79  .F.   材化学院  memo  gen
   6    200902  刘一帧  女    09/10/80  .F.   信息学院  memo  gen
   7    200906  王达    女    11/10/82  .T.   信息学院  memo  gen
   8    200907  许志忠  男    02/08/82  .F.   信息学院  memo  gen
```

得到一个按所在学院从小到大顺序排序的表文件。关于排序的可视化操作,可在表单设计中使用排类库对象进行操作。

5.3.2 索引操作

在数据库设计过程中,索引设计是一项很重要的设计,但是设计方式是通过交互式界面进行的。如果在程序中进行索引操作,就需要相应的命令和函数。下面介绍这些命令和函数。

1. 建立索引

命令方式建立索引的命令如下:

格式:INDEX ON <表达式> TO <IDX 文件>|TAG<标识名>
　　[OF <复合索引文件>]
　　[FOR <条件表达式>][COMPACT][ASCENDING|DESCENDING]
　　[UNIQUE][ADDITIVE]

功能:建立索引。

说明:

<表达式>	索引关键字或者其他组合:
<IDX 文件>	建立单索引文件;
TAG <标识名> [OF <复合索引文件>]	在复合索引文件中建立一个索引标识;
FOR <条件表达式>	有条件地建立索引;
COMPACT	以压缩索引方式建立索引(对单索引文件);
ASCENDING|DESCENDING	索引关键字按升序或降序方式存放:
UNIQUE	去掉重复关键字索引;
ADDITIVE	在已存在的索引文件中追加索引。

下面仍以学生文件为例说明建立索引的方法。

【例 5-25】 建立索引。

```
USE student
INDEX ON 学号 TAG sno                         && 建立学号索引
LIST
```

```
记录号  学号    姓名    性别  出生日期  党员  所在学院  简历  照片
   1   200901  李泳    男   09/06/79  .T.  机电学院  Memo  Gen
   2   200902  刘一帧  女   09/10/80  .F.  信息学院  memo  gen
   3   200903  王小敏  女   04/05/78  .F.  材化学院  memo  gen
   4   200904  张大山  男   11/30/81  .T.  机电学院  memo  gen
   5   200905  张强    男   04/10/78  .F.  机电学院  memo  gen
   6   200906  王达    女   11/10/82  .T.  信息学院  memo  gen
   7   200907  许志忠  男   02/08/82  .F.  信息学院  memo  gen
   8   200908  刘晓东  男   01/01/79  .F.  材化学院  memo  gen
INDEX ON 姓名 TAG snamei                   && 建立姓名索引
LIST
记录号  学号    姓名    性别  出生日期  党员  所在学院  简历  照片
   1   200901  李泳    男   09/06/79  .T.  机电学院  Memo  Gen
   8   200908  刘晓东  男   01/01/79  .F.  材化学院  memo  gen
   2   200902  刘一帧  女   09/10/80  .F.  信息学院  memo  gen
   6   200906  王达    女   11/10/82  .T.  信息学院  memo  gen
   3   200903  王小敏  女   04/05/78  .F.  材化学院  memo  gen
   7   200907  许志忠  男   02/08/82  .F.  信息学院  memo  gen
   4   200904  张大山  男   11/30/81  .T.  机电学院  memo  gen
   5   200905  张强    男   04/10/78  .F.  机电学院  memo  gen
```

从结果中可以看出,以姓名为索引时,输出的记录顺序是以姓名(拼音)为顺序的,而不再以记录号为顺序。建立了姓名索引之后,在数据库设计器中可以清楚地看到在Student表下增加了一个索引标识snamei。

2. 控制索引

对每个表可在索引文件中建立多个索引,如对学生表student的索引组织可如下操作。

```
索引标识 TAG   SNO   SNAMEI
索引表达式     学号   姓名
索引号         1      2
```

由此可见,索引组织中所有标识TAG是索引表达式的名字,每个索引有一个索引号,如何获取这些信息,可通过下面的函数进行。

(1) 获取索引信息

在使用索引时需要知道索引的信息,可通过如下函数。

① KEY()函数

格式:KEY([<复合索引文件>,]<索引号>[,<区号>|<别名>])

功能:返回主索引文件的关键字索引表达式。

【例 5-26】 输出第二个索引表达式。

```
?KEY(2)
姓名
```

② TAG()函数

格式：TAG([＜复合索引文件＞,]＜索引号＞[,＜区号＞|＜别名＞])

功能：从 CDX 复合索引文件或 IDX 单入口索引文件中返回标识。

【例 5-27】 输出第二个标识。

```
?TAG(2)
SNAMEI
```

③ TAGCOUNT()函数

格式：TAGCOUNT([＜区号＞|＜别名＞])

功能：从索引文件返回活动索引标识的个数。

【例 5-28】 输出索引个数。

```
?TAGCOUNT()
2
```

④ TAGNO()函数

格式：TAGNO([＜索引标识名＞[＜区号＞|＜别名＞]])

功能：给定标识名，从 CDX 复合索引文件中返回索引标识号。

【例 5-29】 输出 SNAMEI 索引标识的索引标识号。

```
?TAGNO("SNAMEI")
2
```

(2) 主控索引

在使用索引时，在某一时刻只能有一个索引起作用。那么，如何控制起作用的索引呢？需要下面一些函数和命令来实现。

① SET ORDER TO 命令

格式：SET ORDER TO [＜数值表达式 1＞|[TAG] ＜标识名＞]
　　　　[IN ＜数值表达式 2＞|＜字符表达式＞][ASCENDING|DESCENDING]]

功能：在打开的复合索引文件中设置主控制标识。

【例 5-30】 设置当前主控制索引为第二个索引。

```
SET ORDER TO 2
```

则第二个索引为主索引。

② SYS()函数

格式：SYS(21)

功能：返回主控索引顺序号。

【例 5-31】 返回主控索引顺序号。

```
?SYS(21)
2
```

③ ORDER()函数

格式：ORDER([<工作区号>|<别名>[,<数值表达式>]])

功能：返回主索引文件名或者主索引标识名。

【例 5-32】 返回主控索引标识。

```
?ORDER(SELECT())
SNAMEI
```

(3) 重新索引

在操作表的过程中，主控索引随着记录操作自动更新，但非主控索引不会随着记录操作而自动更新索引，在使用该索引时需要进行重新索引。

格式：REINDEX [COMPACT]

功能：重建索引文件。

【例 5-33】 重新索引学生姓名。

```
SET ORDER TO 2
REINDEX
```

(4) 删除标识

对那些不需要的索引标识可以及时删除掉，命令如下：

格式：DELETE TAG <标识名 1>[OF <索引文件 1>][,<标识名 2>
　　[OF <索引文件 2>]]...

或者 DELETE TAG ALL [OF <索引文件>]

功能：从复合索引文件中移掉一个标识或者多个标识。

【例 5-34】 删掉索引文件中的 SNAMEI 标识。

```
DELETE TAG SNAMEI
```

5.4 顺序查询与索引查询

所谓查询，即按照指定条件在表中查找所需的记录。本节将介绍两种传统的查询方法：顺序查询和索引查询。与 FoxBASE＋不同的是，Visual FoxPro 还支持在 Visual FoxPro 环境中直接使用 SQL 型的查询命令，即 SELECT SQL 命令。5.7 节将介绍这一命令。

5.4.1 顺序查询

顺序查询包括 LOCATE 和 CONTINUE 两条命令。

1. LOCATE 命令

格式：LOCATE [<范围>] FOR <条件表达式>[WHILE <条件表达式>]

[NOOPTIMIZE]

功能：顺序查找指定条件的记录。

说明：NOOPTIMIZE 表示不优化检索。

【例 5-35】 按指定条件定位记录。

```
USE student
LOCATE FOR 所在学院="信息学院"                && 将记录定位在第一个信息学院的学生上
DISPLAY                                       && 显示该条记录
记录号   学号     姓名    性别  出生日期  党员  所在学院  简历  照片
  2     200902  刘一帧   女   09/10/80  .F.  信息学院  memo  gen
LOCATE FOR 性别='男'                          && 将记录定位在第一个男同学记录上
DISPLAY
记录号   学号     姓名  性别  出生日期  党员  所在学院  简历  照片
  1     200901  李泳   男   09/06/79  .T.  机电学院  Memo  Gen
```

若要连续定位记录，例如希望找到第一个所在学院为信息学院的学生，显示该记录，然后再找满足条件的记录显示，则可用下面的命令。

2. CONTINUE 命令

格式：CONTINUE

功能：继续先前的 LOCATE 查询。

【例 5-36】 查找学时数等于 60 的课程并显示满足该条件的记录。

```
USE course
LOCATE FOR 学时数=60                          && 查找学时数等于 60 的课程
DISPLAY                                       && 显示
记录号  课程号   课程名    学时数  学分
  3      3     操作系统    60     3.5
CONTINUE                                      && 再找
DISPLAY                                       && 显示
记录号  课程号   课程名    学时数  学分
  5      5     编译原理    60     3.5
```

CONTINUE 命令实际上是多次执行"LOCATE FOR 学时数=60"命令，并从当前记录向下查找。

注意：在写条件表达式时，有精确匹配和不精确匹配两种情况。精确匹配是指严格的相等，例如"王小敏"="王小敏"，即每个字符都相等。不精确匹配是指部分内容(前面多个字符)匹配，例如"王小"="王小敏"，这个表达式也为真。精确匹配是通过 SET EXACT ON|OFF 命令，如果是 ON，表示精确匹配；如果是 OFF，表示不精确匹配(模糊匹配)。

由于 Visual FoxPro 6.0 数据库物理存储结构的规定，在定位记录时，可以通过指针的移动来定位记录。当指针移到一个位置，系统提供如表 1-5-1 所示的函数来进行管理。

表 1-5-1　记录状态函数

函　数	功　能	返回
BOF([＜工作区号＞|＜别名＞])	返回表记录的头指针,假如记录指针指到文件头,则返回 T,否则返回 F	逻辑值
EOF([＜工作区号＞|＜别名＞])	测定表 DBF 文件的尾指针,假如记录指针指到文件尾,则返回 T ,否则返回 F	逻辑值
RECCOUNT([＜工作区号＞|＜别名＞])	返回表的记录个数	数值
RECNO([＜工作区号＞|＜别名＞])	返回当前记录号	数值

下面通过课程表(course. dbf)说明这 4 个函数对记录指针的管理。

```
记录号  课程号   课程名        学时数   学分
  1                                         ←BOF()=.T.顶位置
  1      1      数据库          50      3.5   ←BOF()=.F.
  2      2      数学           120      7.5
  3      3      操作系统        60      3.5   ←RECNO() 当前指针
  4      4      数据结构        80      7.0
  5      5      编译原理        60      3.5
  6      6      微型机原理      50      3.0
  7      7      计算方法        40      2.5   ←RECCOUNT()=7 记录个数
  8                                         ←EOF()=.T.文件尾位置
```

从列举的记录指针位置的情况,可以得到如下几点结论。

(1) 记录指针范围

没有第 0 号记录。如果键入 GOTO 0 命令,系统将报告出错。文件的最大记录个数是由 RECCOUNT()得到的,它报告该文件真正的记录个数。但是最大记录个数不是最大记录号,最大记录号为 RECCOUNT()+1,RECNO()的范围是 1～RECCOUNT()+1。

(2) 如何使 BOF()为真

当文件有记录时,GOTO TOP 和 GOTO 1 是等价的。如果当前文件没有记录,执行 GOTO TOP,系统不会出错,而执行 GOTO 1 系统将报告记录越界。这时 RECNO()的值仍为 1,而 RECCOUNT()=0。记录指针不能越过 1,如何使 BOF()为真呢? 首先执行 GOTO TOP,然后再 SKIP −1,这时 BOF()=. T. 。

注意:BOF()=. T. 时说明记录指针实际上指向"0 记录"位置。如果再执行 SKIP −1,系统将报告出错。

(3) EOF()=T

当文件有记录时,GOTO BOTTOM 和 GOTO RECCOUN()+1 是等价的。对没有记录的文件,这两个命令不等价。执行 GOTO BOTTOM 命令系统不报告记录越界,而执行 GOTO RECCOUNT()+1 系统将报告记录越界。当记录指针指向 RECCOUNT()+1 时,EOF()=. T. ;而当记录指针指向记录号小于等于 RECCOUNT()的记录时,EOF()都为假。

注意:当文件没有记录时,执行 GOTO RECCOUNT(),系统将报告记录越界(等于

0)；而执行 GOTO BOTTOM 系统不会出错。

利用这些函数，结合前面介绍的记录定位命令，就可以了解当前记录指针的位置。

5.4.2 索引查询

索引的目的是便于记录查询。索引查询的过程如下：首先从索引文件中查到索引关键字，然后根据关键字所对应的记录号到主文件中查询记录。Visual FoxPro 有两个查询命令，即 FIND 和 SEEK。

1. FIND 命令

格式：FIND <字符表达式>

功能：在索引的表/数据库文件中查询与字符表达式匹配的记录。

【例 5-37】 查找学号＝"200904"的学生。

```
USE student
INDEX ON 学号 TAG sno
tt="200904"
FIND &tt
DISPLAY
记录号    学号     姓名    性别   出生日期   党员   所在学院   简历   照片
   4    200904  张大山    男    11/30/81   .T.   机电学院   memo   gen
```

2. SEEK 命令

格式：SEEK <表达式>

功能：索引查询与字符表达式匹配的记录。

【例 5-38】 查找学号＝200904 的学生。

```
USE student
SET ORDER TO sno
SEEK "200904"
DISPLAY
记录号    学号     姓名    性别   出生日期   党员   所在学院   简历   照片
   4    200904  张大山    男    11/30/81   .T.   机电学院   memo   gen
```

在使用 FIND、SEEK、LOCATE 或者 CONTINUE 命令查询数据时，是否查找成功，可用 FOUND()函数来判断。

3. FOUND()函数

格式：FOUND([<工作区号>|<别名>])

功能：使用 FIND、SEEK、LOCATE 或者 CONTINUE 命令查询数据时，若查到，则返回.T.，否则返回.F.

【例 5-39】 索引查询的学生记录。

```
USE student
SET ORDER TO sno
```

```
SEEK "200903"
?RECNO(), FOUND()
3          .T.                    && 已找到学号为 200903 的学生,其记录号为 3
SEEK "99001"
?FOUND()
.F.                               && 未找到学号为 99001 的学生记录
```

5.5 数据工作期

数据工作期是一个用来设置数据工作环境的交互操作窗口。所设置的环境可以包括打开的表及其索引、多个表之间的关联等状态。例如,执行下述命令序列:

```
USE sb
INDEX ON 学号 TAG sno
```

就设置了一种环境,它可供用户对按照"学号"索引了的 STUDENT. DBF 进行索引查询。若设置的环境包括了多个相互关联的表,就可用于多表查询。

利用数据工作期来建立环境还有以下优点:

(1) 直接发命令来建立环境需有一定的经验,而数据工作期窗口对操作有向导作用,显得比较方便。

(2) 在数据工作期设置的环境可以作为视图文件保存起来,需要时将视图文件打开就能恢复它所保存的环境。若用户建立了多个视图文件,则需要某个环境时只要打开相应的视图文件便可。

5.5.1 多工作区的查询

1. 学生管理使用的 3 个表

实际应用中常需同时查询多个表的数据,本书以学生管理为例设计了三个表,即 STUDENT. DBF、COURSE. DBF 和 CJ. DBF。这三个表的结构和数据在前面已经介绍了。

2. 工作区

(1) 工作区号

表打开后才能进行操作,实际上打开表就是把它从磁盘调入内存的某一个工作区。Visual FoxPro 提供了 32767 个工作区,编号为 1~32767。

每个工作区只允许打开一个表,在同一工作区打开另一个表时,以前打开的表就会自动关闭。反之,一个表一般只能在一个工作区打开,在其未关闭时若试图在其他工作区打开它,Visual FoxPro 就会显示信息框提示出错信息"文件正在使用"。若在 USE 命令中加上"AGAIN"选项,则一个表可在不同工作区中再次打开。

(2) 别名

前10个工作区除使用1～10为编号外，还可依次用A～J 10个字母来表示，后者称为工作区别名。

其实表也有别名，并可用命令“USE <文件名> ALIAS <别名>”来指定。例如命令“USE STUDENT ALIAS STU”即指定STU为STUDENT.DBF的别名。若未对表指定别名，则表的主名将被默认为别名。例如命令“USE STUDENT”表示STUDENT.DBF的别名也是STUDENT。

(3) 选择工作区

格式：SELECT <工作区号>|<别名>

功能：选定某个工作区，用于打开一个表。

说明：

① 用SELECT命令选定的工作区称为当前工作区，Visual FoxPro默认1号工作区为当前工作区。函数SELECT()能够返回当前工作区的区号。

引用非当前工作区表的字段必须冠以别名，引用格式为：别名.字段名。例如：

```
CLOSE ALL                          && 关闭所有打开的表,当前工作区默认为 1 号工作区
?SELECT()                          && 显示当前工作区号
1
USE student
GO 3
?姓名
王小敏
SELECT 2                           && 选定 2 号工作区为当前工作区
USE CJ
GO 7
?学号,STUDENT.姓名,成绩            && 显示 STUDENT.姓名的内容为非当前工作区的姓名字段值
200903    王小敏      45.00
```

② 命令“SELECT 0”表示选定当前尚未使用的最小号工作区。该命令使用户不必记忆工作区号，以后要切换到某工作区，只要在SELECT命令中使用表的别名便可。注意，只有已打开的表才可在SELECT命令中使用其别名。

【例5-40】 通过多区操作从CJ.DBF表中学号查出其在STUDENT.DBF表中对应的姓名。

```
CLOSE ALL                          && 关闭所有打开的表,当前工作区为 1 号工作区
SELECT 0                           && 1 号工作区未打开过表,选定的工作区即该区
USE CJ
GO 8                               && 移至 8 记录,注意该记录的学号字段值为 200904
SELECT 0                           && 选定 2 号工作区为当前工作区
USE student
INDEX ON 学号 TAG sno
SEEK CJ.学号                       && 即 SEEK  "200904"
```

```
?CJ.学号,姓名,CJ.成绩                    && 这里"姓名"指 STUDENT.DBF 表中的姓名字段
200904    张大山     89.00
SELECT CJ                               && 选定 CJ.DBF 所在工作区为当前工作区
?学号,STUDENT.姓名,成绩
200904    张大山     89.00
```

③ 命令"USE＜表名＞IN＜工作区号＞|＜别名＞"能在指定的工作区打开表,但不改变当前工作区,要改变工作区仍需使用 SELECT 命令。

5.5.2 数据工作期窗口

数据工作期窗口可用菜单操作方式或命令工作方式打开和关闭,具体方法见表 1-5-2。

表 1-5-2 数据工作期窗口的打开与关闭

	菜单操作方式	命令工作方式	其他方法
打开	选定窗口菜单的数据工作期命令	SET 或 SET VIEW ON	
关闭	选定文件菜单的关闭命令	SET VIEW OFF	双击该窗口的控制菜单框

数据工作期窗口(参阅图 1-5-11)用于设置工作环境,它包括 3 个部分。左边的别名列表框用于显示迄今已打开的表,并可从多个表中选定一个当前表。右边的关系列表框用于显示表之间的关联状况。中间一列的 6 个按钮,其功能如下。

(1) 属性按钮:用于打开工作区的属性对话框(参阅图 1-5-12),与表菜单(打开浏览窗口即出现)的属性命令功能相同。

工作区属性对话框可对表进行多种设置。选定其修改按钮会出现表设计器,可用于修改当前表的结构、建立或修改索引;在索引顺序组合框中可选择主控索引;通过其字段筛选按钮与数据过滤器文本框还可设置字段表与过滤器。当选定允许缓冲复选框后,还可对多用户操作进行记录锁定,并可设置记录缓冲还是表缓冲。

在多用户环境中,修改记录前进行记录锁定能防止因其他用户访问发生冲突。但编辑时锁定(保守式缓冲)与写入时锁定(开放式缓冲)来比较,显然前者降低了系统运行速度。"当前记录"表示仅缓冲当前记录(记录缓冲),而"所有编辑过的记录"指缓冲所有编辑过的记录(表缓冲),显然前者能使系统运行较快。

(2) 浏览按钮:为当前表打开浏览窗口,供浏览或编辑数据。

(3) 打开按钮:弹出打开对话框来打开表;若某数据库已打开,还可打开数据库表。

(4) 关闭按钮:关闭当前表。

(5) 关系按钮:以当前表为父表建立关联。

(6) 一对多按钮:系统默认表之间以多对一关系关联(参阅第 5.5.4 节)。若要建立一对多关系,可单击这一按钮,这与 SET SKIP TO 命令等效。

【例 5-41】 数据工作期窗口操作示例,要求:

(1) 同时打开 STUDENT.DBF 和 CJ.DBF。

(2) 为 STUDENT.DBF 设置包括学号、姓名、所在学院等字段的字段表,并以学号

大于 200904 为条件设置过滤器，随后打开浏览窗口。

操作步骤：

（1）打开数据工作期：选定窗口菜单的数据工作期命令，屏幕出现数据工作期窗口（参阅图 1-5-11）。

（2）打开表：在数据工作期窗口选定“打开”按钮，在打开对话框中选定 student. dbf，选定“确定”按钮返回数据工作期。

以同样方法打开 cj. dbf。

（3）设置字段表和过滤器：在别名列表框中选定表 student，选定“属性”按钮。在工作区属性对话框（参阅图 1-5-12）中选定“字段筛选”按钮。在字段选择器对话框（参阅图 1-5-9）中把学号、姓名、所在学院字段从所有字段列表框移到选定字段列表框中，选定“确定”按钮返回工作区属性对话框。选定“字段筛选指定的字段”选项按钮，在数据过滤器文本框中键入条件“学号＞"200904"”，在索引顺序组合框中选定“无顺序”（表示不使用索引）选项，选定“确定”按钮返回数据工作期，如图 1-5-12 所示。

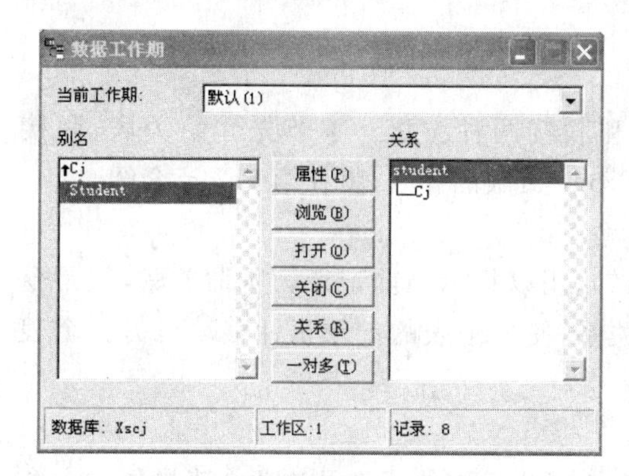

图 1-5-11　数据工作期窗口

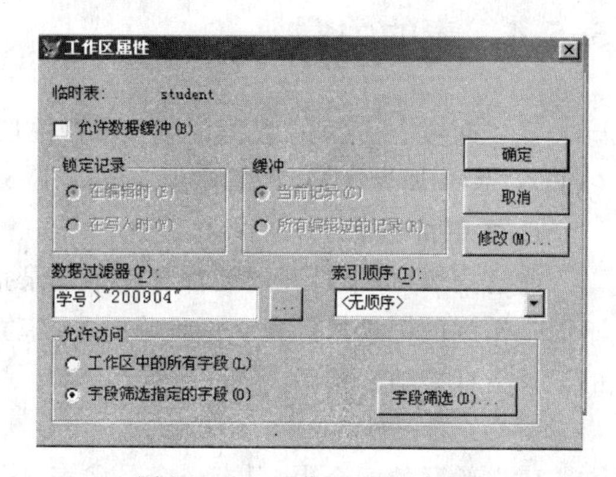

图 1-5-12　工作区属性对话框

（4）为 student. dbf 打开浏览窗口：选定“浏览”按钮。

5.5.3　视图文件

数据工作期设置的环境可以作为视图文件保存，以便在需要时恢复它所保存的环境。

1. 文件的建立

视图文件可通过菜单操作或执行命令来建立，分述如下。

（1）菜单操作

数据工作期未关闭时，可选定文件菜单的“另存为”命令来建立视图文件，系统默认视图文件的扩展名为. VUE。例如，为例 5-41 设置的环境建立视图文件可按以下步骤进行：

关闭浏览窗口（参阅图 1-5-11）。选定文件菜单的“另存为”命令，在“另存为”对话框的文本框中输入视图文件名 student，选定“保存”按钮，即产生视图文件 student. VUE。

注意，若浏览窗口打开着，则文件菜单的“另存为”命令以淡色显示而无法选用。

（2）命令操作

格式：CREATE VIEW <视图文件名>

功能：为 Visual FoxPro 的当前数据工作环境建立一个视图文件。

例如在数据工作期打开时，往命令窗口输入命令 CREATE VIEW student，便可建立视图文件 student. VUE。

2. 视图文件的打开

打开视图文件意味着恢复环境，相当于重新执行一系列先前设置的命令。

例如前所建立的视图文件 student. VUE 可利用菜单来打开：选定文件菜单的“打开”命令，文件类型选定“视图”（*. VUE），选定文件 STUDENT. VUE，选定“确定”按钮。

STUDENT. VUE 也可用命令打开：往命令窗口输入命令 SET VIEW TO STUDENT。

视图文件打开后，再打开数据工作期窗口，便能看到前面所建立的环境。

5.5.4 表的关联

要查询多个表中的数据时，常采用关联和联接两种方法。本节先介绍关联，联接（join，过去常译为连接，本书使用 Visual FoxPro 中文版的译名）将在第 5.7 节介绍。

1. 关联的概念

前已指出，每个打开的表都有一个记录指针，用以指示当前记录。所谓关联，就是令不同工作区的记录指针建立一种临时的联动关系，使一个表的记录指针移动时另一个表的记录指针能随之移动。

（1）关联条件

建立关联的两个表，总有一个是父表，一个为子表。在执行涉及这两个表数据的命令时，父表记录指针的移动，会使子表记录指针自动移到满足关联条件的记录上。

关联条件通常要求比较不同表的两个字段表达式值是否相等，所以除要在关联命令中指明这两个字段表达式外，还必须先为子表的字段表达式建立索引。在图 1-5-13 中，表示表 STUDENT. DBF 和 CJ. DBF 建立了关联，条件是 STUDENT. 学号与 CJ. 学号两个字段的值相等，图中对符合条件的记录画出了连线，表示子表记录指针会随父表记录指针的移动而移动。

（2）多对一关系

按照通过不同表的两个字段表达式值相等来实现关联的原则，若出现父表有多条记录对应子表中一条记录的情况，则称这种关联为多对一关系。

（3）一对多关系

按照同样的实现关联的原则，若出现父表的一条记录对应子表中多条记录的情况，这种关联就称为一对多关系。

Visual FoxPro 的关联不处理“多多关系”。若出现“多多关系”，则需将其中的一个表进行分解，然后以多对一关系或一对多关系进行处理。

下文将首先说明在数据工作期窗口建立关联的方法，然后介绍怎样用命令建立关联。

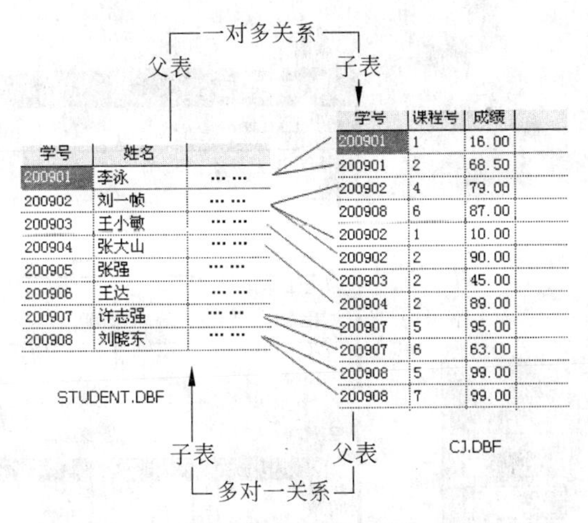

图 1-5-13　关联及其多对一关系与一对多关系

2. 在数据工作期窗口建立关联

在数据工作期窗口可以建立关联。一般步骤为：

(1) 打开需建立关联的表。

(2) 为子表按关联的关键字建立索引或确定主控索引。

(3) 选定父表工作区为当前工作区,并与一个或多个子表建立关联。

(4) 说明建立的关联为一对多关系。缺省本步骤将默认为多对一关系。

【例 5-42】 查询学号为 200908 的学生,要求显示查到的学生的学号、姓名、课程号、课程名和成绩。

分析：由于查到 200908 的学生后要显示该生的姓名和课程名,可将表 CJ. DBF 和 STUDENT. DBF、COURSE. DBF 进行关联。关联时将 CJ 的学号字段值与 STUDENT 的学号字段值进行比较、CJ 的课程号字段值与 COURSE 的课程号字段值进行比较。

解一：以 CJ. DBF 为父表,STUDENT. DBF 和 COURSE. DBF 为子表建立多对一关系。

(1) 打开表：在窗口菜单中选定数据工作期命令,然后用"打开"按钮分别打开 CJ. DBF、STUDENT. DBF 和 COURSE. DBF。

(2) 为 STUDENT. DBF 子表的学号字段建立索引：在别名列表框中选定表 STUDENT,选定"属性"按钮。在工作区属性对话框中选定"修改"按钮,在表设计器窗口中单击字段名为学号的行的索引列,在组合框中选定升序,选定"确定"按钮返回工作区属性窗口。选定"确定"按钮返回数据工作期窗口。

(注：如果已建立了索引,则只需选定"属性"按钮,打开"工作区属性"对话框,在"索引顺序"下拉列表框中选择索引名。)

用同样方法为 COURSE 子表的课程号字段建立索引。

(3) 建立关联：在别名列表框中选定表 CJ,选定"关系"按钮,在别名列表框中选定表 COURSE,在如图 1-5-14 所示"设置索引顺序"对话框中选定"确定"按钮,在表达式生成器的字段列表框中双击"课程号"字段(参阅图 1-5-15)。选定"确定"按钮,多对一关系建立完成。

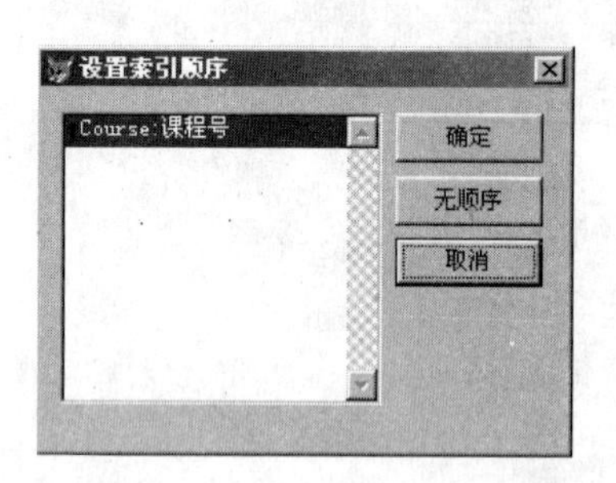

图 1-5-14　设置索引顺序对话框

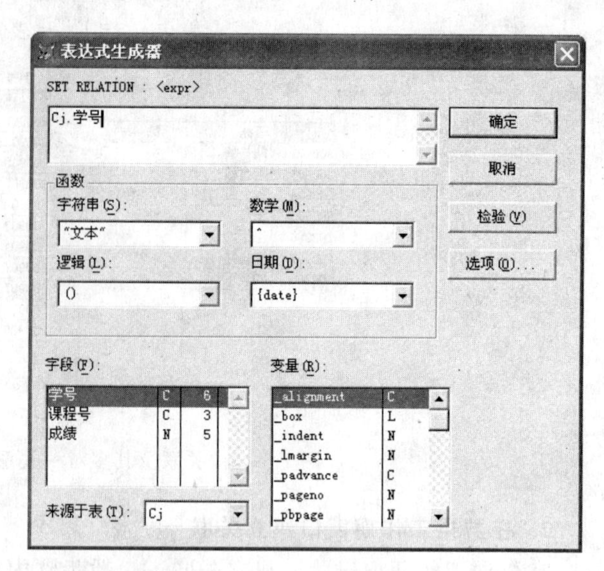

图 1-5-15　表达式生成器对话框

在别名列表框中选定表 CJ，选定“关系”按钮。在别名列表框中选定表 STUDENT，在“设置索引顺序”对话框中选定“确定”按钮，在表达式生成器的字段列表框中双击“学号”字段(参阅图 1-5-15)，选定“确定”按钮，多对一关系建立完成。数据工作期窗口显示如图 1-5-16 所示。

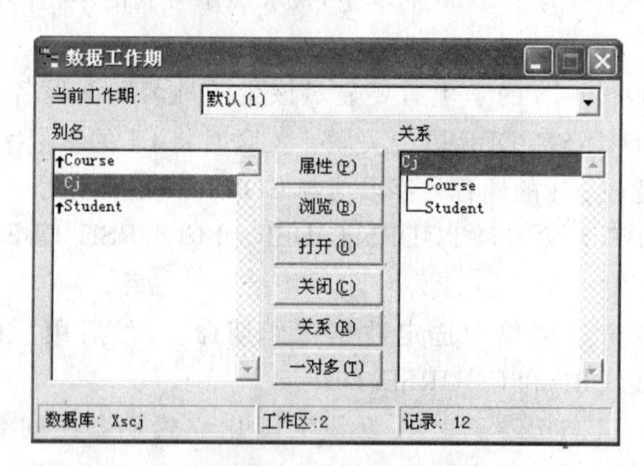

图 1-5-16　建立多对一关系后的数据工作期窗口

“设置索引顺序”对话框的作用是选定一个索引作为主控索引。

(4) 建立视图文件：选定文件菜单的“另存为”命令，在“另存为”对话框的文本框中输入视图文件名 STUSC。选定“保存”按钮，即产生视图文件 STUSC. VUE。

(5) 显示结果：为在浏览窗口显示所要的 5 个字段，可参照例 5-12 在“工作区属性”对话框中进行字段筛选(必须选定“字段筛选指定的字段”选项按钮)。也可用如下命令显示结果：

```
BROWSE FIELDS CJ.学号,STUDENT.姓名,CJ.课程号,COURSE.课程名,CJ.成绩 FOR CJ.学号=
```

'200908'

执行结果见图 1-5-17。

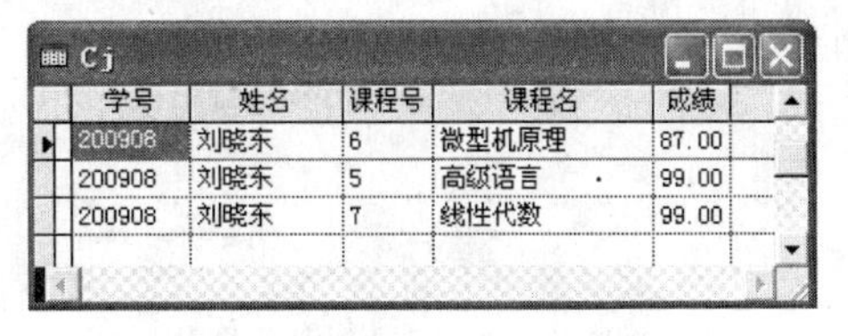

学号	姓名	课程号	课程名	成绩
200908	刘晓东	6	微型机原理	87.00
200908	刘晓东	5	高级语言	99.00
200908	刘晓东	7	线性代数	99.00

图 1 5 17　多对一关系显示学生成绩

解二：以 STUDENT. DBF 为父表，CJ. DBF 为子表建立一对多关系。

(1) 在数据工作期窗口单击“打开”，在“打开”对话框中选择表 STUDENT. DBF 和 CJ. DBF(建议对两个表已建立好学号索引)，如图 1-5-18 所示。单击“确定”返回到数据工作期窗口，如图 1-5-19(a)所示。

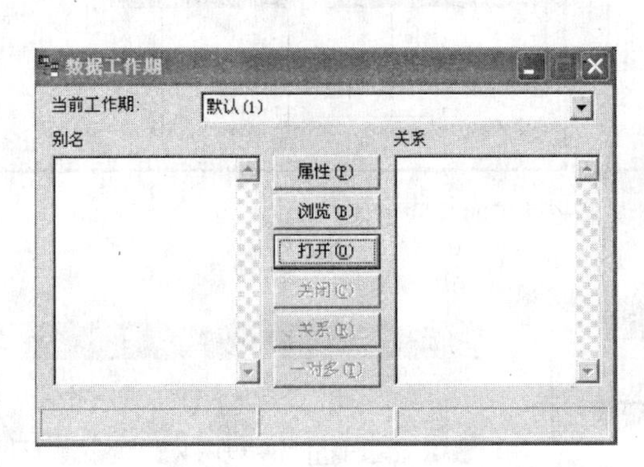

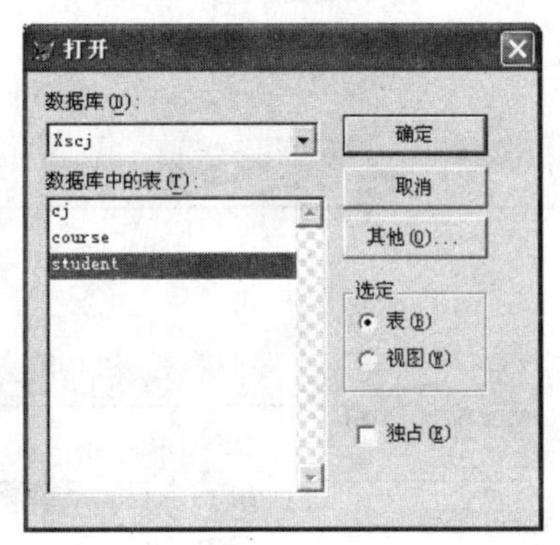

图 1-5-18　打开关联表

(a) 数据工作期

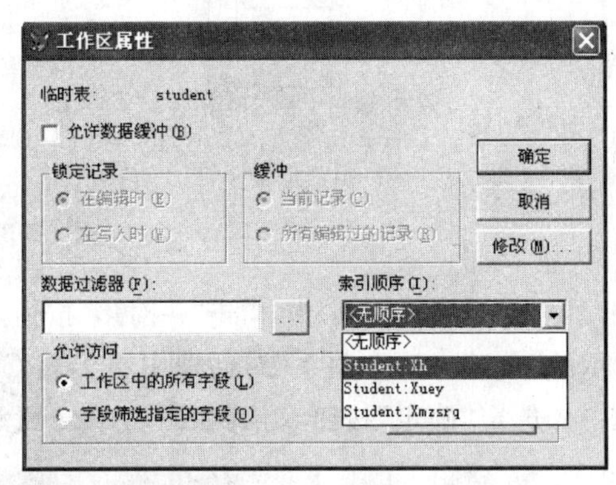

(b) 工作区属性

图 1-5-19　设置两个表的索引顺序

(2) 在图 1-5-19(a)中选择 Student，单击“属性”按钮得到图 1-5-19(b)。在“索引顺序”中选择 Student. Xh；接着选择 CJ，单击“属性”按钮得到图 1-5-9(b)所示结果。在“索引顺序”中选择 Cj. Xh。

(3) 以 STUDENT. DBF 为父表建立关联：在数据工作期窗口的别名列表框中选定表 STUDENT。选定“关系”按钮，得到结果如图 1-5-20(b)所示。在别名列表框中选定表 CJ，得到图 1-5-20(b)所示结果。在打开的“表达式生成器”对话框的“字段”列表框中双击“学号”字段，单击“确定”按钮。得到结果如图 1-5-21(a)所示。

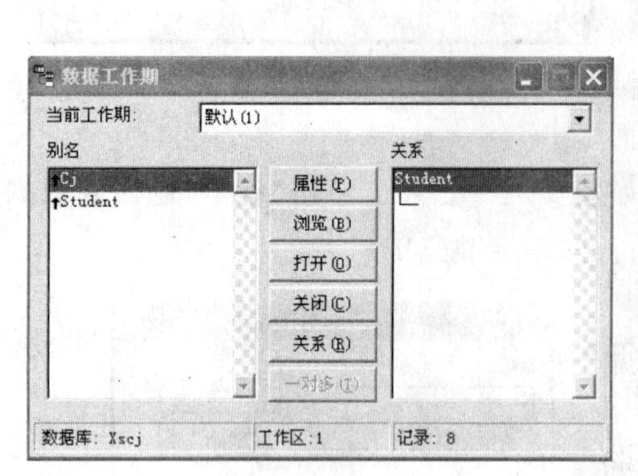

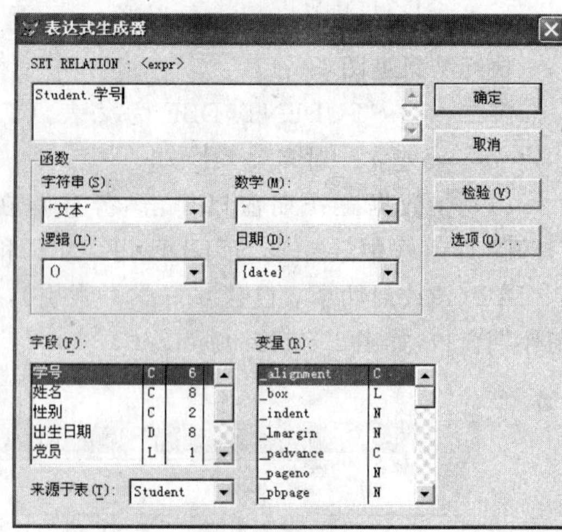

图 1-5-20 设置一对多的关联字段

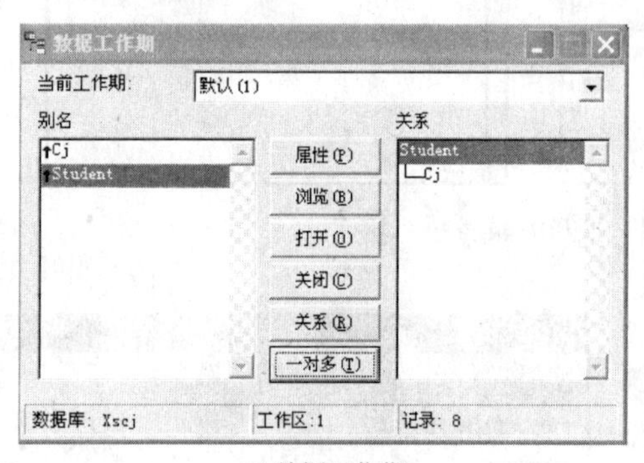

(a) 数据工作期

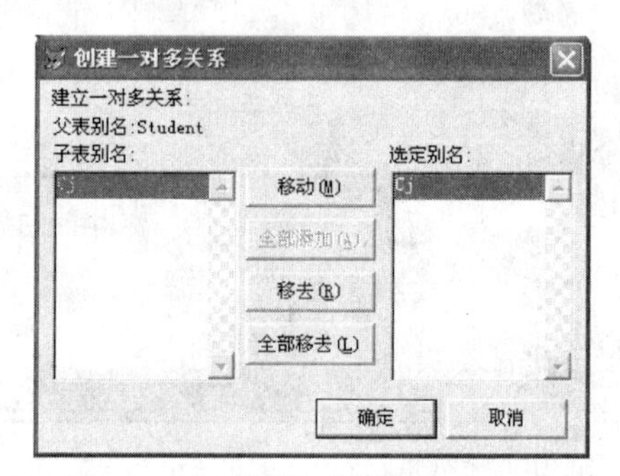

(b) 创建一对多关系

图 1-5-21 结果

(4) 在图 1-5-21(a)中,单击"一对多"按钮,打开如图 1-5-21(b)所示结果。在图 1-5-21(b)所示的"创建一对多关系"对话框中将子表 Cj 从"子表别名"列表框移入"选定别名"列表框中。选定"确定"按钮,得到如图 1-5-22 所示结果。

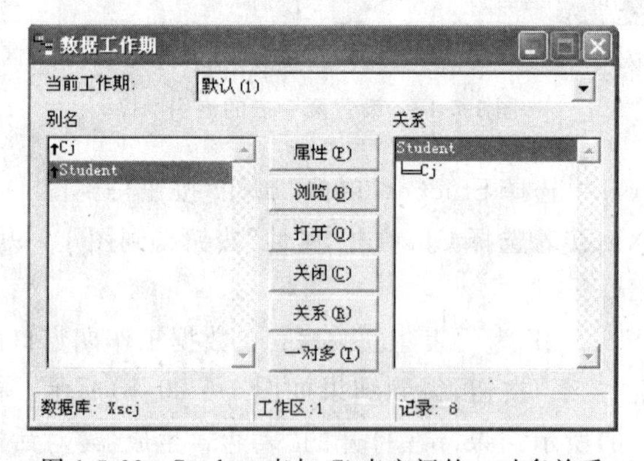

图 1-5-22 Student 表与 Cj 表之间的一对多关系

一对多关系建立后的数据工作期窗口如图 1-5-22 所示，注意观察 Student 表与 Cj 表之间的连线。

（5）显示结果：在命令窗口插入如下命令。

```
BROWSE FIELDS STUDENT.学号,STUDENT.姓名,CJ.课程号,CJ.成绩;
                    FOR STUDENT.学号='200902' OR STUDENT.学号-'200907'
```

命令执行结果见图 1-5-23。该图与图 1-5-17 略有不同，200902 学号有三个记录，仅第一个记录显示学号和姓名，200907 学号有两个记录，也仅第一个记录显示学号和姓名，体现了一对多关系浏览窗口的特点。

由本例可见，当两个表建立关联后，在浏览窗口显示涉及两个表的数据时，就像浏览单个表的数据一样方便。

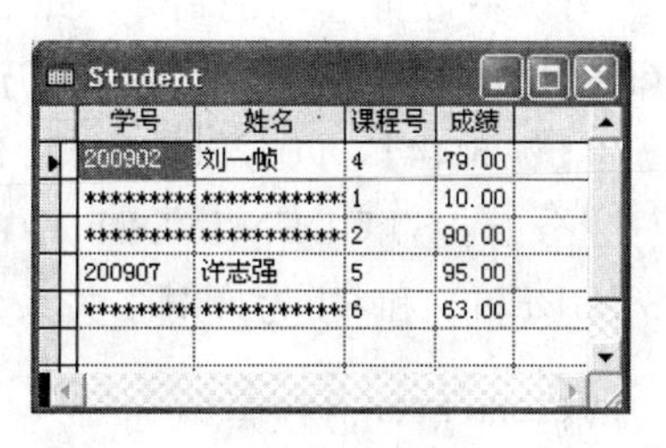
Student

学号	姓名	课程号	成绩
200902	刘一帧	4	79.00
********	***********	1	10.00
********	***********	2	90.00
200907	许志强	5	95.00
********	***********	6	63.00

图 1-5-23　一对多关系浏览窗口

3. 用命令来建立关联

（1）建立关联命令

格式：SET RELATION TO [＜表达式 1＞ INTO ＜别名 1＞,…,＜表达式 N＞ INTO ＜别名 N＞]
[ADDITIVE]

功能：以当前表为父表与其他一个或多个表建立关联。

说明：

① ＜表达式＞用来指定父表的字段表达式，其值将与子表的索引关键字值对照，看二者是否相同。＜别名＞表示子表或其所在的工作区。

② ADDITIVE 保证在建立关联时不取消以前建立的关联。

【例 5-43】 设置的多对一关系可用如下序列来表达：

```
SELECT 2
USE student
INDEX ON 学号 TAG SNO ADDITIVE          && 子表 student.dbf 在学号字段建立索引
SELECT 3
USE course
INDEX ON 课程号 TAG COUR ADDITIVE       && 子表 course.dbf 在课程号字段建立索引
SELECT 1
USE CJ
SET RELATION TO 学号 INTO student       && 指定在学号字段对子表 student 设置多对一关系
SET RELATION TO 课程号 INTO course      && 指定在课程号字段对子表 CJourse 设置多对一关系
```

显示关联后结果的命令如下：

```
BROWSE FIELDS CJ.学号,STUDENT.姓名,CJ.课程号,COURSE.课程名,CJ.成绩 FOR CJ.学号=
'200908'
```

③ 命令“SET RELATION TO”解除关联。

(2) 说明一对多关系的命令

格式：SET SKIP TO [<表别名 1>[,<表别名 2>]…]

功能：用在 SET RELATION 命令之后，说明已建立的性质为一对多关系。

说明：

① <表别名>表示在一对多关系中位于多方的子表或其所在的工作区。

② 不带可选项的命令"SET SKIP TO"用于取消一对多关系，但 SET RELATION 命令建立的多对一关系的关联仍继续存在。

【例 5-44】 以 STUDENT.DBF 为父表，CJ.DBF 为子表建立一对多关系。

分析：STUDENT.DBF 中的学号是唯一的，而 CJ.DBF 中学号却有相同的，所以 STUDENT 和 CJ 为一对多关系。

```
CLOSE ALL
SELECT 2
USE CJ
INDEX ON 学号 TAG scno ADDITIVE
SELECT 1
USE student
SET RELATION TO student..学号 INTO CJ
SET SKIP TO CJ
BROWSE FIELDS STUDENT.学号,STUDENT.姓名,CJ.课程号,CJ.成绩;
       FOR STUDENT.学号='200902' OR STUDENT.学号='200907'
```

执行结果如图 1-5-23 所示。

一父多子关系建立后，要清除父表与某个子表之间的关联，可使用命令"SET RELATION OFF INTO <别名>"。该命令在父表所在工作区使用，<别名>指子表别名或其所在工作区的别名。

5.6 统计命令

统计和汇总是数据库应用的重要内容，Visual FoxPro 提供 5 种命令来支持统计功能。

5.6.1 计数命令

格式：COUNT [<范围>][FOR<条件 1>][WHILE<条件 2>][TO<内存变量>]

功能：计算指定范围内满足条件的记录数。

说明：

(1) 通常记录数显示在主窗口的状态条中，使用 TO 子句还能将记录数保存到<内存变量>中，便于以后引用。

(2) 默认范围是表的所有记录。

【例 5-45】 统计学生人数(即记录个数),试写出命令序列。

```
USE student
COUNT ALL TO stu
?stu
8
```

统计所有男生的人数:

```
COUNT FOR 性别='男' TO men
?men
5
```

5.6.2 求和命令

格式:SUM [<数值表达式表>][<范围>][FOR<条件 1>][WHILE<条件 2>]
[TO<内存变量表>| ARRAY<数组>]

功能:在打开的表中,对<数值表达式表>的各个表达式分别求和。

说明:

(1) <数值表达式表>中各表达式的和数可依次存入<内存变量表>或数组。若缺省该表达式表,则对当前表所有的数值表达式分别求和。

(2) 默认<范围>指表中所有记录。

【例 5-46】 根据 CJ.DBF 表求学号为 200901 的学生各门成绩之和,试写出命令序列。

```
USE CJ
SUM 成绩 TO cj FOR 学号="200901"
  成绩                                              && 显示结果
154.50
?'200901 的成绩之和为: ',cj
200901 的成绩之和为: 154.50                          && 显示结果
```

求所有学生的成绩之和的命令:

```
SUM ALL 成绩 TO zcj
  成绩                                              && 显示结果
  921.50
?zcj
  921.50                                            && 显示结果
```

5.6.3 求平均值命令

格式:AVERAGE [<数值表达式表>][<范围>][FOR<条件 1>]
[WHILE<条件 2>]

[TO <内存变量表>|ARRAY <数组>]

功能：在打开的表中，对〈数值表达式表〉中的各个表达式分别求平均值。

【例 5-47】 根据 CJ.DBF 表求学号为 200901 的学生平均成绩，试写出命令序列。

```
USE CJ
AVERAGE 成绩 TO pjcj FOR 学号="200901"
    成绩                                                    && 显示结果
    77.25
?'200901 的平均成绩为：',pjcj
200901 的平均成绩为：77.25                                  && 显示结果
```

求所有学生的平均成绩的命令：

```
AVERAGE ALL 成绩 TO  zpjcj
  成绩                                                      && 显示结果
  76.79
?zpjcj
76.79                                                       && 显示结果
```

5.6.4 计算命令

CALCULATE 命令用于对表中的字段进行统计，其计算工作主要由函数来完成。

格式：CALCULATE <表达式表>[<范围>][FOR<条件 1>][WHILE<条件 2>]

[TO<内存变量表>| ARRAY<数组>]

功能：在打开的表中，分别计算〈表达式表〉的表达式。

注意：表达式中至少须包含系统规定的 8 个函数之一。其中常用的函数有 AVG(<数值表达式>)、CNT()、MAX(<表达式>)、MIN(<表达式>)、SUM(<数值表达式>)等 5 个，这 5 个函数的功能与表 1-5-3(见 5.7 SELECT-SQL 命令一节)所列一致，仅计算记录数函数 CNT()的格式与表 1-5-3 的 COUNT 不一样。另 3 个函数为 NPV、STD 和 VAR，详见系统 HELP，这里不再说明。

表 1-5-3 <SELECT 表达式>中可用的系统函数

函　数	功　能
AVG(<SELECT 表达式>)	求<SELECT 表达式>值的平均值
COUNT(<SELECT 表达式>)	统计记录个数
MIN(<SELECT 表达式>)	求<SELECT 表达式>值中的最小值
MAX(<SELECT 表达式>)	求<SELECT 表达式>值中的最大值
SUM(<SELECT 表达式>)	求<SELECT 表达式>值的和

【例 5-48】 根据 CJ.DBF 表求所有学生的平均成绩，试写出命令序列。

```
CLOSE ALL
USE CJ IN 0                          && 在可用的最小编号工作区打开 CJ 表
```

```
SELECT CJ                                   && 选择别名 CJ 所在的工作区为当前工作区
CALCULATE AVG(成绩) TO jpjcj
AVG(成绩)                                   && 显示结果
76.79
?jpjcj
76.79                                       && 显示结果
```

5.6.5 汇总命令

汇总命令可对数据进行分类合计。例如工资计算系统中可能要按部门汇总工资,库存管理系统中可能要按车间汇总零件金额等。

格式:TOTAL TO <文件名> ON <关键字> [FIELDS <数值型字段表>]
　　[<范围>][FOR <条件 1>][WHILE<条件 2>]

功能:在当前表中,分别对<关键字>值相同记录的数值型字段值求和,并将结果存入一个新表。一组关键字值相同的记录在新表中产生一个记录;对于非数值型字段,只将关键字值相同的第一个记录的字段值放入该记录。

说明:

(1) <关键字>指排序字段或索引关键字,即当前表必须是有序的,否则不能汇总。

(2) FIELDS 子句的<数值型字段表>指出要汇总的字段。若缺省,则对表中所有数值型字段汇总。

(3) 默认<范围>指表中所有记录。

【例 5-49】 在 CJ. DBF 中按学生的学号来汇总各学生的成绩之和,试写出命令序列。

```
USE CJ
INDEX ON 学号 TAG  xh
TOTAL ON 学号 TO xscj FIELDS 成绩          && 按学号汇总成绩,写入新表 xscj.dbf
USE xscj
BROWSE FIELDS 学号,成绩 TITLE "学生成绩汇总表"
```

请观察结果。

注意,通常在汇总结果中选出关键字字段与汇总字段来显示,因为显示其他字段值没有实用价值。

5.7 SELECT-SQL 查询

SELECT-SQL 是从 SQL 语言移植过来的查询命令,具有强大的单表与多表查询功能。Visual FoxPro 支持在命令窗口直接使用 SELECT-SQL 命令,也允许通过一种称为“查询设计器”的窗口来设计查询步骤并生成查询文件,然后运行定制的查询。

Visual FoxPro 还允许将查询结果以图形的形式输出,本节后面将简单介绍。

5.7.1 用 SELECT-SQL 命令直接查询

在命令窗口发一条 SELECT-SQL 命令，即可按命令的要求执行一次查询。现简述如下。

1. SEIECT-SQL 命令的格式

格式：SELECT [ALL|DISTINCT][＜别名＞.]＜SELECT 表达式＞[AS＜列名＞][,[＜别名＞.]＜SELECT 表达式＞[AS＜列名＞]…]
FROM [FORCE][＜数据库名＞!]＜表名＞[＜本地名＞]
[[INNER|LEFT[OUTER]|RIGHT[OUTER]|FULL[OUTER] JOIN＜数据库名＞!]＜表名＞
[＜本地名＞] ON＜联接条件＞…]
[[INTO＜目标＞]|[TO FILE＜文件名＞[ADDITIVE]|TO PRINTER [PROMPT]|TO SCREEN]]
[PREFERENCE＜名字＞][NOCONSOLE][PLAIN][NOWAIT]
[WHERE＜联接条件＞[AND＜联接条件＞…＞][AND|OR ＜筛选条件＞[AND|OR ＜筛选条件＞…]]]
[GROUP BY ＜组表达式＞[,＜组表达式＞…]]
[HAVING ＜筛选条件＞]
[UNION [ALL] ＜SELECT 命令＞]
[ORDER BY ＜关键字表达式＞[ASC|DESC][,＜关键字表达式＞ [ASC|DESC]…]]
[TOP ＜数值表达式＞ [PERCENT]]

说明：

(1) SELFCT 子句：ALL 表示选出的记录中包括重复记录，这是缺省值；DISTINCT 则表示选出的记录中不包括重复记录。

[＜别名＞.]＜SELECT 表达式＞[AS＜列名＞]：＜SELECT 表达式＞可以是字段名，也可以包含用户自定义函数和如表 1-5-3 所示的系统函数。＜别名＞是字段所在的表名，＜列名＞用于指定输出时使用的列标题，可以不同于字段名。

当 SELECT 表达式中包含上述函数时，输出行数不一定与表的记录数相同。例如：

```
SELECT 课程名,学分+0.5 AS 学分 FROM course          && 查询窗口每个记录显示一行数据
```

查询结果如图 1-5-24 所示。

```
SELECT AVG(成绩) AS 平均成绩 FROM CJ                && 查询窗口只显示一行平均值数据
```

查询结果如图 1-5-25 所示。

SELECT 表达式可用一个 * 号来表示，此时指定所有的字段。

(2) FROM 子句及其选项：用于指定查询的表与联接类型。

选择工作区与打开〈表名〉所指的表均由 Visual FoxPro 自行安排。对于非当前数据

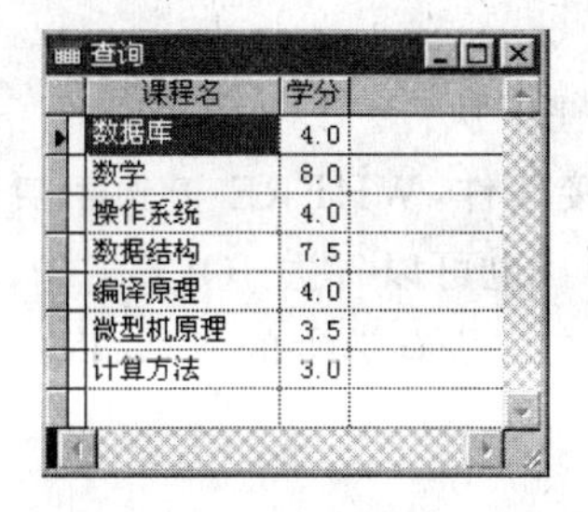

图 1-5-24　学分查询窗口

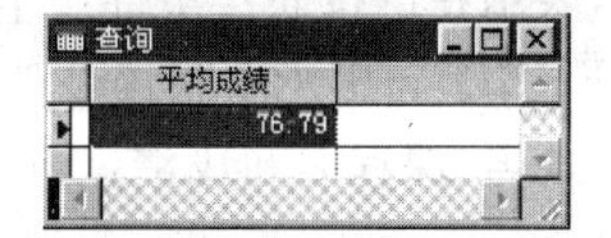

图 1-5-25　所有学生的平均成绩

库,用"＜数据库名＞!＜表名＞"来指定该数据库中的表。＜本地名＞是表的暂用名,取了本地名后,本命令中该表只可使用这个名字。

JOIN 关键字:用于联接其左右两个＜表名＞所指的表。详见下文"2. JOIN 命令"。

INNER|LEFT[OUTER]|RIGHT[OUTER]|FULL[OUTER]选项:指定两表联接时的联接类型。联接类型有 4 种。详见下文表 1-5-5。其中的 OUTER 选项表示外部联接,既允许满足联接条件的记录,又允许不满足联接条件的记录。若省略 OUTER 选项,则效果不变。

ON 子句:用于指定联接条件。

FORCE 子句:严格按指定的联接条件来联接表,避免 Visual FoxPro 因进行联接优化而降低查询速度。

(3) INTO 与 TO 子句:用于指定查询结果的输出去向,默认查询结果显示在浏览窗口中。

INTO 子句中的＜目标＞可以有 3 种选项,如表 1-5-4 所示。

表 1-5-4　目标选项

目　标	输出形式	目　标	输出形式
ARRAY＜数组＞	查询结果输出到数组	DBF＜表名＞	查询结果输出到表
CURSOR＜临时表名＞	查询结果输出到临时表		

TO FILE 子句的＜文件名＞表示输出到指定的文本文件,并取代原文件内容。ADDITIVE 表示只添加新数据,不清除原文件的内容。

TO PRINTER 表示输出到打印机,PROMPT 表示打印前先显示打印确认框。

TO SCREEN 表示输出到屏幕。例如显示所有学生的平均成绩。

```
SELECT AVG(成绩) AS 平均成绩 FROM CJ TO SCREEN      && 平均成绩显示在"平均成绩"的下方
平均成绩                                             && 显示结果
  76.79
```

(4) PREFERENCE 子句:用于记载浏览窗口的配置参数,再次使用该子句时可用＜名字＞引用此配置。

(5) NOCONSOLE 子句:禁止将输出送往屏幕。若指定过 INTO 子句则忽略它的设置。

(6) PLAIN 子句：输出时省略字段名。

(7) NOWAIT 子句：显示浏览窗口后程序继续往下执行。

(8) WHERE 子句：若已用 ON 子句指定了联接条件，WHERE 于句中只能指定筛选条件，表示在已按联接条件产生的记录中筛选记录。也可以省去 JOIN 子句，一次性地在 WHERE 子句中指定联接条件和筛选条件。例如查询所有学生的成绩，同时显示学生的学号、姓名、课程名和成绩：

```
SELECT student.学号,student.姓名,course.课程名,CJ.成绩 FROM student,course,CJ;
    WHERE student.学号=CJ.学号 AND CJ.课程号=course.课程号
```

执行结果如图 1-5-26 所示。

又如，仅查询学号为 200902 的学生的成绩，同时显示其学号、姓名、课程名和成绩：

```
SELECT student.学号,student.姓名,course.课程名,CJ.成绩 FROM student,course,CJ;
    WHERE student.学号=CJ.学号 AND CJ.课程号=course.课程号 AND ;
    student.学号="200902"
```

执行结果如图 1-5-27 所示。

查询

学号	姓名	课程名	成绩
200901	李泳	数据库	16.00
200902	刘一帧	数据库	10.00
200904	张大山	工程制图	89.00
200903	王小敏	工程制图	45.00
200902	刘一帧	工程制图	90.00
200901	李泳	工程制图	68.50
200902	刘一帧	高等数学	79.00
200908	刘晓东	高级语言	99.00
200907	许志强	高级语言	95.00
200908	刘晓东	微型机原理	87.00
200907	许志强	微型机原理	63.00
200908	刘晓东	线性代数	99.00

图 1-5-26　所有学生成绩查询窗口

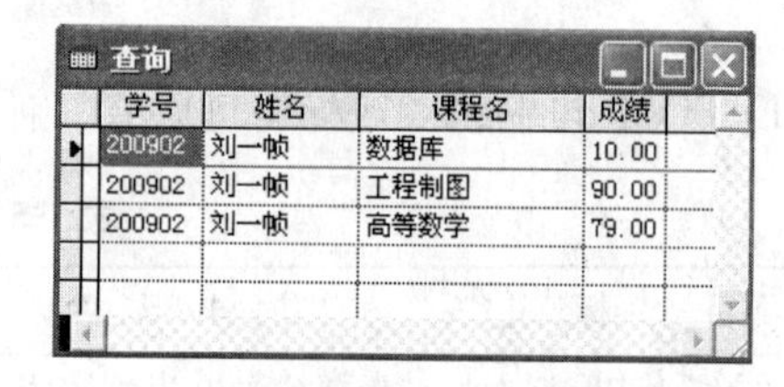

查询

学号	姓名	课程名	成绩
200902	刘一帧	数据库	10.00
200902	刘一帧	工程制图	90.00
200902	刘一帧	高等数学	79.00

图 1-5-27　查询学号为 200902 的学生的成绩

(9) GROUP BY 子句：对记录按<组表达式>值分组，常用于分组统计。

(10) HAVING 子句：当含有 GROUP BY 子句时，HAVING 子句可用做记录查询的限制条件；无 GROUP BY 子句时 HAVING 子句的作用如同 WHERE 子句。

(11) UNION 子句：在 SELECT-SQL 命令中可以用 UNION 子句嵌入另一个 SELECT-SQL 命令，使这两个命令的查询结果合并输出，但输出字段的类型和宽度必须一致。例如执行下面的命令将首先显示 COURSE. DBF 表中所有课程号，接着显示 CJ. DBF 表中的所有课程号：

```
SELECT course.课程号 FROM course;
   UNION ALL SELECT CJ.课程号 FROM CJ
```

UNION 子句默认组合结果中排除重复行，使用 ALL 则允许包含重复行。

(12) ORDER BY 子句：指定查询结果中记录按<表达式>排序，默认升序。<表达式>只可以是字段，或表示查询结果中列的位置的数字。选项 ASC 表示升序，DESC 表示降序。

例如将 CJ.DBF 的记录按学号升序排列，学号相同内按课程号降序排列，命令格式如下：

```
SELECT 学号,课程号,成绩 FROM CJ ORDER BY 学号,课程号 DESC
```

执行结果如图 1-5-28 所示。

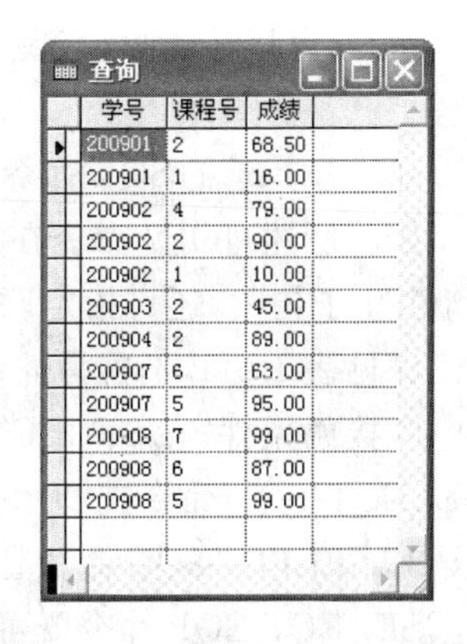

学号	课程号	成绩
200901	2	68.50
200901	1	16.00
200902	4	79.00
200902	2	90.00
200902	1	10.00
200903	2	45.00
200904	2	89.00
200907	6	63.00
200907	5	95.00
200908	7	99.00
200908	6	87.00
200908	5	99.00

图 1-5-28　应用 ORDER BY 子句窗口

(13) TOP 子句：TOP 子句必须与 ORDER BY 子句同时使用。＜数值表达式＞表示在符合条件的记录中选取的记录数，范围为 1～32767。排序后并列的若干记录只计一个、含 PERCENT 选项时，＜数值表达式＞表示百分比。记录数为小数时自动取整，范围为 0.01～99.99。例如在上例命令中若增加子句“TOP 50 PERCENT”，则表示在符合条件的记录中选取 50％的记录。

2. JOIN 命令

JOIN 命令可用于实现两个表的联接。在 Xbase 类微机数据库中，从 Dbase、FoxBASE＋到 FoxPro 都设有 JOIN 命令。在 Visual FoxPro 中，JOIN 的联接功能已包含在 SELECT-SQL 命令中，可以由 SELECT-SQL 命令来代替。但 Visual FoxPro 仍保留了传统的 JOIN 命令，以便与早期的 Xbase 类数据库语言兼容。

(1) 4 种专门的关系运算

选择、投影、联接和除法是关系数据库创始人 E. F. Codd 提出的 4 种关系运算。Visual FoxPro 直接支持其中的前 3 种运算。例如，在许多命令中常见的 FOR ＜条件＞子句和过滤命令 SET FILTER TO ＜条件＞ 可用于在表的水平方向“选择”满足条件的记录；而常用命令子句 FIELDS ＜字段名表＞和字段表命令 SET FIELDS TO ＜字段名表＞ 则支持“投影”运算，可用于在表的垂直方向筛选出可用的字段。本节再介绍一种支持联接运算的 JOIN 命令。最后一种关系运算——除法，因在 Visual FoxPro 中没有相对应的专用命令，就不详述了。

(2) JOIN 命令的格式

格式：JOIN WITH ＜工作区号＞|＜表别名＞ TO ＜新表名＞ FOR ＜联接条件＞ [FIELDS ＜字段名表＞ NOOPTIMIZE]

功能：按照 FOR 子句规定的联接条件，将当前工作区中的表与另一个以＜工作区号＞或＜表别名＞表示的工作区中的表进行联接，从而产生一个新表。联接的表包含的字段由可选项 FIELDS 子句规定，默认为两个被联接表的全部字段(删除重复的字段)。

示例：将表 CJ 和表 COURSE 联接为一个新表 SCB，要求包含学号、课程名和成绩等 3 个字段。

```
CLOSE ALL
SELECT 1
USE course
```

```
SELECT 2
USE CJ
JOIN WITH course TOb FIELDS 学号,course.课程名,成绩 FOR course.课程号=课程号
USE scb
BROWSE
```

注意,程序执行后仅产生新表 ZZSB。若要了解联接后产生哪些记录,还需打开该表方可浏览。

(3) SELECT-SQL 命令的 JOIN 子句

如前所述,JOIN 命令在 Visual FoxPro 中可以由 SELECT-SQL 代替。在后一命令的 JOIN 子句中,还可指定联接的类型,如内部联接、左(外)联接、右(外)联接和完全联接等。详见表 1-5-5,不再另述。

联接的条件,在 SELECT-SQL 命令中可用 ON 子句或 WHERE 子句描述,参见下文"SELECT-SQL 命令查询示例"。

3. SELECT-SQL 命令查询示例

SELECT-SQL 命令既可用于单表查询,又可用于多表查询。该命令可选的子句很多,乍看时格式较长,其实它的基本形式可以简化为 SELECT-FROM[-WHERE]的结构,并不复杂。如果灵活地配上 GROUP BY、ORDER BY、HAVING、TO|INTO 等子句,就能方便地实现用途广泛的各种查询,并将结果输出到不同的目标。以下仅举数例,以示一斑。

(1) 单表查询示例

【例 5-50】 查找有考试成绩的所有学生。

```
SELECT DISTINCT 学号 FROM CJ
```

本例不带 TO|INTO 子句,查询结果默认在浏览窗口显示,由于选用了 DISTINCT,有重复的学号仅显示一次。

【例 5-51】 求出每一学生的成绩之和,并送至打印机打印。

```
SELECT 学号,SUM(成绩) FROM CJ;
    GROUP BY 学号 TO PRINTER
```

打印结果如下:

学号	SUM 成绩
200901	154.50
200902	225.00
200903	45.00
200904	89.00
200907	158.00
200908	250.00

【例 5-52】 找出考试成绩之和大于 200 分的学生,并将结果存入数组 SZSC。

```
SELECT 学号,SUM(成绩) FROM CJ;
   GROUP BY 学号 HAVING SUM(成绩)>200 INTO ARRAY szsc
```

```
    FOR i=1 TO ALEN(szsc)                          && ALEN 函数返回数组元素的个数
?szsc(i)                                           && 显示各数组元素的值
NEXT
```

程序执行结果如下：

```
200902
          225.00
200908
          250.00
```

本例执行时先将 CJ 表按学号分组，求出各组的成绩总和。然后用 HAVING 子句中的条件排除成绩总和未超过 200 分的组。最终装入 SZSC 数组的只有两个学号，即 200902 和 200908。程序通过循环语句将这些数组元素值显示出来。

【例 5-53】 求成绩低于 70 分的学生的学号、课程号与成绩，并按学号升序排序。

```
SELECT 学号,课程号,成绩 FROM CJ;
   WHERE 成绩<70 ORDER BY 学号 ASC
```

命令执行结果如图 1-5-29 所示。

（2）多表查询示例

SELECT-SQL 命令也支持多表查询，能够在一次查询中检索几个工作区中的表数据。在现实多表查询时，通常通过公共的字段将若干个表两两"联接"起来，使它们能像一个表那样进行检索。所以在有些教材中，多表查询也称为联（或连）接查询。以下请看几个例子。

【例 5-54】 仅查询学号为 200902 的学生的成绩，同时显示其学号、姓名、课程号和成绩。

表 CJ 有学号、课程号和成绩，但学生姓名只能从表 STUDENT 查得，故本例查询涉及 CJ 和 STUDENT 两个表，它们的共同字段是"学号"。

解一：

```
SELECT student.学号,student.姓名,CJ.课程号,CJ.成绩 FROM CJ;
      INNER JOIN student ON student.学号=CJ.学号   WHERE student.学号="200902"
```

命令执行结果如图 1-5-30 所示。

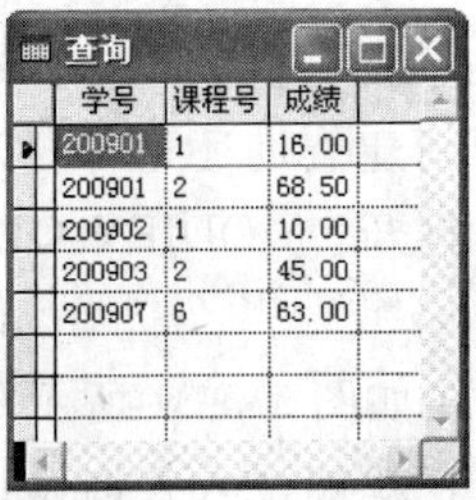

查询

学号	课程号	成绩
200901	1	16.00
200901	2	68.50
200902	1	10.00
200903	2	45.00
200907	6	63.00

图 1-5-29　成绩低于 70 分的浏览窗口

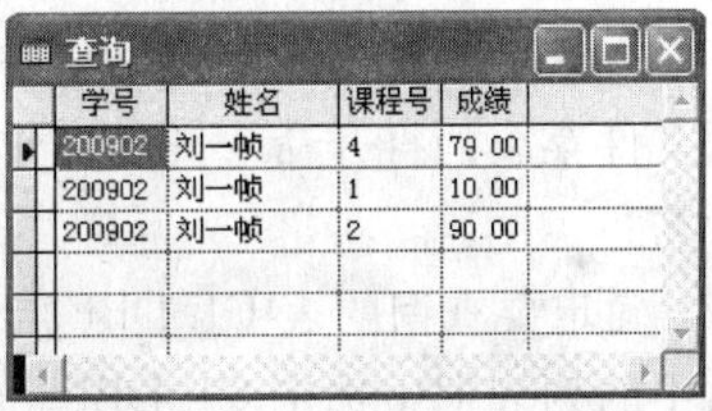

查询

学号	姓名	课程号	成绩
200902	刘一帧	4	79.00
200902	刘一帧	1	10.00
200902	刘一帧	2	90.00

图 1-5-30　学生成绩查询窗口

解二：

```
SELECT student.学号,student.姓名,CJ.课程号,CJ.成绩 FROM student,CJ;
    WHERE student.学号=CJ.学号 AND student.学号="200902"
```

命令执行结果与解一完全相同。

以上两解的差异在于：解一的 FROM 子句只指定表 CJ，另用 JOIN 子句指明要联接的表 student，再用 ON 子句描述联接条件；解二的 FROM 子句同时列出 CJ 和 STUDENT 两个表，它们的联接在命令中是隐含的，联接条件用 WHERE 子句来描述。

【例 5-55】 查询不及格的学生的成绩，同时显示其学号、姓名、课程名和成绩。

分析：为显示学号、姓名、课程名和成绩，需将 CJ 表和 STUDENT 表进行联接（以学号相等为联接条件），同时需将 CJ 表与 COURSE 表进行联接（联接条件为：CJ.课程号＝COURSE.课程号）。

```
SELECT student.学号,student.姓名,course.课程名,CJ.成绩 FROM student,course,CJ;
    WHERE student.学号=CJ.学号 AND CJ.课程号=course.课程号 AND CJ.成绩<60
```

5.7.2 用查询设计器建立查询

不熟悉 SELECT-SQL 的用户可通过 Visual FoxPro 提供的查询设计器来进行数据查询。查询设计器产生的查询结果除可当场浏览外，还有多种输出方式。查询设置也可以保存在文件中，供以后打开查询设计器使用或修改。

1. 查询设计器的操作步骤

利用查询设计器查询数据的基本步骤是：打开查询设计器，进行查询设置，即设置被查询的表、联接条件、字段等输出要求和查询结果的去向。执行查询，保存查询设置。

下面通过一个例子说明这些步骤。

【例 5-56】 查询要求同例 5-55，试用查询设计器来查询学号为 200902 的学生的成绩，同时显示其学号、姓名、课程号和成绩。

操作步骤如下：

(1) 打开查询设计器窗口：选定文件菜单的打开命令，在打开对话框的文件类型组合框中选定查询（*.qpr）选项，在文件名文本框中键入新查询文件名 SCCJ（若是老文件则在列表框中选定文件），选定“确定”按钮，即出现如图 1-5-31 所示的查询设计器。

说明：打开查询设计器的方式，有菜单和命令两种方式，而文件菜单中又有新建命令和打开命令两种情况。实际上，要打开查询设计器。不管新建查询还是打开已有的查询都可从文件菜单的打开命令开始操作；也可用下述命令来打开：MODIFY QUERY ＜查询文件名＞。

(2) 确定要查询的表 CJ.DBF 与 STUDENT.DBF：在如图 1-5-31 所示添加表或视图窗口中的列表框中选定 CJ.DBF。选定“添加”按钮，该表就被添入查询设计器的上部窗格。通过“添加表或视图”对话框的“其他”按钮，将 STUDENT.DBF 添入查询设计器。

说明：添入查询设计器的表，第一个表在打开对话框的列表框中选定。若还需要其

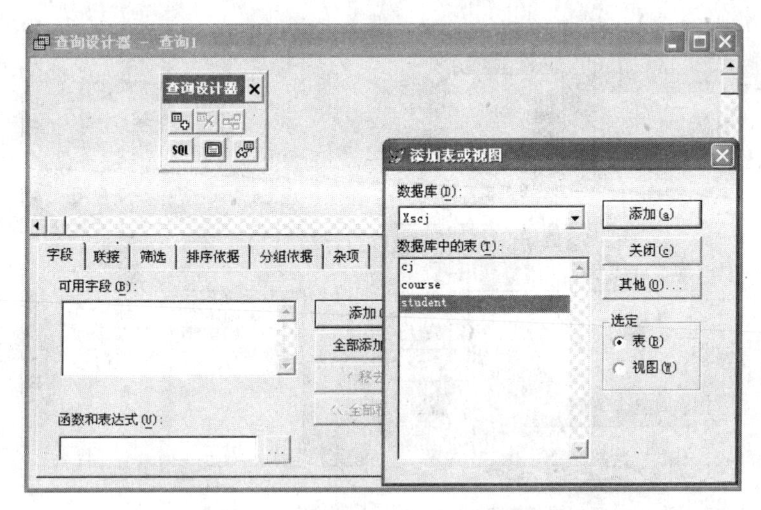

图 1-5-31　查询设计器窗口的初始状态

他表，可在 Visual FoxPro 自动提供的添加表或视图对话框中添加。用户可在其中直接选用数据库表，或利用“其他”按钮来选定所需的表。

只要“查询设计器”窗口成为当前窗口，就可用查询菜单的添加表命令来添入表，也可用该菜单的移去表命令将选定的表从窗格中移去。但移去的表在磁盘上并未删除。

(3) 设置联接条件：CJ. DBF 增入查询设计器后即出现如图 1-5-32 所示的“联接条件”对话框，其中显示 Visual FoxPro 根据字段值自动配对的联接条件，即 CJ. 学号与 STUDENT. 学号进行内部联接。选定“确定”按钮认可，然后关闭添加表或视图对话框，查询设计器便成为当前窗口。

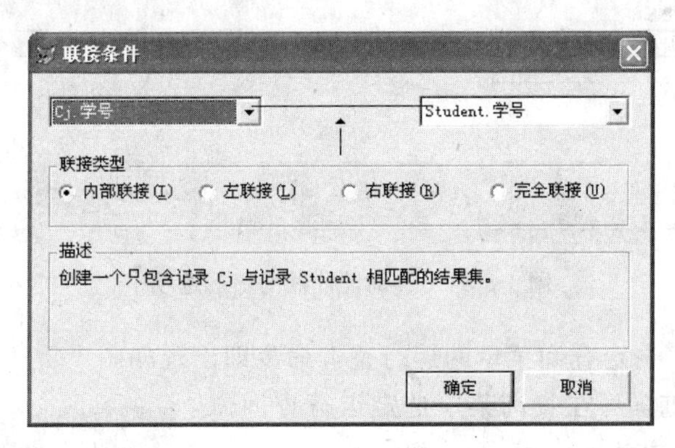

图 1-5-32　联接条件对话框

说明：若 Visual FoxPro 自动配对的联接条件不合用户需要，可在联接条件对话框中修改。该对话框中的取消按钮表示不要联接条件。

(4) 选取输出字段：在查询设计器的字段选项卡中将 CJ. 学号、STUDENT. 姓名、CJ. 课程号和 CJ. 成绩等 4 个字段从可用字段列表框移入“选定字段”列表框(参阅图 1-5-33)。

说明：创建查询允许不设联接条件，但若未选取输出字段则查询不能运行。

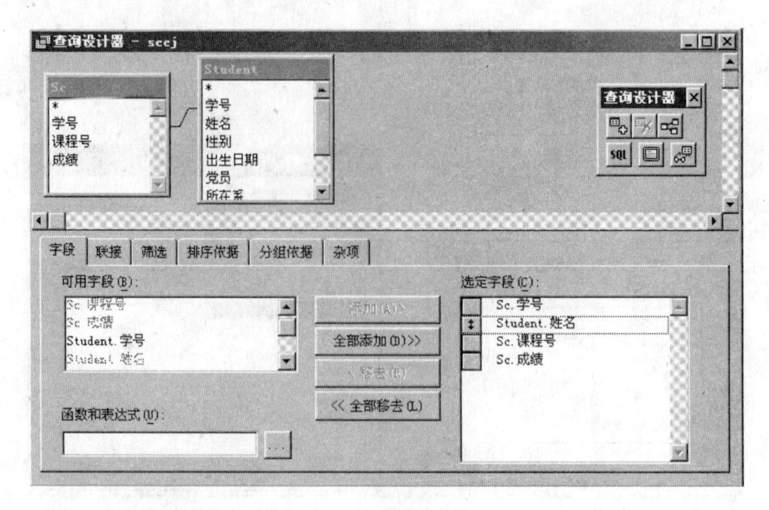

图 1-5-33　查询设计器的字段选项卡

(5) 选取筛选条件：在查询设计器的筛选选项卡中，设定"CJ.学号=200902"。参见图 1-5-34 所示。

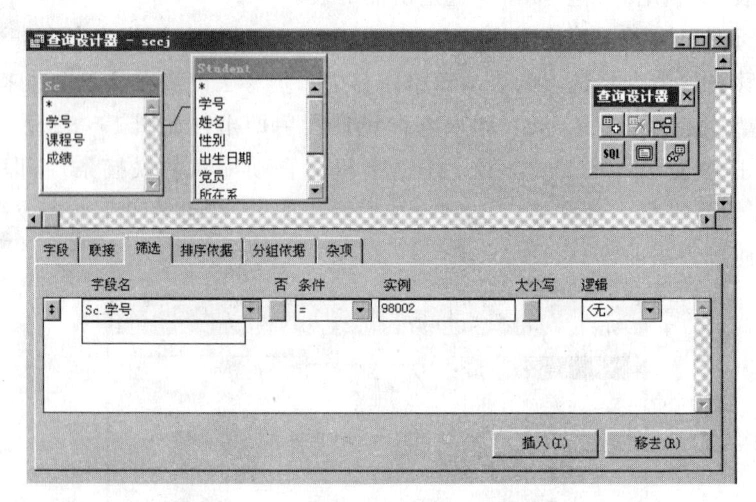

图 1-5-34　查询设计器的筛选选项卡

(6) 执行查询：选定查询菜单的运行查询命令即出现如图 1-5-35 所示浏览窗口。

说明：执行查询除可在查询菜单选定运行查询命令外，还有以下 3 种方法。

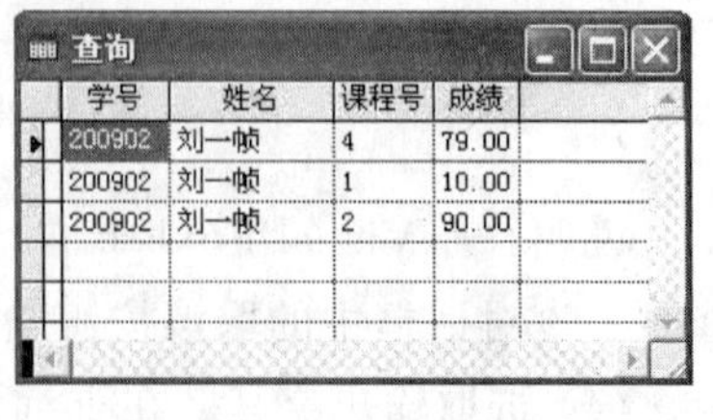

学号	姓名	课程号	成绩
200902	刘一帧	4	79.00
200902	刘一帧	1	10.00
200902	刘一帧	2	90.00

图 1-5-35　成绩查询窗口

方法一：在查询设计器窗口单击右键，选定快捷菜单的运行查询命令。

方法二：选定程序菜单的运行命令，在打开对话框选定某查询文件，选定"运行"按钮。

方法三：执行命令"DO <查询文件名>"。应注意此时不可缺省扩展名，例如DO SCCJ.QPR。

(7) 查询的保存：将查询设计器切换为当前窗口，按组合键 Ctrl＋W，将查询设置存入查询文件 SCCJ.QPR。

说明：查询经过修改后，在查询设计器窗口关闭前可用以下 3 种方法之一来保存查询设置，以免下次重新设置。查询设置将保存在扩展名为 QPR 的查询文件中。

2. 查询设计器的界面组成

如图 1-5-33 所示，查询设计器分为上部窗格和下部窗格两部分，上部窗格用来显示查询或视图中的表，下部窗格则包含字段等 6 个选项卡。查询设计器打开后，Visual FoxPro 还能在查询菜单、快捷菜单和查询设计器工具栏中提供有关的功能。

(1) 上部窗格

上部窗格显示已打开的表，每一个表用内含字段和索引大小可调整的窗口表示。

将表添入上部窗格的方法为：选定查询菜单（或快捷菜单）中的"添加表"命令，或选定查询设计器工具栏的"添加表"按钮，出现添加表或视图对话框，即可在此对话框中选取要添加的表。当添入表时还会弹出一个联接条件的对话框，若两个表具有相同字段，会自动在该框中列出字段相等的式子作为默认的联接条件，但允许用户修改；选定"确定"按钮返回查询窗口后，该联接条件即自动显示在联接选项卡中。

若在分属于两个表的字段之间出现连线，表示它们之间设置了联接条件。联接条件除可在添加表时设置外，也可在表间拖动已索引的字段来创建。若要显示联接条件对话框来修改联接条件只要双击某条连线，或选定查询设计器工具栏的添加连接按钮即可。

(2) 下部窗格

下部窗格包含了以下 6 个选项卡。

① 字段选项卡

该选项卡允许指定要在查询结果中显示的字段、函数，或其他表达式。

- 可用字段列表框：用于列出已打开的表的所有字段，以供用户选用。
- "函数和表达式"文本框：用来指定一个表达式，该表达式既可直接在文本框中键入，也可通过文本框右侧的对话按钮在表达式生成器中生成。
- 添加按钮：用于将可用字段列表框或函数和表达式文本框中的选定项添入"选定字段"列表框。"移去"按钮则用于反向操作。
- 选定字段列表框：用来列出输出表达式。上下拖动选项左边的双箭头按钮还可调整输出的顺序。

注意，在下文即将介绍的排序依据或分组依据选项卡中使用的所有表达式，均须预先在字段选项卡中设置为输出表达式。

② 联接选项卡

该选项卡（参阅图 1-5-36）用于指定联接条件，联接条件可用来为一个或多个表或视图匹配和选择记录。例如在图 1-5-36 中显示了 CJ.DBF 表与 STUDENT.DBF 表的联接条件，即"Inner Join CJ.学号＝STUDENT.学号"。

在查询菜单中有一查看 SQL 命令，可用于显示与查询操作等效的 SELECT-SQL 命令，联接条件即被列在该命令的 ON 子句中。

下面解释该选项卡的各个列能够提供的选项。

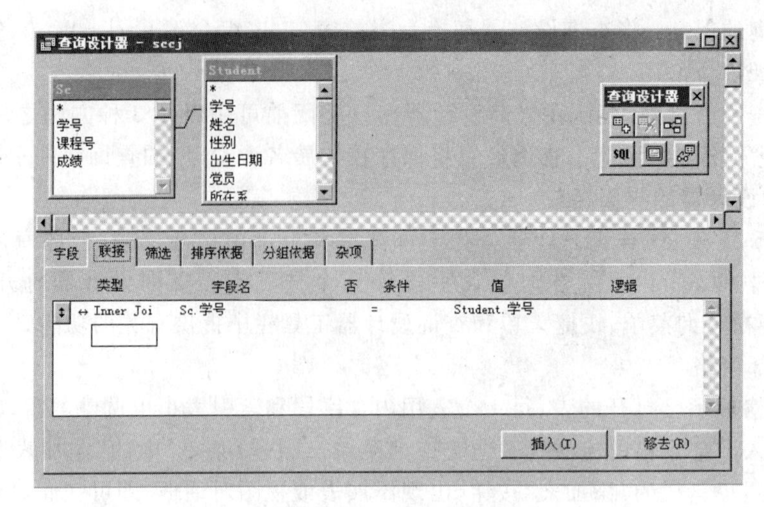

图 1-5-36　联接选项卡

- 类型列：指定联接的类型。若要修改联接类型，可单击条件行的类型列位置，使显示一个联接类型组合框。该组合框其中包括 5 个选项，其中一个选项为"无"，表示不进行联接，其余 4 项联接类型列于表 1-5-5。

表 1-5-5　联接类型

联接类型	意　　义	查询结果
Inner Join (内部联接)	只有满足联接条件的记录包含在结果中	aa　aa
Left Outer Join (左联接)	将左表某记录与右表所有记录比较字段值，若有满足联接条件的则产生一个真实值记录；若都不满足，则产生一个含.NULL 值的记录，直至左表所有记录都比较完	aa　aa bb　.NULL cc　.NULL
Right Outer Join (右联接)	将右表某记录与左表所有记录比较字段值，若有满足联接条件的则产生一个真实值记录；若都不满足，则产生一个含.NULL 值的记录，直至右表所有记录都比较完	NULL.　11 aa　aa
Full Join (完全联接)	先按右联接比较字段值，再按左联接比较字段值，不列入重复记录	.NULL.　11 aa　aa bb　.NULL cc　.NULL

表中解释了各联接类型的含义，并对查询结果举例说明。其中用到了两个表：表 A1 有一个字段 D1 及 3 个记录，字段值依次为 AA，BB，CC；表 2 有一个字段 D2 及两个记录。字段值依次为 11，AA。查询以 D1＝D2 为联接条件。查询结果中列出了 D1 与 D2 的值。

- 字段名列：用于指定联接条件的第一个字段。在创建新条件时，单击字段会显示一个包含所有可用字段的下拉列表。
- 条件列：用于指定比较类型。除可使用常用的关系运算符外，还可使用以下 3 种条件。
- Between：表示在低值(含低值)与高值(含高值)之间，两值间用逗号隔开。例如联接条件“成绩 Between 70,80”,表示成绩在70～80分的记录均满足条件。函数BETWEEN(<表达式>,<低值表达式>,<高值表达式>)有类似的功能,即<表达式>值在低值与高值之间返回.T.。

- In:表示取值范围是以逗号分隔的几个值。例如联接条件“学号 IN 200901,200902,200908”,表示学号是200901,200902,200908的记录满足条件。函数INLIST(<表达式>,<表达式1>,[,<表达式2>……])有类似的功能,即<表达式>与其他各表达式之一的值相等就返回.T.。
- Is NULL:表示可包含null值。
- 否列:选定否列按钮并使其打上钩“√”,表示取上述条件之反。如“√=”表示不等于。
- 值列:指定联接条件中另一表的字段。
- 逻辑列:用于在联接条件列表中添加AND或OR运算,仅当本行联接条件与下一行联接条件组成复合条件时使用。
- “插入”按钮:在所选定联接条件上方插入一个空白条件行,供用户设置新的联接条件。
- “移去”按钮:从查询中删除选定的联接条件。

③ 筛选选项卡

指定选择记录的筛选条件。筛选条件通常用于在联接条件选出记录的基础上筛选记录,这种条件被列在SELECT-SQL命令的WHERE子句中。

由图1-5-34可见,筛选条件与联接条件的格式相仿,但应注意联接条件的“值”列在筛选条件为“实例”列。“实例”列只能指定具体的筛选值,不可包含字段。也就是说,筛选条件只能将字段值与筛选值进行比较,而联接条件必须比较两个表的字段值。

④ 排序依据选项卡

该选项卡可用来指定多个排序字段或排序表达式,选定排序种类为升序或降序。排序字段可直接在该选项卡选定。而排序表达式必须先在字段选项卡中设定,然后在排序依据选项卡中选定。

⑤ 分组依据选项卡

分组是指将表中具有相同字段值[或表达式值]的记录合并为一组,使整个表的所有记录便分成了若干组。分组依据选项卡用来指定分组字段或分组表达式,选项卡中的满足条件按钮可用于为分好的记录组设置选择记录的条件。

分组表达式必须先在字段选项卡中设定,然后在分组依据选项卡中选定。

⑥ 杂项选项卡

指定是否要对重复记录进行查询,并且是否对记录进行限制,包括返回记录的最多个数或最大百分比等。

【例5-57】 试通过查询设计器来查询学号为200908的学生的成绩,显示其学号、姓名、课程号、课程名和成绩,并按课程号降序排列。

操作步骤如下:

(1) 打开查询设计器:在命令窗口键入命令 MODIFY QUERY STUCJ,即出现

STUCJ 查询设计器。

(2) 确定要查询的表 STUDENT. DBF、CJ. DBF 和 COURSE. DBF：在打开对话框的列表框中双击 STUDENT. DBF，选定添加表或视图对话框的“其他”按钮，在打开对话框的列表框中双击 CJ. DBF；再在添加表或视图对话框中按“其他”按钮，在打开对话框的列表框中双击 COURSE. DBF。

(3) 设置联接条件“STUDENT. 学号＝ CJ. 学号”和“CJ. 课程号＝COURSE. 课程号”：CJ. DBF 添入查询设计器后，即出现联接条件对话框，选定确定按钮认可 STUDENT. 学号与 CJ. 学号进行内部联接；在 COURSE. DBF 添入查询设计器后即出现联接条件对话框，在左边的下拉列表框中选定“CJ. 课程号”，而在右边的下拉列表框中选定“COURSE. 课程号”，选定确定按钮认可 CJ. 课程号与 COURSE. 课程号进行内部联接，然后关闭添加表或视图对话框。

选定联接选项卡，其列表框中已显示如图 1-5-37 所示的联接条件“Inner Join STUDENT. 学号＝ CJ. 学号”和“Inner Join CJ. 课程号＝COURSE. 课程号”。

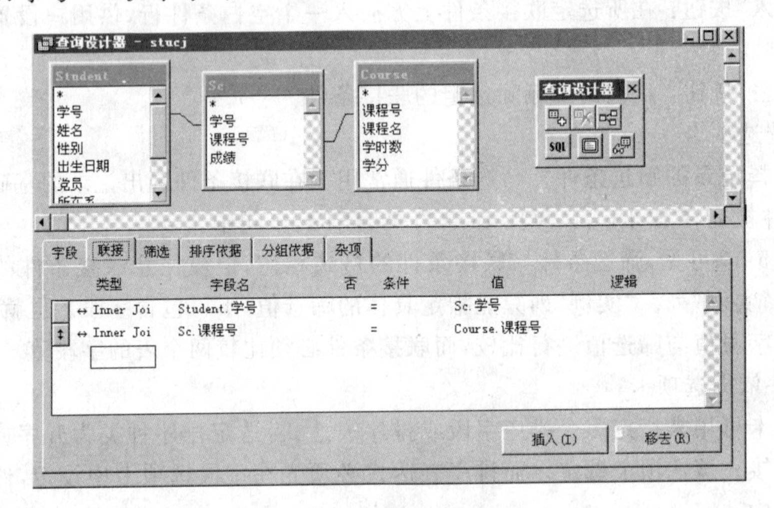

图 1-5-37 联接选项卡

(4) 设置筛选条件“STUDENT. 学号＝200908”，选定如图 1-5-38 所示的筛选选项卡，在字段名下拉列表框中选定“STUDENT. 学号”，在条件列表框中选择“＝”号，在实例框中直接键入“200908”。选定“确定”按钮返回查询设计器窗口。

(5) 设置输出字段：选定如图 1-5-39 所示的字段选项卡，将 STUDENT. 学号、STUDENT. 姓名、COURSE. 课程号、COURSE. 课程名和 CJ. 成绩从可用字段列表框移入选定字段列表框(选定字段后，按添加按钮即可将其移入选定列表框中)。

(6) 按课程号降序输出：选定如图 1-5-40 所示的“排序依据”选项卡，在“选定字段”列表框选定 COURSE. 课程号。选定“排序选项”区的降序选项按钮，选定“添加”按钮将该字段从选定字段列表框移入排序条件列表框。

(7) 执行查询：在查询设计器窗口单击右键，选定快捷菜单的运行查询命令，即出现如图 1-5-41 所示的浏览窗口。

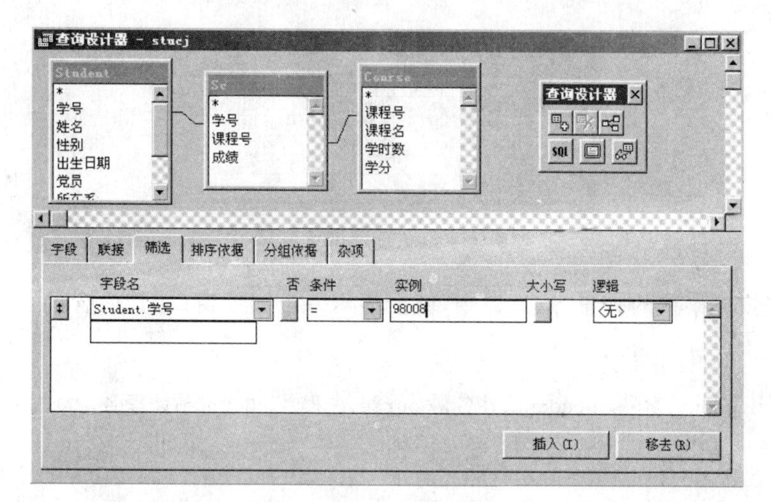

图 1-5-38 筛选选项卡

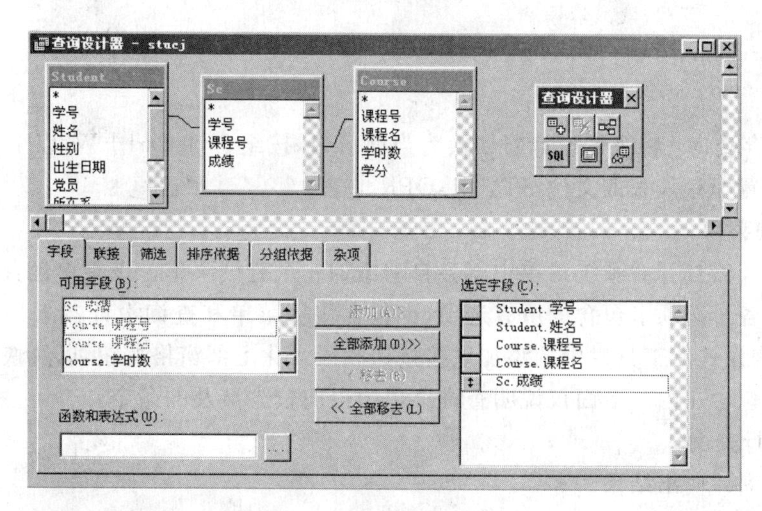

图 1-5-39 字段选项卡

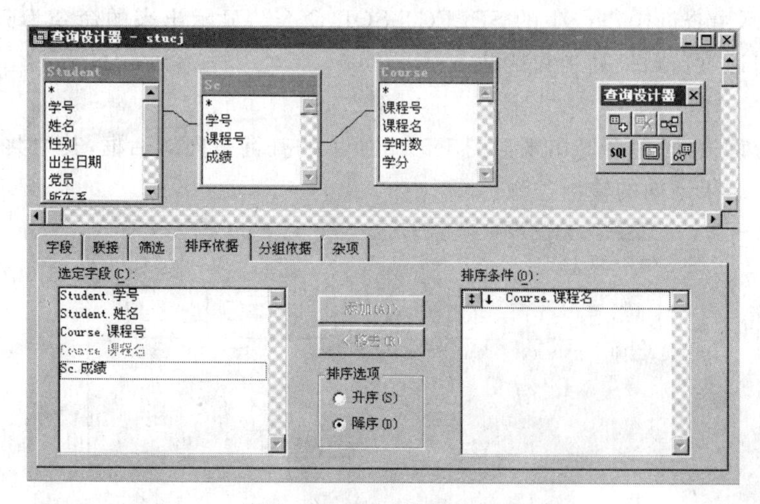

图 1-5-40 排序依据选项卡

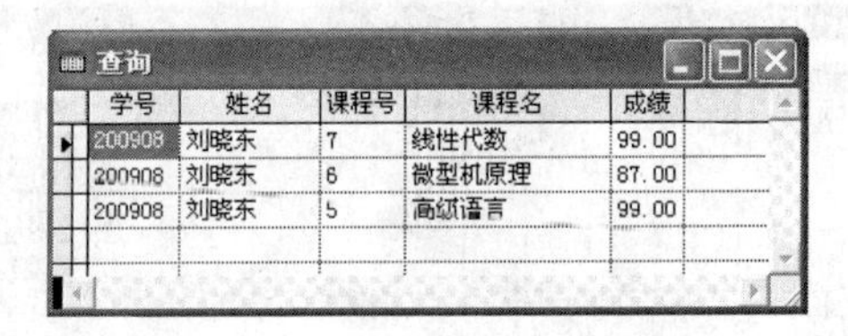

图 1-5-41　查询浏览窗口

若选定快捷菜单的查看 SQL 命令，就会显示一个只读窗口，其内含的 SELECT-SQL 命令如下：

```
SELECT Student.学号, Student.姓名, Course.课程号, Course.课程名, CJ.成绩;
FROM  xscj!student INNER JOIN xscj!CJ;
INNER JOIN xscj!course ;
ON  CJ.课程号 =Course.课程号 ;
ON  Student.学号 =CJ.学号;
WHERE Student.学号 ="200908";
ORDER BY Course.课程号 DESC
```

(8) 保存查询：将查询设计器切换为当前窗口，按组合键 Ctrl＋W，以上(1)～(7)步骤的查询设置即存入查询文件 STUCJ. QPR。

3. 查询菜单

查询设计器打开后系统菜单中就会自动增加一个查询菜单。该菜单包含查询设计器下部窗格中各个选项卡包含的所有选项，也包含快捷菜单和查询设计器工具栏的大部分功能，仅查询设计器工具栏中的添加联接按钮和最大化上部窗格按钮，以及快捷菜单中的帮助按钮未包含在内。下面仅说明查询菜单中以前较少涉及的命令。

(1) 运行查询

执行查询并输出结果。

(2) 查看 SQL

用于显示由查询操作产生的 SELECT-SQL 命令。显示出来的命令为只供阅读，不能编辑，但可通过剪贴板复制和粘贴。

(3) 查询去向

选定“查询去向”命令即出现如图 1-5-42 所示的查询去向对话框，其中共包括 7 个按钮，表示查询结果不同的输出类型。

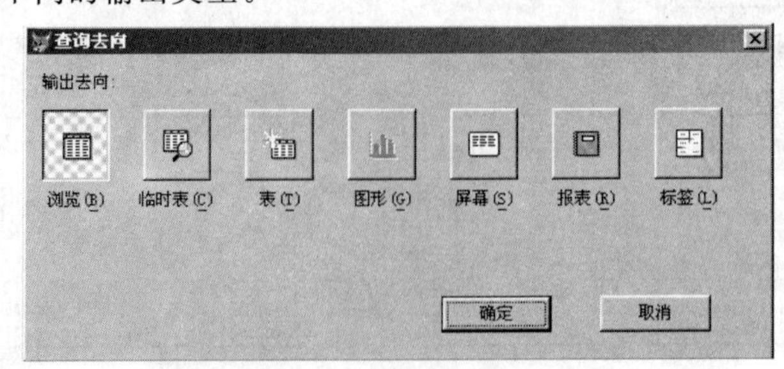

图 1-5-42　查询去向对话框

① 浏览按钮：在浏览窗口中显示查询结果。

② 临时表按钮：将查询结果保存于临时表中。

③ 表按钮：将查询结果作为表文件保存起来。

④ 图形按钮：使查询结果可利用 Microsoft 的图形功能，该图形功能其实是由包含在 Visual FoxPro 中的一个独立的 OLE 应用程序提供的。

⑤ 屏幕按钮：在当前输出窗口中显示查询结果，也可指定输出到打印机或文件。

⑥ 报表按钮：向报表文件发送查询结果。

⑦ 标签按钮：向标签文件发送查询结果。

第6章　程序设计基础

Visual FoxPro 不但拥有大量的交互式数据库管理工具，而且还有一整套功能完善的程序语言系统，即过程式程序设计和面向对象可视化程序编写工具。在实际应用中，程序方式是最重要的操作，也是最常用的方式。

本章讲解程序设计基础知识，通过对程序设计的基本概念、结构和流程的介绍，使读者进一步了解 Visual FoxPro 程序设计的思想和方法。

6.1　Visual FoxPro 的工作方式

Visual FoxPro 系统提供了三种工作方式：即命令方式、菜单方式和程序文件方式。为了弄清程序工作方式，需要先了解命令方式和菜单方式。

1. 命令方式

Visual FoxPro 命令方式是利用 Command 窗口来实现的，用户在 Command 窗口输入命令并执行操作。如，前五章的操作都是在 Command 窗口中完成的。本章讨论在 Command 窗口中利用建立程序文件(也叫命令文件)的方式完成对数据库的操作。

【例 6-1】　显示人事档案"rsda"表中的全部数据，并逻辑删除第 7 条记录。

在 Command 窗口，输入以下命令：

```
USE rsda                                && 打开 rsda.db f 表
DELETE RECORD 7                         && 逻辑删除第 7 条记录
BROWSE                                  && 在"浏览"窗口显示表的记录
```

这三条命令在 Command 窗口依次执行后得到如图 1-6-1 所示的结果。

编号	姓名	性别	出生日期	职称	工资	退休	工作简历	照片
980001	刘大海	男	01/12/60	工程师	1200.00	F	memo	gen
980002	李颖	女	05/13/65	助理工程师	800.00	F	memo	gen
950012	张国民	男	12/16/70	高级工程师	2000.00	F	memo	gen
930026	林波深	女	03/16/41	技术员	600.00	T	memo	gen
930001	黄江河	男	10/02/76	助理工程师	680.00	F	memo	gen
980030	赵红	女	04/06/67	工程师	1260.00	F	memo	gen
980023	杨东林	男	08/09/62	工程师	1300.00	F	memo	gen
980065	林大伟	男	11/23/73	技术员	650.00	F	memo	gen

图 1-6-1　RSDA 表浏览窗口

2. 菜单方式

在 Visual FoxPro 环境下，也可以通过系统菜单提供的选项，对数据库资源进行操作管理和对系统环境进行设置；所谓菜单方式，即通过打开不同的菜单选择命令项完成不同的操作。

【例 6-2】 用菜单方式显示“rsda.dbf”表中的全部数据，并逻辑删除第 7 条记录。

操作步骤如下：

(1) 打开“文件”菜单，选择“打开”，弹出“打开”对话框，在“文件类型”处选择要打开的文件类型，在列表框选择文件“rsda.dbf”。

图 1-6-2 删除对话框窗口

(2) 打开“显示”菜单，选择“浏览”，进入表“浏览”窗口。

(3) 打开“表”菜单，选择“删除记录”，进入“删除”对话窗口，如图 1-6-2 所示。

(4) 在“删除”对话框窗口的“作用范围”下拉框中，选择“Record 7”。按“删除”按钮，返回表“浏览”窗口(见图 1-6-1)，表中的第 7 号记录已被加上了删除标记。

另一种简单操作：在第 2 步执行时，在浏览窗口直接找到要删除的记录，在最左边的空白列单击，出现黑块，表示逻辑删除，见图 1-6-1。再单击，黑块消失，表示取消删除。

3. 程序文件方式

程序文件(简称程序)也常叫做命令文件，是一个以(.PRG)为扩展名的命令文件。所谓命令文件，即命令的逻辑组合形成命令文件并通过命令文件完成其中的命令操作。

【例 6-3】 用程序方式显示“rsda”表中的全部数据，并逻辑删除第 7 条记录。

操作步骤如下：

(1) 建立一个程序文件“E6-3.PRG”，内容如下：

```
* E6-3.PRG
USE rsda
DELETE RECORD 7
BROWSE
```

(2) 运行程序文件“E6-3.PRG”。

```
Do e6-3
```

得到与例 6-1、例 6-2 同样的操作结果。

6.2 程序文件的建立与编辑

Visual FoxPro 程序文件是一个以(.PRG)为扩展名的文本文件。任何可以建立、编辑文本文件的工具，都可以创建和编辑程序文件。这些文本编辑工具可以是 Visual FoxPro 系统提供的内部编辑器，也可以是其他常用文本编辑器。在文本编辑环境下，不仅可以对程序文件进行输入和修改，还可以实现字符串查找、替换和删除等编辑功能。

在 Visual FoXPro 系统环境下，建立、编辑程序文件有两种方式：即命令方式和菜单方式。

1. 以命令方式建立、编辑程序文件

在 Command 窗口中建立及编辑程序文件，操作方法如下：

(1) 在“命令”窗口输入如下命令，进入“程序文件”编辑窗口：

```
MODIFY COMMAND <程序文件名>
```

(2) 在“程序文件”编辑窗口，先逐条输入程序命令行，然后按“关闭”按钮，保存程序文件。结束程序文件建立、编辑的操作。

【例 6-4】 建立和编辑一个以“E6-4. PRG”为名的程序文件。

程序的功能：先显示“student”表中男生的记录，然后再显示女生的记录。

操作步骤：

(1) 在命令窗口输入如下命令，进入“程序文件”编辑窗口（如图 1-6-3 所示）。

```
MODIFY COMMAND e6-4.prg
```

(2) 在“程序文件”编辑窗口，逐条输入、编辑窗口中的命令行，然后按“关闭”按钮，弹出文件保存提示窗口。按“是”返回 Visual FoxPro 系统环境，如图 1-6-4 所示。

2. 以菜单方式建立、编辑程序文件

在“文件”菜单下建立、编辑程序文件，操作方法如下：

(1) 在 Visual FoxPro 系统主菜单下，打开“文件”菜单。选择“新建”，打开“新建”窗口，如图 1-6-5 所示。

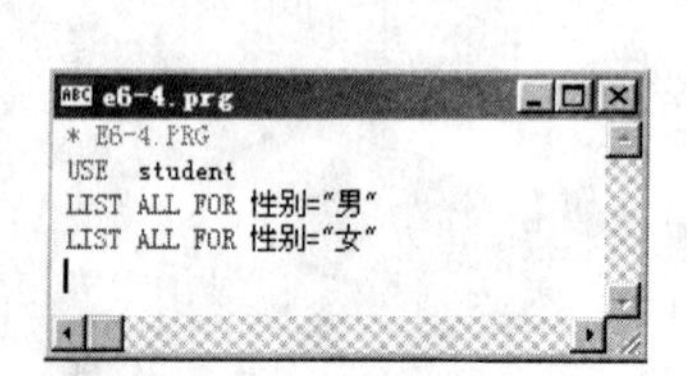

图 1-6-3 程序文件编辑窗口

图 1-6-4 保存提示窗口

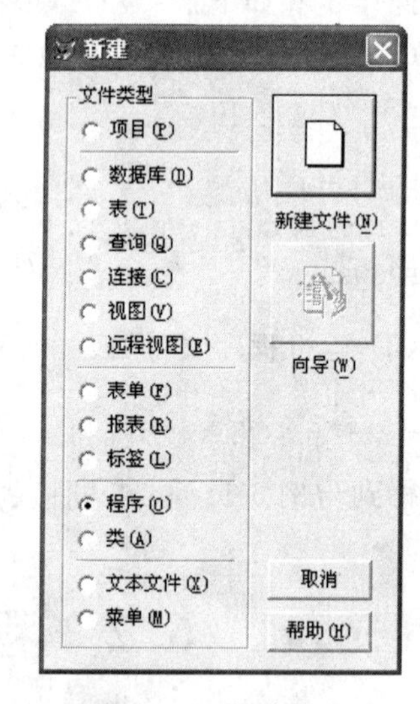

图 1-6-5 新建窗口

(2) 在“新建”窗口，选择“程序”，再选择“新建文件”，进入“程序文件”编辑窗口。

(3) 程序编辑完毕，关闭时给文件命名，结束。

3. 程序书写规则

(1) 命令分行

程序中每条命令都以回车键结束,一行只能写一条命令。若命令需分行书写,应在一行终了时键入续行符";",然后按回车键。

(2) 命令注释

在程序中可插入注释,以提高程序的可读性。注释行以符号"*"开头,它是一条非执行命令,仅在程序中显示。命令后也可添加注释,这种注释以符号"&&"开头。例如:

```
*本程序用于修改表的指定记录
SET DATE USA                          && 日期格式置为 MM-DD-YY
```

6.3 程序文件中的专用命令

在程序文件中,常常要用到一些在交互方式中不需要甚至不能执行的专用命令。本节仅介绍其中若干较常使用的命令。

1. 程序结尾的专用命令

程序结尾的专用命令如下:

(1) RETURN[TO MASTER]命令:结束被调用子程序的执行,返回到调用它的上级程序继续执行,若无上级程序则返回到命令窗口。如果有[TO MASTER]子句,则直接返回到多层嵌套调用中的顶层程序的调用外继续执行。顶层程序执行 RETURN 命令返回到"命令"窗口。

(2) CANCEL 命令:中止程序的运行,清除程序的私有变量,并返回到命令窗口。

(3) QUIT 命令:若要退出 Visual FoxPro 系统,可使用 QUIT 命令,该命令与文件菜单的退出命令功能相同。使用 QUIT 命令正常退出,就不会出现数据丢失或打开的文件被破坏等情况,还会自动删去磁盘中的临时文件;程序终止运行后将返回到 Windows。

2. 输入输出专用命令

Visual FoxPro 提供了三种非格式化的输入命令:用于输入单个字符的等待命令(WAIT),用于输入一串字符的字符串输入命令(ACCEPT),用于输入字符型、数值型、逻辑型的数据输入命令(INPUT)。

(1) 等待命令(WAIT)

格式:WAIT [<信息文本>][TO <内存变量>] [WINDOW [AT <行>,<列>]]
[NOWAIT][CLEAR| NOCLEAR][TIMEOUT <数值表达式>]

功能:暂停程序的运行,直到用户输入一个字符。

说明:

① WAIT 命令使 Visual FoxPro 程序暂停运行,等用户按任一键(或回车)后,程序继

续运行。

② ＜内存变量＞用来保存键入的字符，如果不选 TO 子句，则输入的数据不予保存。

③ 如果缺省＜信息文本＞，则执行命令后屏幕显示“按任意键继续…”，提示按任一键将继续运行。

④ WINDOW 子句可使主屏幕上出现一个 WAIT 提示窗口，位置由 AT 选项的＜行＞、＜列＞来指定。若缺省 AT 选项，＜信息文本＞将显示在主屏幕右上角。

⑤ 若使用 NOWAIT 选项，系统将不等用户按键，立即往下执行。

⑥ CLEAR 选项用来关闭提示窗口。NOCLEAR 表示不关闭提示窗口，WAIT 窗口将在执行到 WAIT…WINDOW 命令时自动关闭。

⑦ TIMEOUT 子句用来设定等待时间(秒数)，一旦超时就自动往下执行命令。

【例 6-5】 WAIT 命令输出信息示例。

```
WAIT "请检查输入内容!" WINDOW
```

命令执行时在主屏幕右上角出现一个提示窗口，其中显示“请检查输入内容!”字样，并且系统进入等待状态。用户按任一键后提示窗口关闭，程序继续运行。

(2) 字符串输入命令(ACCEPT)

格式：ACCEPT[＜提示＞] TO ＜内存变量＞

功能：等待用户从键盘上输入一串字符，并存放到内存变量中。

说明：用户从键盘上输入字符串时，不必用引号括住，只要直接输入字符串中的字符即可。

【例 6-6】 字符串输入。

① 显示“请输入你的姓名”，并将用户输入的姓名存入 XM 中。

```
ACCEPT "请输入你的姓名：" TO XM
```

② 显示“继续查询按 Y 键，不查了按 N 键”，并将用户所按的字符存入内存变量 CHOOSE 中。

```
ACCEPT "继续查询按 Y 键,不查了按 N 键" TO CHOOSE
```

(3) 数据输入命令(INPUT)

格式：INPUT [＜提示＞] TO ＜内存变量＞

功能：等待用户从键盘上输入一个数据，并存放到内存变量中。

说明：内存变量可以是字符型、数值型或逻辑型，其类型由用户输入的数据类型决定。

① 字符型常数：必须用引号括住输入的字符，按回车键表示结束。

② 数值型常数：直接输入整数或实数，输完后，按回车键表示结束。

③ 逻辑型常数：输入.t.或.y.或.f.或.n.(可以大写)，按回车键表示结束。

一般用 INPUT 语句输入数值型数据，ACCPET 语句输入字符型数据。

【例 6-7】 显示“请输入你的基本工资”，并将用户输入的基本工资存入 GZ 中。

```
INPUT "请输入你的基本工资" TO GZ
```

6.4 程序文件的调用

调用程序文件，即运行程序文件，是程序文件建立的最终目的。在 Visual FoxPro 系统中，调用程序文件有很多方法，在这里仅介绍其中两种。

1. 以命令方式调用程序文件

在 Command 窗口中输入如下命令，则程序文件被调用。

DO <程序文件名>

2. 以菜单方式调用程序文件

以菜单方式调用程序文件，操作方法如下：

在 Visual FoxPro 系统主菜单下，打开“程序”菜单，选择“运行”。在“运行”窗口，输入被调用的程序文件名即可。

6.5 程序的基本结构

Visual FoxPro 系统提供的命令丰富，且功能强大，把这些命令和一些程序设计语句有效地组织在一起，形成实现某一特定功能的程序，就能够更充分体现 Visual FoxPro 系统的特点。

Visual FoxPro 系统的程序有两个特点：一是程序控制流模式，由顺序、分支、循环三种基本结构构成。每一个基本结构可以包含一个或多个语句；二是面向对象可视化的结构程序模块，在每个模块的内部也是由程序控制流组成。

在 Visual FoxPro 系统的应用程序中，常见的控制结构如下。

1. 顺序结构

顺序结构是在程序执行时，根据程序中语句的书写顺序依次执行的命令序列。Visual FoxPro 系统中的大多数命令都可以作为顺序结构中的语句。

2. 分支结构

分支结构是在程序执行时，根据不同的条件，选择执行不同的程序语句，用来解决有选择、转移的诸多问题。

3. 循环结构

顺序、分支结构在程序执行时，每个语句只能执行一次；循环结构则能够使某些语句或程序段重复执行若干次。如果某些语句或程序段需要在一个固定的位置上重复操作，使用循环语句是最好的选择。

4. 子程序结构

当程序规模较大时，可以把一个较大的应用系统分成若干小的系统进行设计，每个小系统称为子程序，子程序可以多次被主程序调用。将这种具有独立功能且可以被其他程序调用的程序称为子程序,调用子程序的程序称为主程序。

子程序可以是过程,也可以是函数,两者主要区别在于有没有结果返回。子程序可以单独保存为程序文件,相互之间通过文件名建立联系,但子程序较多时,在调用时会加大磁盘的占用空间,增加程序文件的读入次数和文件个数,进而加大系统的运行时间。因此,Visual FoxPro 提供了另一种保存机制,将多个子程序放到同一个文件中,相互之间通过子程序标识建立联系,这个文件称为过程文件。

6.6 分支结构

分支结构是 Visual FoxPro 系统程序的基本结构之一。分支语句是非常重要的语句,其基本形式有如下三种。

6.6.1 单向分支

单向分支语句,即根据用户设置的条件表达式的值,决定是否执行某一操作。

1. 格式

```
IF <条件表达式>
   <语句序列>
ENDIF
```

2. 功能

该语句首先计算＜条件表达式＞的值,当＜条件表达式＞的值为真时,执行＜语句序列＞;否则,则执行 ENDIF 后面的命令。该语句执行的逻辑如图 1-6-6 所示。

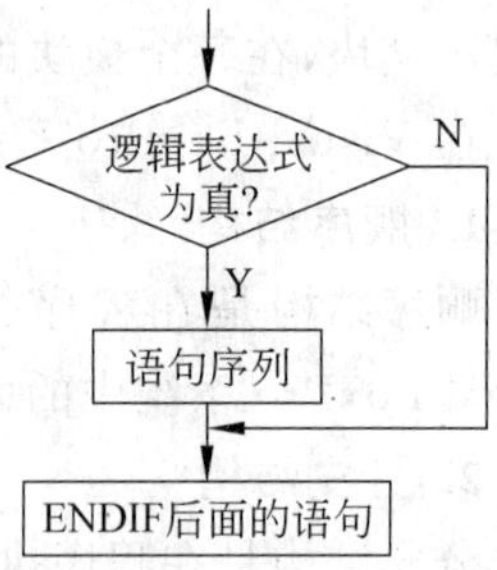

【例 6-8】 修改 rsda 表中的数据,把编号为 980030 的职称由"工程师"改为"高级工程师"。

编写程序代码如下:

```
USE  rsda
BROWSE
LOCATE ALL FOR 编号="980030"
IF 职称="工程师"
   REPLACE  职称 WITH "高级工程师"
ENDIF
BROWSE
```

逻辑表达式为真?
N
Y
语句序列
ENDIF后面的语句

图 1-6-6 单向分支语句框图

程序运行结果:先显示原数据表的内容,如图 1-6-7 所示;再显示修改后数据表的内容,如图 1-6-8 所示。从图 1-6-9 中可以看出,编号为 980030 的职称已由"工程师"改为"高级工程师"。

编号	姓名	性别	出生日期	职称	工资	退休	工作简历	照片
980001	刘大海	男	01/12/60	工程师	1200.00	F	memo	gen
980002	李颖	女	05/13/65	助理工程师	800.00	F	memo	gen
950012	张国民	男	12/16/70	高级工程师	2000.00	F	memo	gen
930026	林波深	女	03/16/41	技术员	600.00	T	memo	gen
930001	黄江河	男	10/02/76	助理工程师	680.00	F	memo	gen
980030	赵红	女	04/06/67	工程师	1260.00	F	memo	gen
980023	杨东林	男	08/09/62	工程师	1300.00	F	memo	gen
980065	林大伟	男	11/23/73	技术员	650.00	F	memo	gen

图 1-6-7　RSDA 表原始数据

编号	姓名	性别	出生日期	职称	工资	退休	工作简历	照片
980001	刘大海	男	01/12/60	工程师	1200.00	F	memo	gen
980002	李颖	女	05/13/65	助理工程师	800.00	F	memo	gen
950012	张国民	男	12/16/70	高级工程师	2000.00	F	memo	gen
930026	林波深	女	03/16/41	技术员	600.00	T	memo	gen
930001	黄江河	男	10/02/76	助理工程师	680.00	F	memo	gen
980030	赵红	女	04/06/67	高级工程师	1260.00	F	memo	gen
980023	杨东林	男	08/09/62	工程师	1300.00	F	memo	gen
980065	林大伟	男	11/23/73	技术员	650.00	F	memo	gen

图 1-6-8　RSDA 表修改后的数据

6.6.2　双向分支

双向分支语句，即根据用户设置的条件表达式的值，选择两个操作中的一个来执行。

1. 格式

```
IF<条件表达式>
  <语句序列 1>
ELSE
  <语句序列 2>
ENDIF
```

2. 功能

该语句首先计算＜条件表达式＞的值，当＜条件表达式＞的值为真时，执行＜语句序列 1＞中的命令；否则，执行＜语句序列 2＞中的命令；执行完＜语句序列 1＞或＜语句序列 2＞后都将执行 ENDIF 后面的第一条命令。

该语句执行的逻辑如图 1-6-9 所示。

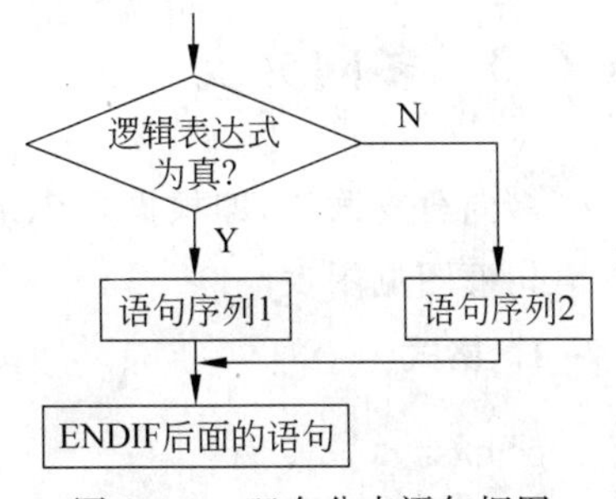

图 1-6-9　双向分支语句框图

【例 6-9】 在人事档案“rsda”表中，查找姓名为“黄江河”的职工。如果找到了，就把该记录加上删除标记，没有找到则显示提示信息“查无此人”。

编写程序代码如下：

```
USE  rsda
BROWSE
```

```
LOCATE ALL FOR 姓名="黄江河"
IF  found()
  DELETE
ELSE
  WAIT "查无此人"
ENDIF
BROWSE
```

程序运行结果：先显示原数据表的内容(如图 1-6-8 所示)，再显示修改后数据表的内容(如图 1-6-10 所示)。从图 1-6-10 中可以看出，姓名为“黄江河”的记录已加上删除标记；如果没有找到黄江河，屏幕上会显示提示信息“查无此人”。

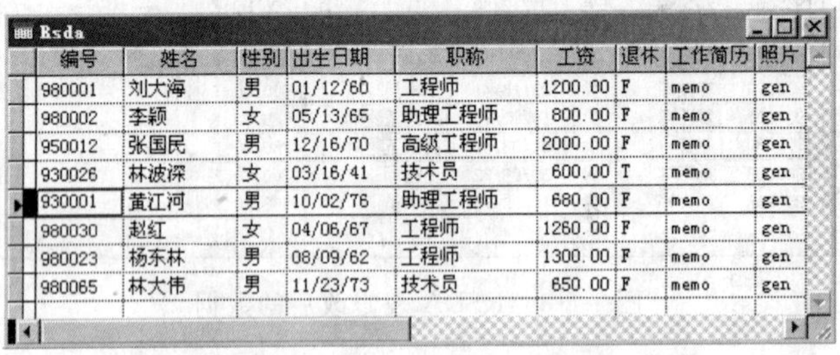

Rsda

编号	姓名	性别	出生日期	职称	工资	退休	工作简历	照片
980001	刘大海	男	01/12/60	工程师	1200.00	F	memo	gen
980002	李颖	女	05/13/65	助理工程师	800.00	F	memo	gen
950012	张国民	男	12/16/70	高级工程师	2000.00	F	memo	gen
930026	林波深	女	03/16/41	技术员	600.00	T	memo	gen
930001	黄江河	男	10/02/76	助理工程师	680.00	F	memo	gen
980030	赵红	女	04/06/67	工程师	1260.00	F	memo	gen
980023	杨东林	男	08/09/62	工程师	1300.00	F	memo	gen
980065	林大伟	男	11/23/73	技术员	650.00	F	memo	gen

图 1-6-10　RSDA 表修改后的内容

【例 6-10】 编写程序判断闰年。

判断闰年的条件：年份能被 4 整除但不能被 100 整除，或能被 400 整除。

设计分析：输入年份，判断年份是否符合闰年条件。存在两种可能：是或不是。是，输出该年份是闰年；不是，提示该年不是闰年。

程序代码：

```
INPUT   "请输入年份：" TO YEAR
IF (YEAR%4=0 .AND. YEAR%100<>0 .OR. YEAR%400=0)
?STR(YEAR,4)+"年是闰年"
ELSE
?STR(YEAR,4)+"年不是闰年"
ENDIF
```

6.6.3　多向分支

多向分支语句，即根据多个条件表达式的值，选择执行一个符合条件的分支。多向分支语句框图见图 1-6-11。

1. 格式

```
DO CASE
    CASE <条件表达式 1>
```

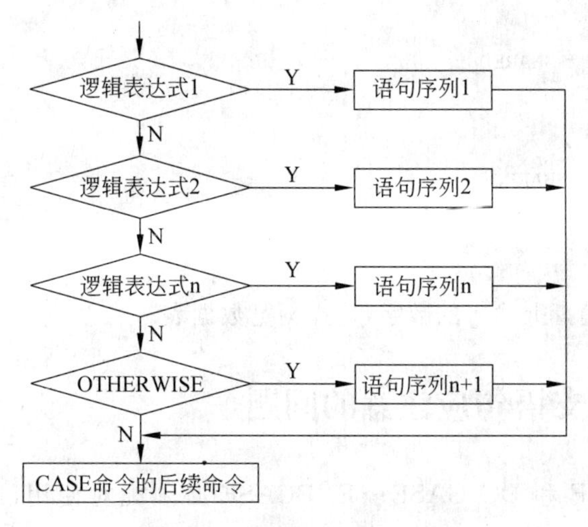

图 1-6-11　多向分支语句框图

```
        <语句序列 1>
    CASE <条件表达式 2>
        <语句序列 2>
        ……
    CASE <条件表达式 N>
        <语句序列 N>
    [OTHERWISE
         <语句序列 N+1>]
ENDCASE
```

2. 功能

其中，N 个条件表达式值必须为真或为假。OTHERWISE 分支是可选项，有此可选项时，必须放在 N 个条件表达式之后、ENDCASE 之前。

系统在执行多重选择分支时，依次计算每一个 CASE 的条件表达式。碰到第一个条件表达式的值为"真"时，系统便执行该条件后的分支语句序列，执行完后，直接去执行 ENDCASE 后面的语句。如果所有条件表达式的值都为"假"，则在没有 OTHERWISE 的情况下，系统不执行任何分支语句序列，立即执行 ENDCASE。若有 OTHERWISE 可选项时，则执行 OTHERWISE 后的语句序列，然后执行 ENDCASE。

【例 6-11】 已知有 3 个数据表，分别是 student、course 和 sc，编写一个程序可在不同的选择下，浏览这些数据表。

编写程序代码如下：

```
WAIT "请输入您的选择：(1~3)" TO choose
DO CASE
CASE choose="1"
   USE student.dbf SHARED
   BROWSE LAST
```

```
CASE choose="2"
   USE course.dbf SHARED
   BROWSE LAST
CASE choose="3"
   USE   sc.dbf  SHARED
   BROWSE LAST
ENDCASE
```

该程序通过在键盘上输入的数字,选择浏览数据表。

6.6.4 使用分支语句应注意的问题

(1) IF…ENDIF 和 DO CASE…ENDCASE 必须配对使用,DO CASE 与第一个 CASE <条件表达式>之间不应有任何命令。

(2) <条件表达式>可以是各种表达式或函数的组合,其值必须是逻辑值。

(3) <语句序列>可以由一个或多个命令组成,可以是条件控制语句组成的嵌套结构。

(4) DO CASE…ENDCASE 命令每次最多只能执行一个<语句序列>。在多个 CASE 项的<条件表达式>值为真时,只执行第一个<条件表达式>值为真的<语句序列>,然后执行 ENDCASE 后面的第一条命令。

6.7 循环结构

循环结构是 Visual FoxPro 系统程序的基本结构之一。循环语句可以命令序列循环执行若干次或执行到满足某种条件为止,或使数据库文件循环操作到文件尾。

常用的循环语句有以下三种形式。

6.7.1 DO WHILE 循环控制语句

DO WHILE 循环控制语句根据条件表达式的值,决定循环体内语句的执行次数。DO WHILE 流程图见图 1-6-12。

1. 格式

```
DO WHILE <条件表达式>
   <语句序列>
ENDDO
```

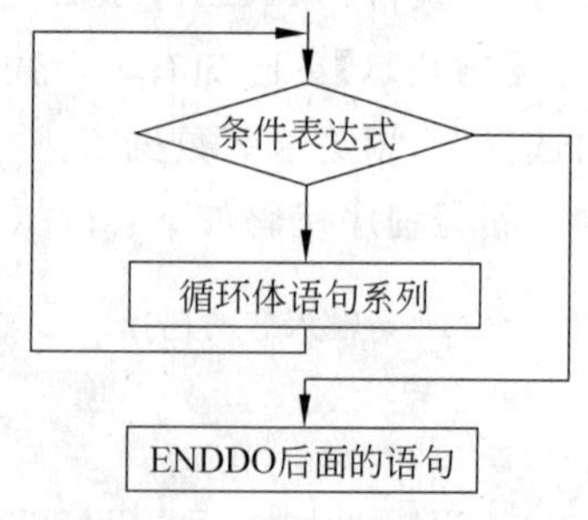

图 1-6-12　DO WHILE 流程图

2. 功能

该语句通过<条件表达式>的值来控制循环。当<条件表达式>的值为“真”时,执行<语句序列>;执行完后返回<条件表达式>处继续判断；如果仍然为真，重复执行<语句序列>，直至<条件表达式>为假，结束循环，并执行 ENDDO 后面的第一个命令。

【例 6-12】 按工资为 1500 元以上、1000～1500 元、1000 元以下三档，分别统计 rsda.dbf 中的职工人数。

编写程序代码如下：

```
STORE 0 TO k1,k2,k3
USE rsda
DO WHILE .NOT.EOF()                    && 当记录指针指到文件末尾时，结束循环
   If 工资>=1500
      k1=k1+1
   Else
      If 工资>=1000
         k2=k2+1
      Else
         k3=k3+1
      Endif
    Endif
   SKIP                                && 记录指针向下移一条记录
ENDDO
?"工资在 1500 元以上的职工人数："+STR(k1)
?"工资在 1000-1500 元的职工人数："+STR(k2)
?"工资在 1000 元以下的职工人数："+STR(k3)
```

在该例中，DO WHILE 语句使用.NOT. EOF() 条件表达式控制循环。从数据表的第一个记录开始进行循环操作。用 SKIP 移动记录指针，直到 EOF()为真（到数据表末尾）时结束循环。

6.7.2 FOR 循环控制语句

根据用户设置的循环变量的初值、终值和步长，决定循环体内语句的执行次数。

1. 格式

```
FOR <循环变量>=<循环变量初值>TO <循环变量终值>[STEP <循环变量步长>]
     <语句序列>
ENDFOR|NEXT
```

2. 功能

该语句用循环计数器<循环变量>来控制<语句序列>的执行次数。执行语句时，系统首先将<循环变量初值>赋给<循环变量>，然后判断<循环变量>是否大于（当<循环变量步长>大于零时）或小于（当<循环变量步长>小于零时）<循环变量终值>。若结果为“真”，则结束循环，执行 ENDFOR 后面的第一条命令；否则，执行<语句序列>，<循环变量>自动按<循环变量步长>增加或减少，再重新判断<循环变量>当前的值

是否大于或小于<循环变量终值>,直到其结果为真。

说明:循环变量步长为1时,可省略。

【例6-13】 用FOR循环控制语句,统计"rsda"数据表中工资超过1000元的人数。

编写程序代码如下:

```
USE  rsda.dbf  EXCLUSIVE
BROWSE LAST
COUNT ALL TO jls                              && 统计 rsda.dbf 表中记录的个数
GO TOP
rc=0
FOR i=1 TO jls STEP 1
    IF 工资>=1000
       rc=rc+1
    ENDIF
    SKIP
ENDFOR
?  "工资在1000元以上的人数:"+STR(RC)
USE
```

在该例中,FOR语句使用了循环变量(i)控制循环操作,首先计算出数据表的记录个数(jls),把它作为循环变量的终值。循环变量从1开始,直到大于jls时结束循环。

【例6-14】 编写计算S=1+2+3+…+100的程序。

编写程序代码如下:

```
s=0                                           && s 为累加器,初值为 0
FOR i=1 TO 100                                && i 为计数器,初值为 1,省略步长 step 1
  s=s+i                                       && 累加
ENDFOR
?"S=",s
RETURN
```

程序执行结果显示为:

```
s=5050
```

6.7.3 SCAN循环控制语句

根据用户设置的表中的当前记录指针,决定循环体内语句的执行次数。

1. 格式

```
SCAN [范围][FOR <条件表达式 1>][WHILE <条件表达式 2>]
     <语句序列>
ENDSCAN
```

2. 功能

该语句在指定的范围内，用数据记录指针来控制循环次数。执行语句时，首先判断函数 EOF()的值，若其值为“真”，则结束循环，执行 ENDSCAN 后面的第一条命令；否则，程序在[范围]中依次寻找满足 FOR 条件或 WHILE 条件的记录，并对找到的记录执行<语句序列>，记录指针移到指定的范围和条件内的下一条记录，重新判断函数 EOF()的值，直到函数 EOF()的值为真时结束循环。

【例 6-15】 用 SCAN 循环控制语句，统计“rsda”数据表中工资超过 1000 元的人数。

编写程序代码如下：

```
USE  rsda.dbf  EXCLUSIVE
BROWSE LAST
rc=0
SCAN ALL FOR 工资>=1000
    rc=rc+1
ENDSCAN
?  "工资在 1000 元以上的人数："+STR(RC)
USE
RETURN
```

在该例中，SCAN 语句使用记录指针控制循环，使循环操作从数据表的第一个记录开始进行，直到 EOF()为真时结束。

6.7.4 循环辅助语句

在各种循环语句的循环体中可以插入 LOOP 和 EXIT 语句，前者能使执行转向循环语句头部继续循环；后者则用来立即退出循环，转去执行 ENDDO、ENDFOR 或 ENDSCAN 后面的语句。图 1-6-13 和图 1-6-14 是这两个语句转向功能的示意图。

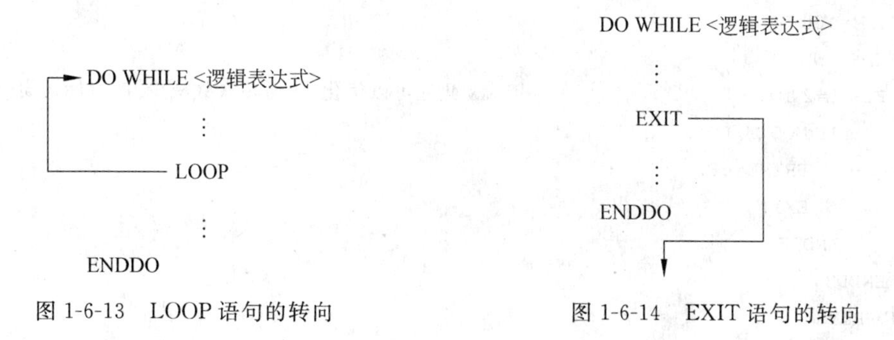

图 1-6-13 LOOP 语句的转向　　　图 1-6-14 EXIT 语句的转向

【例 6-16】 编程计算 S＝1＋2＋3＋…＋100，并求 1～100 之间的奇数之和。

编写程序代码如下：

```
STORE 0 TO i,s,t
DO WHILE  i<100
    i=i+1
```

```
    s=s+i                              && 累加 i 值
    IF INT(i/2)=i/2                    && i 为偶数时条件值为.T.
   LOOP                                && 转向执行 do while i<100 判断条件
ENDIF
    t=t+i                              && 累加奇数
ENDDO
?"1+2+3+…+100: ",s
?"1~100 奇数和为: ",t
```

程序运行结果显示如下：

```
1+2+3+…+100: 5050
1~100 奇数和为: 2500
```

循环体中的 LOOP 语句往往可以省去，其实本程序从 IF 开始的 4 行语句可改为；

```
IF  INT(i/2)<>i/2
  t=t+i
ENDIF
```

注意：在 FOR 循环语句中执行 LOOP 语句，将会先修改循环变量的值，然后转向循环语句头部。在 SCAN 循环语句中执行 LOOP 语句，将会先移动记录指针，然后转去判断循环条件。

【例 6-17】 打印输出 100～200 之间的素数，并求其和。

问题分析：素数的条件：不能被 1 和它自己本身以外的任意一个数整除，这样的数称为素数。设有一个数 M，它不能被 2～m－1 中的任意数整除。

编写程序代码如下：

```
SET TALK OFF
CLEAR
FOR M=100 TO 200
PRIME=.T.
  FOR I=2 TO M-1                       && 此处可以优化，使循环次数减少，此行标记为***
      IF MOD(M,I)=0
         PRIME=.F.
         EXIT
      ENDIF
  ENDDO
IF PRIME
  ??  M," ",
  S=S+M
ENDIF
ENDFOR
?"素数的和为: "+str(s,4)
RETURN
```

程序可进一步优化，使循环次数减少至少一半。

优化方式 1：标记行***可以用 FOR I=2 TO M/2 替代，减少一半循环次数。

优化方式 2：假设 M=I * J，并假设 I<J，则有 I * I≤M≤J * J，即 I≤$\sqrt{M}$≤J。则只需判断 M 能否被 2～$\sqrt{M}$中的任意数整除，循环次数将进一步减少，即标记行***用 FOR I=2 TO SQRT(M)替代。

6.7.5 使用循环语句应注意的问题

使用循环语句应注意的问题如下：

(1) DO WHILE 和 ENDDO、FOR 和 ENDFOR、SCAN 和 ENDSCAN 必须配对使用。

(2) ＜语句序列＞可以是任何 FoxPro 命令或语句，也可以是循环语句，即可以为多重循环。

(3) ＜循环变量＞应是数值型的内存变量或数组元素。

(4) EXIT 和 LOOP 命令嵌入在循环体内，可以改变循环次数，但是不能单独使用。EXIT 的功能是跳出循环，转去执行 ENDDO、ENDFOR、ENDSCAN 后面的第一条命令；LOOP 的功能是转回到循环的开始处，重新对"条件"进行判断，相当于执行了一次 ENDDO、ENDFOR、ENDSCAN 命令，它可以改变＜语句序列＞中部分命令的执行次数。EXIT、LOOP 可以出现在＜语句序列＞的任意位置。

6.8 子 程 序

应用程序一般都是多模块程序，可包含多个程序模块。模块是可以命名的一个程序段，可指主程序、子程序和自定义函数。

1. 调用与返回

对于两个具有调用关系的程序文件，常称调用程序为主程序，被调用的程序为子程序。

执行 DO 命令能运行 Visual FoxPro 程序，其实 DO 命令也可用来执行子程序模块。主程序执行时遇到 DO 命令，执行就转向子程序，称为调用子程序。子程序执行到 RETURN 语句(或缺省该语句)，就会返回到主程序中转出处的下一语句继续执行程序，称为从子程序返回。

【例 6-18】 有三个程序文件 Z. PRG，Z1. PRG，Z2. PRG，其中主文件 Z. PRG 分别调用 Z1. PRG，Z2. PRG。代码如下：

Z. PRG 的程序代码：

```
SET TALK OFF
CLEAR
```

```
STORE 10 TO X1,X2
DO Z1                                    && 调用外部 z1 子程序
?X1+X2
DO Z2                                    && 调用外部 z2 子程序
?X1+X2
RETURN
```

Z1.PRG 的程序代码：

```
X1=X1+1
RETURN
```

Z2.PRG 的程序代码：

```
X2=X2+1
RETURN
```

结果为 21　22

2. 带参数子程序的调用与返回

DO 命令允许带一个 WITH 子句，用来进行参数传递。

格式：DO <程序名 1>［WITH <参数表>］［IN <程序名 2>］

说明：

(1) <参数表>中的参数可以是表达式或内存变量，称为实参。

(2) 调用子程序时参数表中的参数要传送给子程序，子程序中必须有参数接收语句。Visual FoxPro 的 PARAMETERS 命令就具有接收参数和回送参数值的作用。

格式：PARAMETERS <参数表>

功能：指定内存变量以接收 DO 命令发送的参数值，返主时把内存变量值回送给调用程序中相应的内存变量，参数表中的变量也称为形参。

说明：

(1) PARAMETERS 必须是被调用子程序或函数的第一个语句。

(2) 命令中的参数被 Visual FoxPro 默认为私有变量，若实参为变量则子程序调用结束返主时会将修改后的值带回给实参表中的变量，称为变量参数，否则称为值参数。

(3) 命令中的参数依次与调用命令 WITH 子句中的参数相对应，故两者参数个数必须相同。

【例 6-19】 设计一个计算圆面积的子程序，并要求在主程序中带参数调用它。

```
*主程序：E6-21.prg
ymj=0
INPUT "请输入半径：" bj
DO js WITH bj,ymj                        && 带参数调用 js.prg 子程序
?"ymj=",ymj                              && 显示圆面积
RETURN

*子程序：js.prg
```

```
PARAMETERS r,s                    && bj 的值传给 r, ymj 的值传给 s。即 r=bj 及 s=ymj
s=PI() * r * r                    && Visual FoxPro 的 PI()函数返回 π 值
RETURN                            && 返回主程序
```

执行上述程序中 js.prg 子程序调用结束后，r 的值和 s 的值分别传回给 bj 和 ymj。

3. 子程序嵌套

主程序与子程序的概念是相对的，子程序还可调用它自己的子程序，即子程序可以嵌套调用。Visual FoxPro 的返回命令包含了因嵌套而引出的多种返回方式。

格式：RETURN [TO MASTER|TO <程序文件名>]

命令格式中的[TO MASTER]选项，直接返回到最外层的主程序；可选项 TO <程序文件名>强制返回到指定的程序文件。图 1-6-15 和图 1-6-16 分别是子程序嵌套示意图。

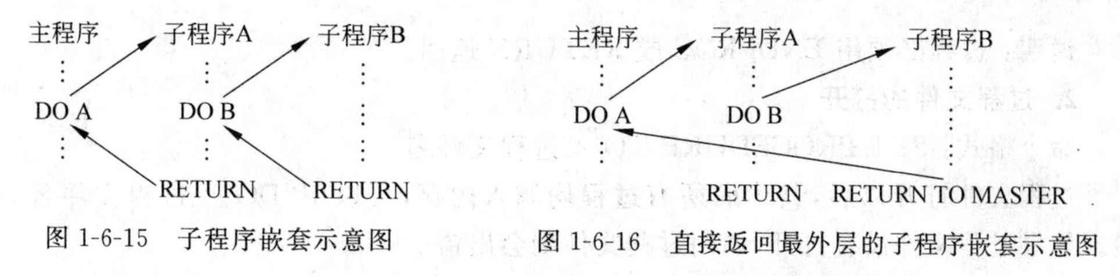

图 1-6-15　子程序嵌套示意图　　图 1-6-16　直接返回最外层的子程序嵌套示意图

顺便指出，任何时候要退出 Visual FoxPro，只需执行命令 QUIT 即可。

6.9 过　　程

从上述程序调用的例子中可以看到，有的子程序（含自定义函数）与调用程序同处一个文件中（这种调用称内部调用），有的以单独文件的形式存放在磁盘中（称外部调用）。当每一个子程序都以单独文件的形式存放在磁盘中时，主程序每调用一个子程序就需要执行一次读磁盘的操作。调用的子程序越多，读取磁盘的操作就越频繁，这将大大影响程序的运行速度。为了解决这一问题，可以建立过程文件。

所谓过程文件，就是把许多相关的过程组织在一起，形成一个过程集合的文件。在主程序调用过程之前先打开过程文件，把相关的过程读入内存，只需要进行一次读取磁盘的操作。以后主程序调用相关过程时，不再需要读取磁盘，从而节省了运行时间，提高了程序执行的效率。

过程文件分为内部过程和外部过程。过程文件与主调文件放在一起，称为内部过程；单独以文件形式存放在磁盘上，称为外部过程。

1. 过程文件的建立

过程文件也是一种程序文件，建立和编辑的方法与程序文件一样，只是内容格式不一样。

(1) 建立方法

```
MODIFY COMMAND <过程文件名>
```

（2）格式

```
PROCEDURE <过程名 1>
  <过程 1 语句序列>
ENDPROC
PROCEDURE <过程名 2>
  <过程 2 语句序列>
ENDPROC
  ⋮
PROCEDURE <过程名 n>
  <过程 n 语句序列>
ENDPROC
```

说明：过程必须用 ENDPROC 或 RETURN 返回。

2. 过程文件的打开

命令格式：SET PROCEDURE TO ＜过程文件名＞

过程文件打开以后，其中的所有过程均调入内存，可以用“DO ＜过程文件名＞”调用。如果过程文件没有打开，调用过程文件则会出错。

3. 过程文件的关闭

关闭过程文件有 3 种方法：

（1）打开一个新的过程文件，同时关闭原来打开的过程文件。

（2）用 SET PROCEDURE TO 语句关闭过程文件。

（3）用 CLOSE PROCEDURE 语句关闭过程文件。

【例 6-20】 将例 6-19 的调用改为内部过程文件调用。

```
*主程序：E6-22.prg
SET DECIMALS TO 2                          && 设置两位小数
ymj=0
INPUT "请输入半径："to bj
DO js WITH bj,ymj                          && 带参数调用 js.prg 子程序
?"ymj=",ymj                                && 显示圆面积
RETURN
PROCEDURE JS                               && 内部过程
PARAMETERS r,s
s=PI()*r*r                                 && Visual FoxPro 的 PI()函数返回 π 值
RETURN                                     && 返回主程序
```

【例 6-21】 外部过程文件调用。

```
*主程序 E6-24.PRG
SET TALK OFF
X=10
Y=5
SET PROC TO PROC                           && 打开过程文件
```

```
DO P1 WITH X,Y
?X, Y
X=10
Y=5
DO P2 WITH X,Y
?X, Y
X=10
Y=5
DO P1 WITH X+5, Y
?X, Y
SET PROCEDURE TO                              && 关闭过程文件
SET TALK ON
RETURN

*过程文件 PROC.PRG                             && 独立建立的过程文件
PROCEDURE P1
PARAMETERS  S1, S2
S1=S1*5
S2=S2+5
RETURN
PROCEDURE  P2
PARAMETERS X,Y
X=5
Y=X+20
RETURN
```

在过程中也可调用其他程序模块，此处不再举例了。

6.10 自定义函数

Visual FoxPro 除提供众多的系统函数(亦称标准函数)，还可以由用户来定义函数。自定义函数的格式如下：

```
RETURN[FUNCTION <函数名>]
[PARAMETERS <形式参数表>]
       <函数体语句>
[RETURN <函数结果表达式>]
[ENDFUNC]
```

说明：

(1) 内部函数：若使用 FUNCTION 语句来指出函数名，则表示该函数函数代码与调用程序放在一个文件中，打开程序文件时就可以阅读该自定义函数。

(2) 外部函数：若缺省该语句，则表示此函数是一个独立文件，使用命令 MODIFY

COMMAND <函数名>来建立或编辑该自定义函数。还需注意,自定义函数的函数名不能和 Visual FoxPro 系统函数同名,也不能和内存变量同名。

(3) RETURN 语句用于将<函数结果表达式>的值返回给该函数作为函数的值,若缺省该语句,则返回的函数值为.T.。

【例 6-22】 利用内部函数求两圆的面积差。

编写调用该函数的程序如下:

```
*调用程序 E6-22.prg
CLEAR
INPUT "请输入第一个圆的半径:" TO R1
INPUT "请输入第二个圆的半径:" TO R2
S=AREA(R1)-AREA(R2)                    && 调用面积函数 AREA
?"两圆面积差为:",S
FUNCTION AREA                          && 定义函数名为 AREA 的面积函数,内部函数
PARAMETERS R                           && 函数被调用时接收传来的实参值
X=3.14159*R*R
RETURN X
ENDFUNC
```

【例 6-23】 利用外部函数求两圆的面积差。

```
*调用函数程序 E6-23.prg
CLEAR
INPUT "请输入第一个圆的半径:" TO R1
INPUT "请输入第二个圆的半径:" TO R2
S=AREA(R1)-AREA(R2)                    && 调用面积函数 AREA
?"两圆面积差为:",S

*圆面积函数 AREA.PRG                    && 单独建立 AREA.PRG 文件
PARAMETERS R                           && 函数被调用时接收传来的实参值
X=3.14159*R*R
RETURN X
ENDFUNC
```

6.11 变量的作用域

在多模块程序中,某模块中的变量是否在其他模块中也可以使用呢?答案是不一定,因为用户定义的变量有一定的作用域。

若以变量的作用域来分类,内存变量可分为公共变量、私有变量和本地变量 3 类。

1. 公共变量

在任何模块中都可使用的变量称为公共变量,公共变量可用下述命令来建立。

格式:PUBLIC <内存变量表>

功能：将<内存变量表>指定的变量设置为公共变量，并将这些变量的初值均赋以.F.。

说明：

(1) 若下层模块中建立的内存变量要供上层模块使用，或某模块中建立的内存变量要供并列模块使用，就必须将这种变量说明成公共变量。

(2) Visual FoxPro 默认命令窗口中定义的变量都是公共变量，但这样定义的变量不能在程序方式下利用。

(3) 程序终止执行时公共变量不会自动清除，而只能用命令来清除，RELEASE 命令或 CLEAR ALL 命令都可用来清除公共变量。

2. 私有变量

Visual FoxPro 程序中定义的变量默认是私有变量，私有变量仅在定义它的模块及其下层模块中有效，而在定义它的模块运行结束时自动清除。私有变量允许与上层模块的变量同名，但此时为分清两者是不同的变量，需要采用暂时屏蔽上级模块变量的办法。下述命令声明的私有变量就能起这样的作用。

格式：PRIVATE [<内存变量表>][ALL[LIKE[EXCEPT <通配符>]]

功能：声明私有变量并隐藏上级模块的同名变量，直到声明它的程序、过程或自定义函数执行结束后，才恢复使用先前隐藏的变量。

说明：

(1) "声明"与"建立"不一样，前者仅指变量的类型，后者包括类型与值。PUBLIC 命令除声明变量的类型外还赋了初值，故称为建立；而 PRIVATE 并不自动对变量赋值，仅是声明而已。

(2) 若应用程序由多个人员同时开发，很可能因变量名相同造成失误。如果各人将自己所用的变量用 PRIVATE 命令来声明，就能避免发生混淆。

(3) 在程序模块调用时，参数接受命令 PARAMETERS 声明的形参变量也是私有变量，与 PRIVATE 命令作用相同。

【例 6-24】 变量隐藏与恢复的示例。

(1) 假定已建立了如下的程序：

```
*E6-26.Prg
PARAMETERS sj                     && sj 为私有变量,程序调用前的 bj 被隐藏起来
PRIVATE mj                        && mj 为私有变量,程序调用前的同名变量 mj 被隐藏起来
mj=3.14*sj*sj
?"程序执行时的变量清单："
LIST MEMO LIKE ?j
RETURN
```

(2) 在命令窗口键入下列命令：

```
RELEASE ALL                       && 清除用户定义的所有内存变量
mj=0                              && 在命令窗口设置的变量是公共变量
bj=3
```

```
?"程序执行前的变量清单："
LIST MEMO LIKE  ?j                    && 显示变量清单
DO E6-26 WITH bj                      && bj 传入 E-26
?"程序执行后的变量清单："                && 显示变量清单
LIST MEMO LIKE sj                     && 程序执行结束时，被屏蔽的变量 mj，bj 被恢复
```

(3) 命令及程序执行结果显示如下：

程序执行前的变量清单：

```
MJ     Pub     N     0      (        0.00000000)
BJ     Pub     N     3      (        3.00000000)
```

程序执行时的变量清单：

```
MJ     (hid)   N     0      (      0.00000000)
BJ     (hid)   N     3      (      3.00000000)
SJ     Priv    bj
MJ     Priv    N   28.26    (      28.26000000) E6-26
```

程序执行后的变量清单：

```
MJ     Pub     N     0      (      0.00000000)
BJ     Pub     N     3      (      3.00000000)
```

3. 本地变量

本地变量只能在建立它的模块中使用，而且不能在高层或底层模块使用，该模块运行结束时本地变量就自动释放。

格式：LOCAL <内存变量表>

功能：将<内存变量表>指定的变量设置为本地变量，并将这些变量的初值均赋以.F.。

注意：LOCAL 与 LOCATE 前 4 个字母相同，故不可缩写。

第7章 面向对象程序设计

Visual FoxPro 除了支持传统的面向过程的编程技术外，还在语言上进行了扩充，支持面向对象的编程技术。

7.1 对象程序设计概念

面向对象的程序设计技术是完成程序设计任务的一种新方法，它将传统的面向过程的程序设计思想进行了根本性的变革。在传统的过程式程序设计中，需要考虑代码的全部流程；而在面向对象程序设计中，需要考虑的则是如何创建对象以及对象要做什么。

7.1.1 类和对象的概念

面向对象程序设计的目的是将程序设计的任务变得更简单、更方便、更灵活。在面向对象程序设计中，有些基本概念需要读者透彻地理解，否则就会被眼花缭乱的名词所困惑。

1. 对象(Object)

面向对象程序设计的基本单元是对象，对象可以是任何事物，可大可小。例如：计算机是一个对象，电话是一个对象，人是一个对象，自然界的东西统统都可以看做对象。有时，一个对象又是其他对象的集合。例如，计算机这个对象又是由键盘、处理器、显示器、磁盘驱动器、鼠标等对象组成的。

尽管对象各不相同，但各对象都有一组自己的属性和行为，它能根据外界给的消息进行相应的操作。属性描述了对象的特征，行为说明了对象所要做的事情。例如，一个鼠标作为对象时有两个要素：一个是静态特征——鼠标，这种静态特征称为属性；另一个动态特征——单击、双击、移动，这种动态特征称为行为。如果想从外部控制鼠标的活动，则可从外界向鼠标发一个信息(如单击就执行)，一般称为消息(或事件)，对象的行为靠消息触发而激活。

每个对象能够识别和响应某些操作行为，这些操作行为称为事件(Event)。事件是一些特定的预定义的活动，是由用户或者系统启动的。

然而事件发生后如何去做，需要用方法来描述(也就是对象如何去做)。方法是与事件相关联的。例如，我们事先为单击鼠标事件编写好一段代码，当发生 Click 事件时，便执行这段代码，称之为 Click 方法。

因此，每一个对象都有自己的属性、事件和方法。

2. 类(Class)

类是面向对象程序设计中最重要的概念,是一种新的数据类型。类就像是个蓝图或模具,对象都是由它生成的,它确定了由它生成的对象所具有的属性、事件和方法。例如,计算机的设计原理图就是一个类,在原理图上设计了计算机的属性和行为,根据设计图可以生产出具体型号的计算机,这些生产出来的计算机就都有了同样的属性和行为。

再如"人"是客观世界中的一个实体,是一个抽象。按照"人"的职业属性划分,可分为学生、干部和工人等。学生又可分为大学生、中学生和小学生。"人"是最基本的类,称之为基类;而学生、干部、工人是人类的派生类,称之为子类。基类可以有具体的含义,也可以有一个抽象的含义,例如FoxPro中的CUSTOM类称为用户自定义基类。在基类的基础上定义的类称为子类。从层次结构中可以看出,子类是从基类中派生出来的类,所以又称子类为派生类。

Visual FoxPro系统内部定义了一些类,这些类被称为基类,见表1-7-1。用户可以直接使用它们,也可以作为自己定义类的基础。这些类存放在控件工具栏中,参见图1-8-14。

表1-7-1　Visual FoxPro基类

基类名称	中文名称	基类类型	包含对象
CheckBox	复选框	控件	不包含其他对象
ComboBox	组合框	控件	不包含其他对象
CommandButton	命令按钮	控件	不包含其他对象
CommandGroup	命令按钮组	容器	包含命令按钮
Custom	自定义	容器	任意控件、页框、容器或自定义对象
Container	容器	容器	任意控件
Control	控件	容器	任意控件
Editbox	编辑框	控件	不包含其他对象
Form	表单	容器	任意控件、页框、容器或自定义对象
Formset	表单集	容器	表单、工具栏
Grid	表格	容器	表格列
Hyperlink	超级链接	控件	不包含其他对象
Image	图像	控件	不包含其他对象
Label	标签	控件	不包含其他对象
Line	线条	控件	不包含其他对象
Listbox	列表框	控件	不包含其他对象
OptionButton	选项按钮	控件	不包含其他对象
OptionGroup	选项按钮组	容器	选项按钮
OleBoundControl	OLE绑定型控件	控件	不包含其他对象
OleContainerControl	OLE容器控件	控件	不包含其他对象
Shape	形状	控件	不包含其他对象
Spinner	微调	控件	不包含其他对象
Separator	分隔符	控件	不包含其他对象
Textbox	文本框	控件	不包含其他对象
PageFrame	页框	容器	页面
Timer	计时器	控件	不包含其他对象
ProjectHook	项目挂钩	容器	文件、服务程序
Toolbar	工具栏	容器	任意控件、页框和容器

7.1.2 属性、事件和方法

任何对象都有属性、事件和方法，应用程序通过属性、事件和方法来操纵对象。所有对象的属性、事件和方法都是在类定义中确定的。

1. 属性

属性是指控件类所具有的特性，可以对其进行设置。例如，利用 Label 标签类创建一个 Label1 标签对象时，就要设置该标签对象的大小、标题及标题的字体、字号、对齐方式等属性。

对象的属性由对象所基于的类决定。Visual FoxPro 中最常见的类属性见表 1-7-2 所示。

表 1-7-2 Visual FoxPro 的最常见类属性

属　性	功　能
Alignment	指定与控件相关的文本对齐方式
AutoCenter	指定表单对象第一次显示于 Visual FoxPro 主窗口时，是否自动居中放置
AutoSize	指定控件是否依据其内容自动调节大小
BackColor	指定用于显示对象中文本和图形的背景色
BackStyle	指定对象的背景是否透明
BorderColor	指定对象的边框颜色
BorderStyle	指定对象的边框样式
ButtonCount	指定命令按钮组或选项按钮组中的按钮数
Caption	指定在对象标题中显示的文本
ColumnCount	指定表格、组合框或列表框控件中列对象的数目
ControlSource	指定与对象绑定的数据源
Enable	指定对象是否可用
Fontbold FontItalic FontStrikethru FontUnderline	指定文本是否具有粗体、斜体、删除线或下划线
Fontname	指定显示文本的字体名
Fontsize	指定显示文本的字体大小
ForeColor	指定用于显示对象中文本和图形的前景色
Height	指定对象的高度
InputMask	指定控件中数据的输入格式和显示方式
Interval	指定计时器控件的 Timer 事件发生的时间间隔毫秒数

续表

属　　性	功　　能
KeyBoardHigValue	指定用键盘输入到微调控件文本框中的最大值
KeyBoardLowValue	指定用键盘输入到微调控件文本框中的最小值
Left	指定控件相对于其父对象的左边界距离或表单相对于 Visual FoxPro 主窗口左边界的距离
LinkMaster	指定表格控件中的子表所链接的父表
MaxButton	指定表单是否含有最大化按钮
MinButton	指定表单是否含有最小化按钮
Movable	指定用户是否可以在运行时移动一个对象
Name	指定对象的名称，便于在编写代码时对对象进行引用
PasswordChar	通常设为 *，用于屏蔽在文本框中输入的实际字符
Picture	指定需要在控件中显示的位图文件(.BMP)、图标文件(.ICO)或通用字段
RecordSource	指定与表格控件相绑定的数据源
RowSource	指定组合框或列表框控件中值的来源
RowSourceType	指定控件中值的来源类型
SpecialEffect	指定控件的不同样式选项
Stretch	在一个控件内部，指定如何调整一幅图像以适应控件大小
Style	指定控件的样式
TabIndex	指定页面上控件的 Tab 键次序，以及表单集中表单对象的 Tab 键次序
TabStop	指定用户是否可以通过按 Tab 键把焦点移动到对象上
Top	指定控件相对于其父对象的上边界距离或表单相对于 Visual FoxPro 主窗口上边界的距离
Value	指定控件的当前状态。对于组合框和列表框控件，此属性只读
Visible	指定对象是可见还是隐藏
Width	指定对象的宽度
WindowState	指定表单窗口在运行时是否可以最大化或最小化
WordWrap	指定对象的文本是否可以换行

2. 事件

事件(Event)是指由对象识别和响应的一个操作。用户可以编写此操作的代码，当此事件发生时响应执行。在 Visual FoxPro 中，当用户单击鼠标按钮、移动鼠标、按键时都会触发事件。创建一个对象或者遇到导致错误的代码时，也会产生一个事件 Error。

Visual FoxPro 的基本事件如表 1-7-3 所示，这些事件适用于大多数控件。

表 1-7-3　Visual FoxPro 的基本事件表

事　　件	事件发生的时间
Click	单击鼠标时
DbClick	双击鼠标时
Destroy	从内存中释放一个对象时
DragDrop	鼠标拖放时
GotFocus	对象接收到焦点时
Init	当创建一个对象时
KeyPress	按下或释放键时
InteractiveChange	使用键盘或鼠标更改控件的值时
LostFocus	对象失去焦点时
MouseDown	当鼠标指针停在一个对象上时，按下鼠标键
MouseMove	在对象上移动鼠标
MouseUp	当鼠标指针停在一个对象上时，释放鼠标键
RightClick	右击鼠标时
Error	无论何时，只要事件或者类的方法代码中发生错误时

3. 方法

方法(Method)程序是指对象能够执行的一个操作。一旦创建一个对象之后，就可以从应用程序的任何位置调用该对象中的方法。方法程序是与对象相关联的过程，是指对象为完成某一功能而编写的一段程序代码。一个事件必定有一个与之相关联的方法程序。例如，Form1. Show()，显示表单。又如 Click 事件发生时执行 Click 方法，这种方法由用户编写代码。Visual FoxPro 还提供了一些常用方法，供编程者直接调用。

Visual FoxPro 中常用方法如表 1-7-4 所示，表中的方法直接调用，不用编写代码。

表 1-7-4　Visual FoxPro 的常用方法

方　　法	功　　能
AddObject	运行时，在容器对象中添加对象
CloneObject	复制对象，包括对象所有的属性、事件和方法
Help	打开“帮助”窗口
Hide	通过把 Visible 属性设置为“假”(.F.)，隐藏表单、表单集或工具栏
Move	移动一个对象
Print	在表单对象上打印一个字符串
Quit	退出 Visual FoxPro 的一个实例
Refresh	重画表单或控件，并刷新所有值或者刷新一个项目的显示
Release	从内存中释放表单或表单集
RemoveObject	运行时从容器对象中删除一个指定的对象
SetFocus	为一个控件指定焦点
Show	显示一个表单，并且确定是有模式表单还是无模式表单

7.2 对象的操作

一旦通过表单设计器或通过创建对象，就可以通过修改其属性，调用其方法来操作对象了。

7.2.1 引用对象

要操作一个对象，首先必须明确它的包容层次，即对象所处的包容层次关系。引用对象分为绝对引用和相对引用。绝对引用可以在任何地方使用，而相对引用只能使用在对象的方法中。

1. 绝对引用

绝对引用是指引用对象时，把对象的容器层次全部写出。绝对引用需要知道对象的名称。

格式：Parent. Object. Property 或 Parent. Object. Method

功能：在属性操作或调用方法中绝对引用对象。

说明：Parent 指当前对象的父对象，Object 指当前对象，Property 指当前对象的属性，Method 指当前对象要调用的方法。

【例 7-1】 首先运行一个表单使之处于活动状态，接着在命令窗口输入以下命令：

```
_screen.activeform.backcolor=rgb(255,0,0)
                    && 设置屏幕对象_screen 的 activeform(活动表单)的 backcolor(背景色)
_screen.activeform.label1.caption="对象的绝对引用示例"
                    && 设置屏幕对象_screen 的活动表单中的 label1(标签)对象的标题
```

执行后可以观察到表单的背景色变为红色，表单中的标签文字显示"对象的绝对引用示例"。

2. 相对引用

相对引用可以使对象的引用变得简单。

(1) THIS：表示当前对象。

(2) THISFORM：表示"这个"表单。

(3) THISFORMSET：表示"这个"表单集。表单集是表单的集合。

(4) Parent：表示当前对象的父对象。

【例 7-2】 在上例表单中使用相对引用。在表单标签(label1)对象创建时显示"对象的绝对引用示例"。在标签(label1)的 Init 事件中可以用相对引用设置标签的标题属性：

```
This.caption="对象的绝对引用示例"
```

7.2.2 设置对象属性

每个对象都包含有自己的属性，属性可在设计或运行时进行设置。

设置对象属性的格式为：

```
Parent.Object.Property=Value
```

说明：Parent 指当前对象的父对象，Object 指当前对象，Property 指当前对象的属性，Value 指当前对象对象属性的设置值。

【例 7-3】 设置表单 Form1 中文本框 Text1 的属性值。

```
Form1.text1.Value=date()                        && 设置文本框的显示值
Form1.text1.Enabled=.T.                         && 设置文本框可用
Form1.text1.ForeColor=RGB(255,0,0)              && 设置文本框的前景色
Form1.text1.BackColor=RGB(192,192,192)          && 设置文本框的背景色
```

由于一个对象可以有多个属性，因此进行设置都需要写出路径是件很麻烦的事。Visual FoxPro 提供了 WITH...ENDWITH 结构，用于设置多个属性。则上例可改为：

```
WITH Form1.text1
  .Value=date()
  .Enabled=.T.
  .ForeColor=RGB(255,0,0)
  .BackColor=RGB(192,192,192)
ENDWITH
```

7.2.3 响应对象事件

响应对象事件是指为事件编写程序代码。当一个事件发生时，包含在事件过程中的代码将被执行。例如，包含在命令按钮的 Click 事件过程中的代码，当用户单击命令按钮时就会被执行。

用编程方式操作鼠标来实现 Click、DoubleClick、MouseMove、DragDrop 等事件，使用 ERROR 命令来实现 Error 事件，使用 KEYBOARD 来产生 KeyPress 事件。

【例 7-4】 在上例表单 Form1 中添加一个命令按钮，并为命令按钮的 Click 事件编写代码：

```
Form1.release                                   && 从内存中释放表单
```

当单击命令按钮响应该事件时，会执行代码关闭本表单。

7.2.4 添加对象

在容器对象中添加新对象可以使用 AddObject()方法，其命令格式为：

```
Object.AddObject(cName,cClass)
```

说明：cName 指定引用新对象的名称，cClass 指定添加对象所在的类。

```
form1=CreateObject("form")                  && 利用 Form 基类创建表单对象 form1
form1.Activate                              && 激活对象 form1
form1.AddObject("label1","label")           && 在表单 form1 中添加标签 label1 对象
with form1.label1                           && 设置标签 label1 对象的以下属性
  .visible=.t.
  .top=40
  .left=30
  .autosize=.t.
  .fontname="宋体"
  .fontsize=15
  .caption="在表单中添加对象示例"
endwith
form1.show(1)                               && 显示并激活对象 form1
```

7.3 类的定义

前面讲了类是一种新的数据类型，是具有相同属性和行为的对象集合。在 Visual FoxPro 中，定义类有两种方法，一是使用类设计器，二是在. PRG 文件中编程实现。

7.3.1 利用"类设计器"创建类

表 1-7-1 给出了 Visual FoxPro 的基类，除此之外，用户还可以自己设计类。利用"类设计器"可以可视化地创建并修改类。类存储在类库(. VCX)文件中。

利用"类设计器"创建类，操作方法如下：

(1) 选择"新建"菜单或项目管理器的"类"，单击"新建"按钮。

(2) 打开"新建类"对话框。

(3) 在"新建类"对话框中指定创建的类名称、派生的父类、存储新类的类库，如图 1-7-1 所示。

(4) 单击"确定"按钮，打开"类设计器"窗口，如图 1-7-2 所示。

(5) 在"类设计器"窗口中，修改父类的属性、事件、方法或给新类添加属性、事件和方法。

例如：(a) 在图 1-7-2 中的属性窗口设置 Caption 属性为"关闭"。

(b) 在图 1-7-2 中双击新类 closebutton，打开"代码编辑"窗口。在"过程"下拉列表框中选择 Click 事件，在代码窗口编写 Click 事件代码：thisform. release。

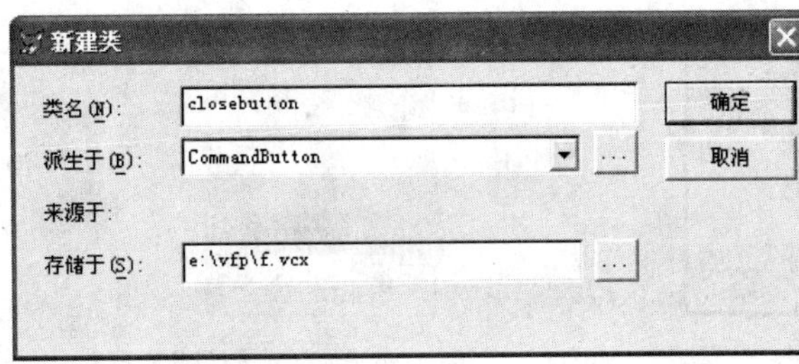

图 1-7-1　新建类

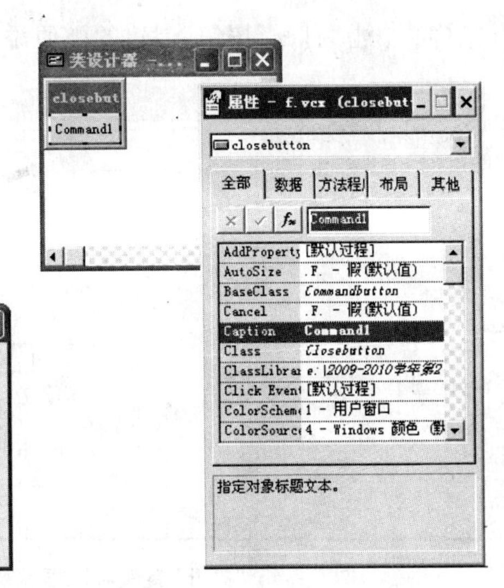

图 1-7-2　类设计器窗口

7.3.2　编程方式创建类

除了利用“类设计器”创建类外，还可以用编程方式在.PRG文件中定义一个类。其语法格式如下：

```
DEFINE CLASS ClassName1 AS cBaseClass
[PropertyName=eExpression…]
[ADD OBJECT  ObjectName AS ClassName2
  [WITH cPropertylist]…]
  [FUNCTION | PROCEDURE Name
    cStatements
  ENDFUNC|ENDPROC]…
ENDDEFINE
```

功能：创建一个用户自定义类或子类，并为创建的类或子类指定属性、事件和方法。

7.3.3　将类添加到“表单控件”工具栏

要将类添加到表单中，可以直接将类从“项目定理器”的“类”选项卡下拖到“表单设计器”中。本节主要介绍如何将类添加到“表单控件”中。

(1) 单击“表单控件”工具栏中的“查看类”按钮，单击“添加”命令，如图1-7-3所示。

图 1-7-3　查看类

(2) 打开“打开”类库对话框，在“打开”对话框中选择类名，如图1-7-4所示。

(3) 单击“打开”按钮，创建的类便添加到“表单控件”工具栏中，如图 1-7-5 所示。

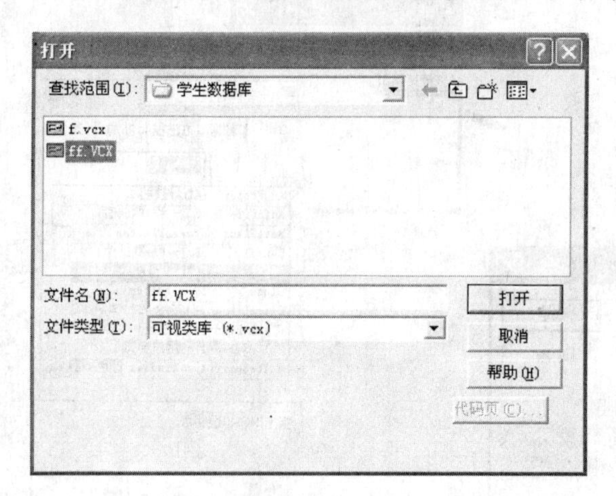

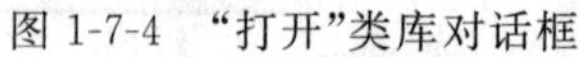
图 1-7-4 “打开”类库对话框

图 1-7-5 添加类到“表单控件”工具栏中

7.4 面向对象程序设计实例

【例 7-5】 用编程方式建立表单对象 form1，向表单中添加一个命令按钮和一个标签。当单击命令按钮时关闭表单，单击标签时改变 form1 的背景色为红色，标签字为黄色。

建立程序文件，其代码如下：

```
form1=createobject("myform")                          && 利用子类 myform 创建表单 form1
form1.show(1)                                         && 激活并显示表单 form1
define class myform as form                           && 创建基于 form 类的子类 myform
    caption="我的表单"                                 && 设置 form1 的 caption 属性
    autocenter=.t.                                    && 设置 form1 自动居中
add object label1 as label;                           && 在表单中添加标签对象
      with caption="面向对象程序设计",                  && 设置标签的属性
      left=30,top=40,autosize=.t.,fontsize=16,fontname="黑体"
procedure label1.click
                          && 编写单击标签 Click 代码，其功能是改变表单背景色及标签前景色
   thisform.backcolor=rgb(255,0,0)                    && 设置表单背景颜色为红色
   this.forecolor=rgb(255,255,0)                      && 设置标签字颜色为黄色
   this.backstyle=0                                   && 设置标签背景样式为透明
endproc
add object command1 as commandbutton;                 && 在表单中添加命令按钮对象
      with caption="关闭",
      left=200,top=130,height=30, fontsize=16
```

```
procedure command1.click
                                        && 编写命令按钮 Click 代码,其功能是释放表单
    thisform.release
endproc
enddefine
```

运行结果如图 1-7-6 所示。

图 1-7-6 面向对象程序设计实例

第8章 表单

在应用程序中，可以利用表单让用户查看和输入数据。表单是 Visual FoxPro 最常见的界面，各种对话框和窗口都是表单的不同表现形式。可以在表单或应用程序中添加各种控件，以提高人机交互能力，使用户能直观方便地输入或查看数据，完成信息管理工作。由于采用了面向对象技术，每个控件都被封装成一个真正的对象，有各自的响应事件和属性集，开发人员根据需要为每个控件对象编写响应事件代码。本章主要讲述表单的设计和表单控件事件代码的编写。

8.1 建立表单

Visual FoxPro 6.0 提供了三种方式建立表单：

- 用表单向导创建；
- 用快速表单创建；
- 用表单设计器创建。

设计表单的一般过程：

(1) 创建表单，设置表单的属性或方法。

(2) 在表单中添加控件，设置控件的属性或方法。

(3) 编写表单及表单控件的事件代码。

(4) 保存及运行表单。

8.1.1 用表单向导建立表单

在 Visual FoxPro 6.0 中，可以使用“表单向导”来帮助用户建立表单。“表单向导”以交互方式向用户提出一系列问题，会基于用户的回答自动建立起一个表单。操作方法如下：

(1) 选定“文件”菜单的“新建”命令，在“新建”对话框中选定“表单”，单击“向导”按钮；或在“项目管理器”选择“文档”，选择“表单”，单击“新建”按钮，打开“新建表单”对话框，选择“表单向导”，打开“向导选取”对话框，如图 1-8-1 所示。

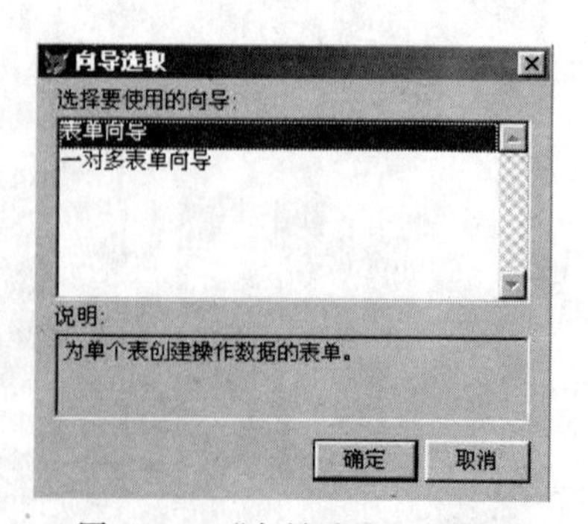

图 1-8-1 “向导选取”对话框

(2) 如需建立基于单表的表单，则选择表单向导。

(3) 如需建立按一对多关系连接的表单，则选择一对多表单向导。

【例 8-1】 使用表单向导创建一个能维护 STUDENT.DBF 的表单。

① 在图 1-8-1 中选取“表单向导”，出现如图 1-8-2 所示的“表单向导”对话框。

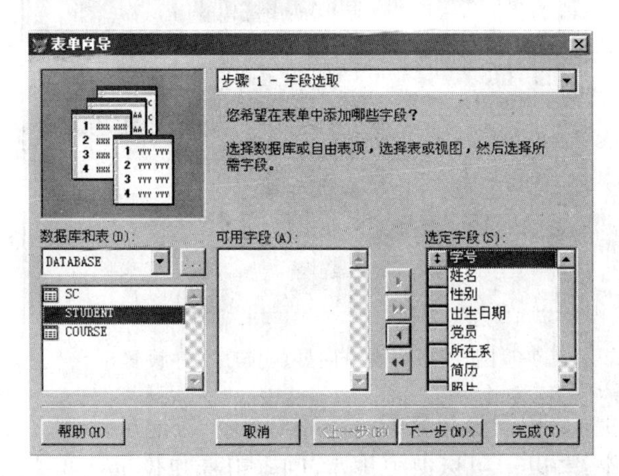

图 1-8-2 表单向导的字段选取

② “步骤 1-字段选取”：单击图 1-8-2 中“数据库和表”对话按钮，在随之出现的“打开”对话框中选定 STUDENT 表。将可用字段列表框的所有字段移到选定字段列表框中，结果如图 1-8-2 所示。选定“下一步”按钮。

③ “步骤 2-选择表单样式”：在图 1-8-3 所示的窗口中选定浮雕式，单击“下一步”按钮。

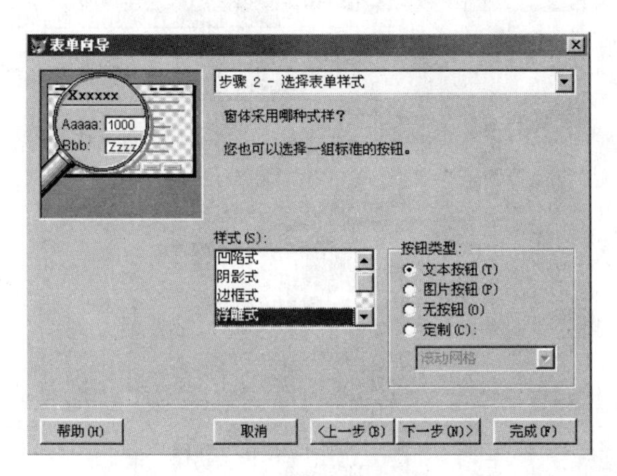

图 1-8-3 表单向导的表单样式选择

如图 1-8-3 所示，窗口的列表框中共有 9 种表单样式可供选用。在窗口左上角的放大镜中，会自动按选定的样式预览样本。本步骤还具有选择按钮类型功能，用户可在按钮类型区中选定 4 种类型按钮之一，文本按钮为其中的默认按钮。

④ “步骤 3-排序次序”：在图 1-8-4 所示窗口中，将“可用的字段或索引标识”列表框中的“学号”字段以升序添加到“选定字段”列表框中，然后将“党员”字段以降序添加到选

定字段列表框中。选定“下一步”按钮。

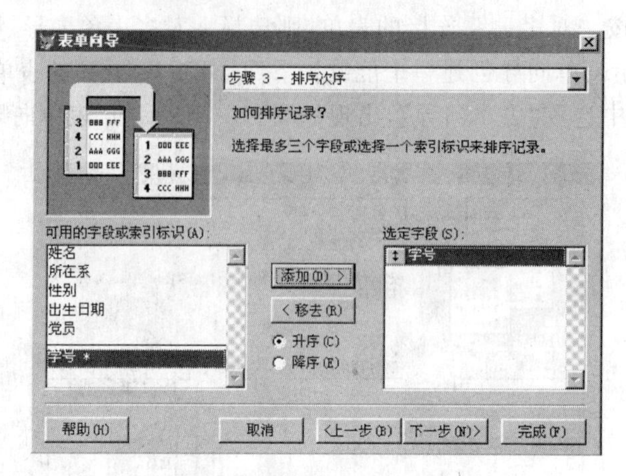

图 1-8-4 表单向导的排序次序设置

图 1-8-4 所示的窗口用于选择字段或索引标识来为记录排序。若按字段排序,则主、次字段最多可选三个;若以索引标识来排序,则索引标识仅可选一个。

⑤ “步骤 4-完成”: 如图 1-8-5 所示,在窗口中的“请键入表单标题”文本框中输入“学生基本情况表”,选定预览按钮显示所设计的表单(见图 1-8-6),然后选定“返回向导”按钮。(见图 1-8-7)返回表单向导,选定完成按钮,在另存为对话框的文本框中键入表单文件名 STUJBB.SCX,然后选定保存按钮,创建的表单就被保存在表单文件 STUJBB.SCX 与表单备注文件 STUJBB.SCT 中。

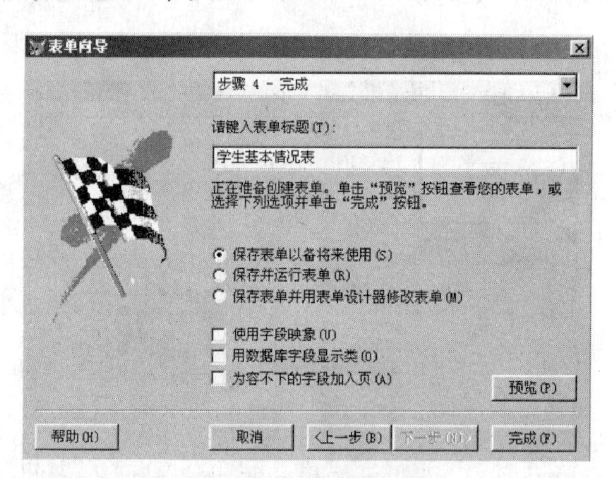

图 1-8-5 表单向导的完成设置

通常在选定完成按钮前应预览一下表单。若要修改表单,可逐步选定“上一步”按钮。

⑥ 执行表单:单击工具栏中的红色感叹号执行表单。

【例 8-2】 利用“一对多表单向导”创建一个名为“学生学习情况”的表单。表文件为 STUDENT.DBF 和 SC.DBF。

① 打开表单向导对话框:在图 1-8-1 中选定“一对多表单向导”选项,就会出现一对多表单向导对话框(见图 1-8-7)。

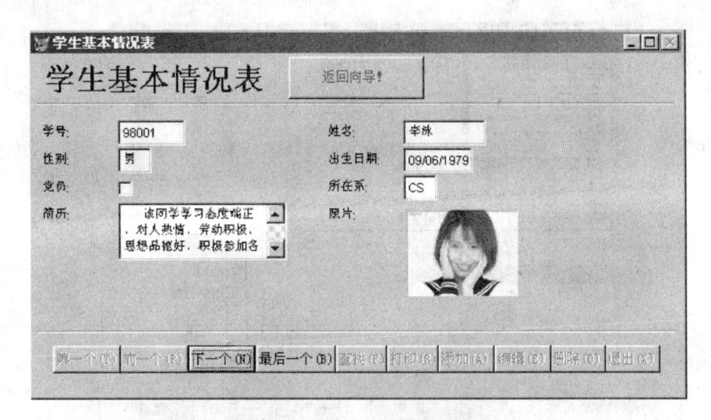

图 1-8-6　学生基本情况表

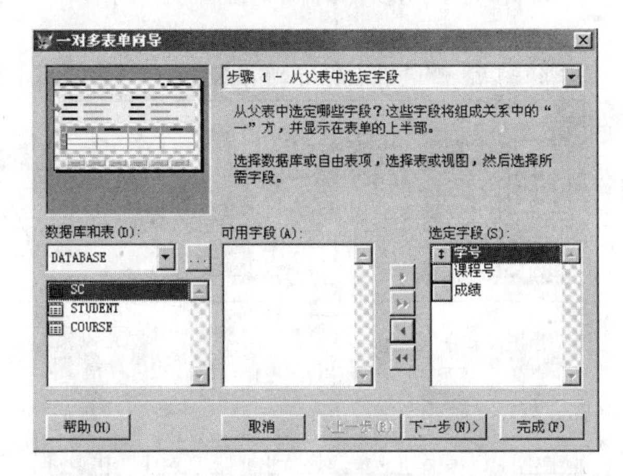

图 1-8-7　一对多表单向导对话框的父表字段

②“从父表中选定字段”步骤：单击一对多表单向导对话框中“数据库和表”区域的对话按钮，在随之出现的打开对话框中选定 SC 表，将可用字段列表框的所有字段移到选定字段列表框中，结果如图 1-8-7 所示。选定“下一步”按钮。

③“从子表中选定字段”步骤：在数据库和表组合框下的列表框中选定 STUDENT 表，将可用字段列表框中的所有字段移到选定字段列表框中，结果如图 1-8-8 所示。选定“下一步”按钮。

④“关联表”步骤：在图 1-8-9 所显示的 SC.学号与 STUDENT.学号之间的关联正好符合要求，选定“下一步”按钮。

注意，对于尚未建立永久关系的表，可在本步骤当场建立关联，只要调整好关联字段就行，关联所需的索引会自动建立。

⑤“选择表单样式”步骤：参照图 1-8-3 选定凹陷式，选定“下一步”按钮。

⑥“排序记录”步骤：该步骤在本例中可以省略，直接选定“下一步”按钮。

⑦“完成”步骤：参照图 1-8-5，在“请键入表单标题”文本框中键入“学生成绩及基本情况表”，选定完成按钮，在另存为对话框的文本框中键入表单文件名为 SCST.SCX，然后选定保存按钮。

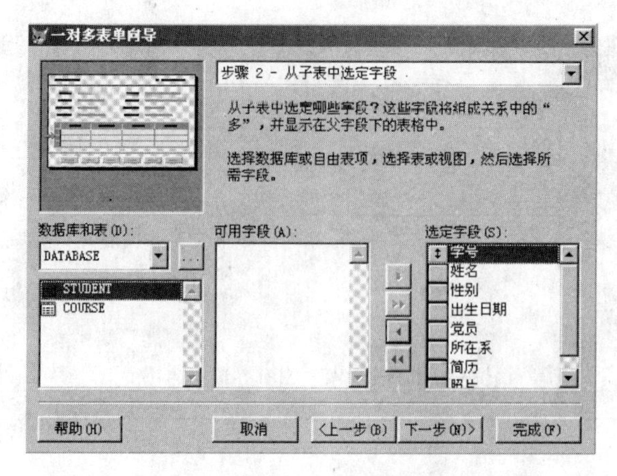

图 1-8-8　一对多表单向导对话框的子表字段

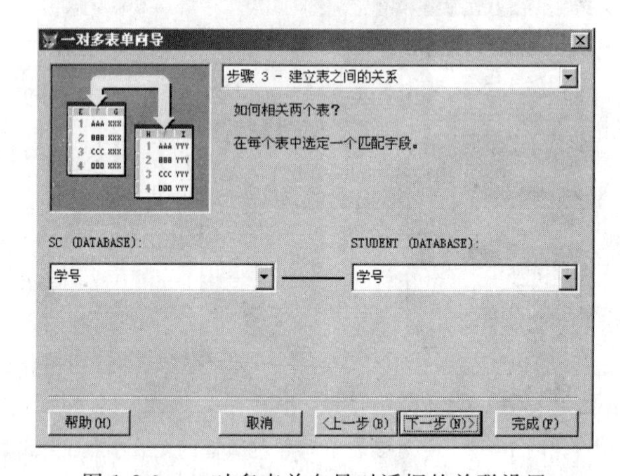

图 1-8-9　一对多表单向导对话框的关联设置

⑧ 调整布局：将成绩标签移到课程号标签之后。

表单 SCST. SCX 执行后，其显示结果如图 1-8-10 所示。父表提供课程及成绩数据，子表学生基本情况数据则显示在表格中，用按钮翻页时子表的内容将随父表变化。

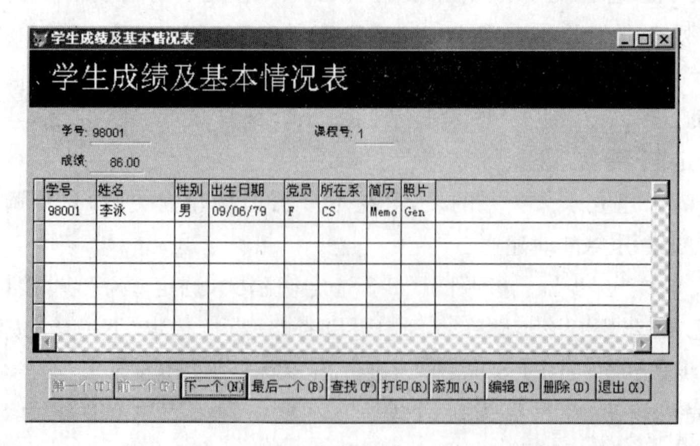

图 1-8-10　一对多表单创建的成绩-学生表单

8.1.2 用表单设计器建立表单

用户若不想使用“表单向导”来建立表单，可以使用 Visual FoxPro 6.0 提供的“表单设计器”工具。在“表单设计器”中可以新建表单。通过使用“表单设计器”，用户可以设计出更加灵活、更加专业化的用户数据界面。

1. 表单设计的基本步骤

表单设计的基本步骤为：打开表单设计器，进行对象操作与编码，保存表单，运行表单。

(1) 表单设计器的打开

无论新建表单或修改已有的表单，均可通过菜单操作或专用的命令，或选用常用工具栏中的有关按钮来打开表单设计器，操作步骤见表 1-8-1。

表 1-8-1 打开表单设计器的方法

要　求	菜　单	常用工具栏中按钮	命　令
新建表单	选定文件菜单的新建命令，在新建对话框中选定表单选项按钮，选定新建文件按钮	选定新建按钮，在新建对话框中选定表单选项按钮，选定新建文件按钮	CREATE FORM <表单名> 创建一个新表单
修改已有表单	选定文件菜单的打开命令，在打开对话框中将文件类型选定为表单，在列表中选定一个存在的表单	选定打开按钮，在打开对话框中将文件类型选定为表单，在列表中选定一个存在的表单	MODIFY FORM <表单名> 修改一个已有的表单

(2) 对象的操作与编码

表单设计器打开后，有下列表单设计要素(见图 1-8-11)供用户使用：

① 表单设计器窗口及其表单窗口。表单设计器窗口中的 Form1 窗口即表单对象，称为表单窗口。多数设计工作将在表单窗口进行，包括往窗口内添加对象，并对各种对象进行操作与编码。

② 用于修改对象属性的属性窗口。

③ 可为对象写入各种事件代码和方法程序代码的代码编辑窗口。

④ 包含表单设计工具的各种工具栏：例如表单控件工具栏、表单设计器工具栏、布局工具栏与调色板工具栏。

⑤ 用于提供表的数据环境的数据环境设计器窗口。

⑥ 敏感菜单：表单设计器打开后，系统菜单将自动增加一个表单菜单；显示菜单中将增加若干选项；窗口菜单中将增加表示被打开表单的命令；格式菜单的命令也被改为与表单有关。

⑦ 随机应变的快捷菜单。

(3) 保存表单

表单设计(无论新建或修改)完毕后，可通过存盘保存在扩展名为.SCX 的表单文件和扩展名为.SCT 的表单备注文件中。存盘方法有以下几种：

① 在“表单设计器”中保存表单，可以从“文件”菜单中选择“保存”选项，则“表单设计器”中的表单以文件形式存盘。

② 单击表单设计器窗口的关闭按钮，或选定系统菜单中文件菜单的关闭命令，或单击运行按钮。若表单为新建或者被修改过，系统都会询问要否保存表单。回答“是”可将表单存盘。

2. 快速创建表单

表单菜单中有一个快速表单命令，它能在表单窗口中为当前表迅速产生选定的字段变量。在实际应用中，常常先快速创建一个表单，再把它修改为符合需要的更复杂的表单，这比从头设计要省事得多。操作步骤：

(1) 在表单设计器中，选择 Form 菜单中的“快速表单”。

(2) 在表单生成器中选择表和字段，单击“确定”按钮。

(3) 初始表单生成后，用户根据需要修改或添加控件，制作符合需要的表单。

【例 8-3】 为人事档案表 RSDA.DBF 快速创建一个记录编辑窗口。

① 打开表单设计器：单击工具栏的新建按钮，在新建窗口的文件类型中选择表单，单击新建文件。

② 产生快速表单：选定表单菜单的快速表单命令，在表单生成器对话框的字段选取选项卡中选出 RSDA.DBF 及需要的字段，在样式选项卡中选定浮雕式，选定确定按钮，就会出现快速定义后的表单窗口。如图 1-8-11 所示，Form1 窗口内依次列出了 RSDA.DBF 的字段标题(用标签表示)和字段(用文本框表示，将来可以输入数据)，备注型字段用编辑框来表示，通用型字段则用 ACtiveX 绑定控件来表示(见 8.8.2)。

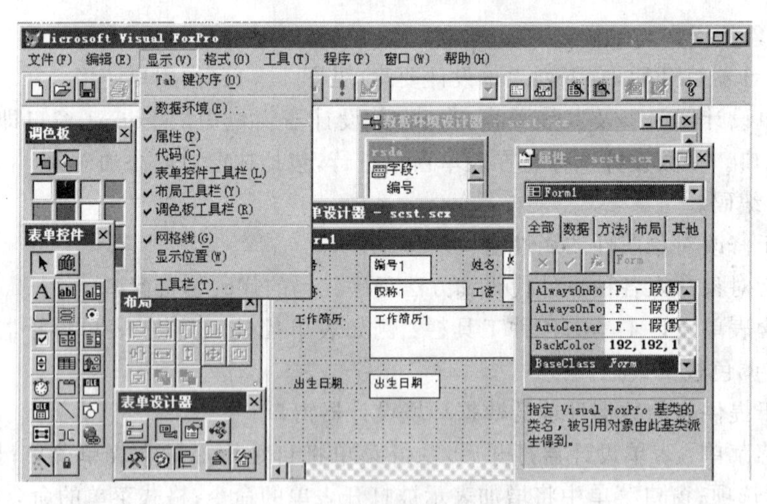

图 1-8-11　快速表单的表单设计

③ 执行表单：单击工具栏中的红色感叹号执行表单。

为使读者能一览表单设计器的全貌，图 1-8-11 中展示了许多窗口，实际上除表单设计器及其表单窗口外，其余的窗口并非经常同时显示。以下就其中部分窗口的作用略作说明。

3. 表单设计可用的工具栏

(1) 工具栏的作用

① 表单控件工具栏：用于在表单上创建控件。

② 布局工具栏：用于对齐、放置控件以及调整控件大小。

③ 调色板工具栏：用于指定一个控件的前景色和背景色。

④ 表单设计器工具栏：该工具栏包括设置 Tab 键次序、数据环境、属性窗口、代码窗口、表单控件工具栏、调色板工具栏、布局工具栏、表单生成器和自动格式等按钮。

(2) 工具栏的显示

显示菜单中含有表单控件工具栏、布局工具栏和调色板工具栏等命令。它们的作用是决定这 3 个工具栏是否要在屏幕上显示出来。若命令左端有标记√，表示该工具栏当前已经显示。

显示菜单下端还有一个工具栏命令，选定它后将会显示工具栏对话框。该对话框可用于显示或隐藏各种工具栏，创建或删除工具栏，以及为工具栏添加或删除按钮。要显示表单设计器工具栏，只要选定表单设计器复选框并按"确定"按钮便可。

4. 数据环境设计器

(1) 数据环境的概念

数据环境(data environment)泛指定义表单或表单集时使用的数据源，包括表、视图和关系。数据环境及其中的表与视图都是对象。数据环境一旦建立，当打开或运行表单时，其中的表或视图即自动打开，与数据环境是否显示出来无关；而在关闭或释放表单时，表或视图也能随之关闭。

(2) 数据环境设计器的作用

数据环境设计器可用来可视化地创建或修改数据环境，打开数据环境设计器的方法是：先打开表单设计器，然后选定表单的快捷菜单中的数据环境命令，或选定显示菜单的数据环境命令。

数据环境设计器打开后，就会显示数据环境设计器窗口(见图 1-8-11)；并在 Visual FoxPro 菜单中增加一个数据环境菜单。

(3) 数据环境设计器的快捷菜单与数据环境菜单

数据环境菜单提供的几个命令，具有查看和修改数据环境的功能。数据环境设计器的快捷菜单也具有这些功能。

① "添加"命令：打开数据环境设计器窗口后，在其快捷菜单中选定"添加"命令，屏幕上即显示添加表或视图对话框，供用户将表或视图添加到数据环境设计器窗口中。窗口中每个表显示为一个可调整大小的窗口，其中列出了表的字段和索引。

表添加后，若两个表原已存在永久关系，则在两表之间会自动显示表示关系的连线。用户可针对已创建的表单来打开数据环境设计器，并进行添加操作。

用户也可在两表之间添加或删除连线。连线规则为：在数据环境设计器窗口中，从父表的字段拖到子表的索引。如果要解除关联，可按 Del 键来删除连线。

② "移去"命令：该命令用来在数据环境设计器窗口中移去一个选中的表或视图，与按 Del 键效果相同。但移去的表或视图并不在磁盘中删除。

③“浏览”命令：选定该命令将在浏览窗口显示选中的表或视图，以便检查或编辑表或视图的内容。

5. 调整 Tab 键次序的命令

用户可用 Tab 键来移动表单内的光标位置。所谓 Tab 键次序，就是连续按 Tab 键时光标经过表单中控件的顺序。

修改表单时，可能要调整 Tab 键的次序。Visual FoxPro 提供了两种调整 Tab 键的方法，用户可通过如下步骤选定其中之一：选定工具菜单的选项命令，选定选项对话框的表单选项卡，在 Tab 键次序组合框中选定“交互”或“按列表”命令(前者是默认调整方法)。

调整方法确定后，即可选定显示菜单中的 Tab 键次序命令(见图 1-8-11)执行调整操作了。对于“交互”方法，用户可单击控件来改变它的顺序号(见图 1-8-12)；对于“按列表”方法，Visual FoxPro 显示一个 Tab 键次序对话框，用户可上下移动对话框中控件选项左端的按钮来改变顺序(见图 1-8-13)。

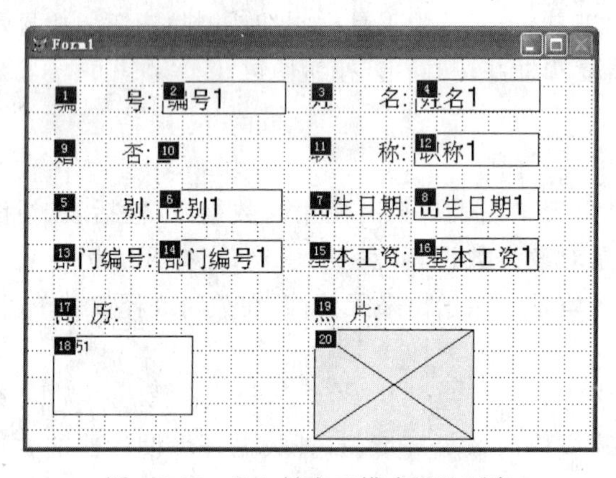

图 1-8-12　Tab 键交互模式调整顺序

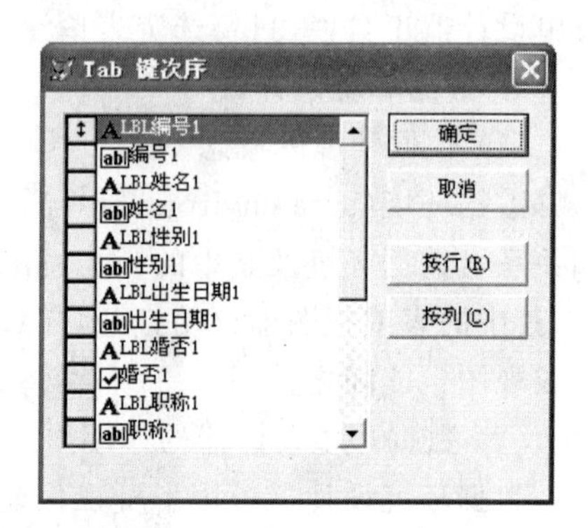

图 1-8-13　Tab 键列表模式调整顺序

8.2　在表单上设置控件

在设计表单时，用户可使用表单控件工具栏中的各种控件逐个创建控件类对象，并对已建的对象进行移动、删除及改变大小等操作。

表单中经常包含许多控件。通过 Visual FoxPro 的表单控件工具栏可创建的控件大致可分为 5 类：

(1) 输出类：标签、图像、线条、形状。

(2) 输入类：文本框、编辑框、微调控件、列表框、组合框。

(3) 控制类：命令按钮、命令按钮组、复选框、选项按钮组、计时器。

(4) 容器类：表格、页框、Container 容器。

(5) 连接类：ActiveX 控件、ActiveX 绑定控件、超级链接。

上述分类仅着眼于控件的基本功能，其实每个控件含有多种属性，例如一般的控件都可起控制作用，因为都含有 Click 事件等。从 8.4 节开始，我们会逐一介绍各类控件的使用。

1. 表单控件工具栏

表单控件工具栏共有 25 个按钮，如图 1-8-14 所示。在这些按钮中，除选定对象、查看类、生成器锁定和按钮锁定等 4 个按钮是辅助按钮外，其他按钮都是控件定义按钮。

在表单控件工具栏中，呈凹陷状的按钮表示按下后的状态，再次按此按钮它就会恢复常态而呈突出状。在图 1-8-14 中只有选定对象的按钮为凹陷的，其他按钮都是突出的。

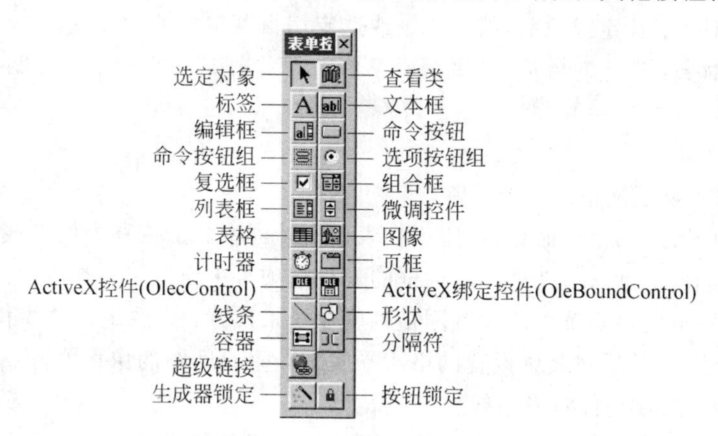

图 1-8-14　表单控件工具栏

2. 创建控件

在表单窗口创建控件的操作相当简单。打开表单设计器后，只要单击表单控件工具栏中某一控件按钮，指针变形为十字形，然后单击表单窗口内某处，该处就会产生一个这样的控件。

例如要在表单上创建一个文本框，可进行如下操作：

(1) 打开表单设计器：选择文件菜单中的“新建”，在文件类型中选择“表单”，新建文件。

(2) 创建文本框：单击表单控件工具栏中的文本框按钮，指针变形为十字形，然后单击 Form1 表单窗口内某处，该处就会产生一个文本框控件，在其内显示 Text1。

在刚才所建文本框内显示的 Text1，是该控件 Name 属性的值。如果再建一个文本框，Visual FoxPro 会自动设置其 Name 属性值为 Text2。若属性窗口已打开，窗口中将显示当前对象的所有属性，这些属性值均可以修改。

除了为控件设置属性值外，还应为它编写事件代码，这些问题在下一节讨论。顺便提一下，所有控件对象创建之初，其 Name 属性值均默认为该控件名，其后跟数字 1。如：命令按钮对象的 Name 属性值为 Command1，标签对象的 Name 属性值为 label1。

3. 调整控件的位置

为了合理安排控件位置，常需对控件进行移动、改变大小、删除等操作。表单窗口中的所有操作都是针对当前控件的，故对控件操作前须先选定控件。

(1) 选定单个控件：单击控件，该控件区域的四角及每边的中点均会出现一个控制点符号“■”，表示控件已被选定。

(2) 选定多个控件：按下 Shift 键，逐个单击要选定的控件。或者按下鼠标按键拖曳，使屏幕上出现一个虚线框，放开鼠标按键后，圈在其中的控件就被选定。

(3) 取消选定：单击已选定控件的外部某处。

(4) 移动控件：选定控件后，即可用鼠标将它们拖曳到合适的位置。如果选定的是多个控件，则它们将同时移动。选定的控件还可用键盘的箭头键微调位置。

(5) 改变控件大小：选定控件后，拖曳它的某个控制点即可使控件放大或缩小。

(6) 删除对象：选定对象后，按 Del 键或选定编辑菜单的清除命令。

(7) 剪贴对象：选定对象后，利用编辑菜单中有关剪贴板的命令来复制、移动或删除对象。

(8) 其他功能

① 在表单上显示网格线

显示菜单中有一网格线命令，可用来在表单设计器中添加或移去网格线，供定位对象时参考。网格刻度的默认值在选项对话框的表单选项卡中设置。

网格的间距可由格式菜单的设置网格刻度命令来设置：先选定该命令使屏幕出现设置网格刻度对话框，然后在其中设置网格水平间距与垂直间距的像素值。

② 鼠标操作时使控件对齐格线

选定格式菜单的对齐格线命令后，当设置控件或用鼠标器对控件进行移动时，控件边缘总会与最近的网格线对齐。应该注意，对齐格线的功能与表单窗口是否显示网格无关，即使表单窗口不显示网格，也可对齐格线。但是，若用键盘的箭头键来移动控件，就可使控件任意定位，与是否选定对齐格线无关。

③ 控件布局规格化

布局工具栏中的按钮具有使选定的控件居中、对齐等功能。如表示选定对象左对齐，只要将指针指向按钮，该按钮的下方即会显示出功能提示。

4. 表单控件工具栏中的辅助按钮

(1) 选定对象按钮

该按钮是一个允许创建指示器。每当选定一种控件按钮后，该按钮即自动弹起，表示允许创建控件；创建了一个控件之后该按钮就自动呈凹陷状，表示不可创建控件。

(2) 按钮锁定按钮

按下按钮锁定按钮可以连续创建同一种控件，直至释放该按钮或按下选定对象按钮为止。例如先后按下文本框按钮和按钮锁定按钮之后，每次单击表单窗口都将产生一个文本框控件。

(3) 生成器锁定按钮

在上文例 8-3 中曾提到过表单生成器。读者已经看到，通过表单生成器向表单中添加字段和选择控件显示样式都很方便。其实生成器是小型的向导，利用它就能既直观又简便地为对象进行常用属性的设置。

生成器对话框通常用快捷菜单来打开，即在选定对象后先击右键，然后在快捷菜单中选定生成器命令。但所打开的生成器对话框会因对象而异，例如表单的快捷菜单中的生成器命令只能打开表单生成器对话框。

按下生成器锁定按钮后，一旦表单上添加了一个控件，Visual FoxPro 将会自动打开与该控件匹配的生成器，从而省略了打开快捷菜单的操作。假如往表单窗口添加文本框，系统将自动打开文本框生成器。

（4）查看类按钮

该按钮用于切换表单控件工具栏的显示，或向该工具栏添加控件按钮。具体操作将在后续章节讨论。

8.3 运行表单

表单设计完成后就可以运行了。运行表单有下面几种方法：

（1）当表单设计器窗口尚未关闭时，单击工具栏中标有红色感叹号 ! 的按钮来运行表单。

（2）用 DO FORM ＜表单文件名＞ 命令执行表单，例如 DO FORM SCST ，其中表单文件的扩展名 SCX 允许省略。但须注意，表单文件及其表单备注文件同时存在时方能执行表单。

（3）注意，若表单被修改过，系统将先询问要否保存表单，选定“是”按钮后表单才开始运行。在表单设计阶段，用这种方法来运行表单最为简捷。

8.4 输出类控件

数据输出包括文本和图形的显示，输出类控件用于在表单上设置文本和图形。

8.4.1 标签

Visual FoxPro 6.0 提供了显示文字类型的提示内容的标签控件。标签控件不具有数据绑定的功能，常用作提示或说明。当用户在表单中添加了标签控件后，可以在“属性”窗口中按表 1-8-2 对该标签对象的属性进行设置。标签属性详见表 1-8-2。

表 1-8-2　标签控制件的属性设置

属　性	说　明
Caption	设定标签对象所显示的标题文字
FontSize	设定标签所显示的 Caption 的字体大小
Height	设定标签对象的高度
Name	设定标签对象的名称
Width	设定对象显示的宽度

续表

属　性	说　明
AutoSize	设定标签对象自动根据内容的大小调节尺寸
BackStyle	设定标签对象背景是透明还是不透明
ForeColor	设定对象的前景颜色，一般即为文字显示颜色
BackColor	设定标签对象的背景颜色
BorderStyle	设定标签对象的边框样式
WordWra	设定标签对象具有多行且自动折行的显示方式

1. Caption 属性

标签的 Caption 属性用于指定该标签的标题，标题是用来显示的文本符。例如在图 1-8-15(a)的 Form1 表单中显示的"上海世博会 "就是一个标签的 Caption 属性值，该标签的名字设为"LBLname1"。需要注意的是，Caption 的值是该标签对象在表单中显示的文字内容，而 Name 属性的值是该标签对象的引用名字，在引用该对象时使用。

若要将上述标签的默认标题 label1 改为"上海世博会"，就可用如下两种方法之一来实现。

① 在属性窗口修改该控件的 Caption 属性。应注意的是，Caption 属性是字符型数据，在属性窗口输入时不要加引号，见图 1-8-15(b)所示。

② 在响应事件的代码中修改 THISFORM. LBLname1. Caption＝"上海世博会"。

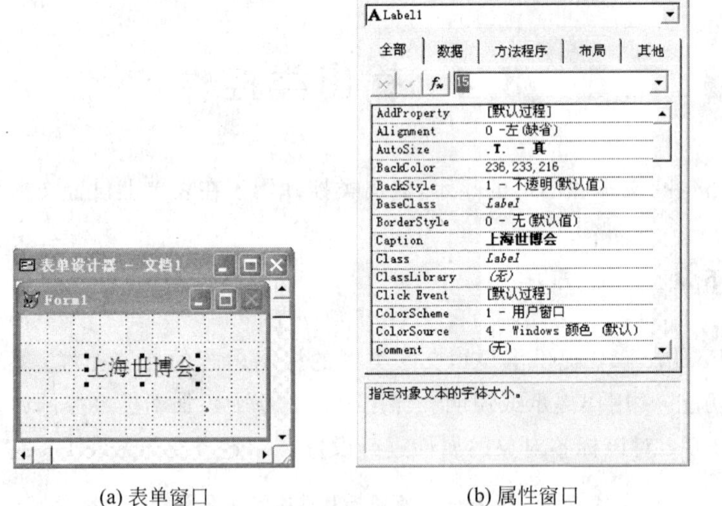

(a) 表单窗口　　(b) 属性窗口

图 1-8-15　在表单中设置标签对象

2. 其他属性的设置

(1) 使标签区域自动调整为与标题文本大小一致：可将 AutoSize 属性设置为. T. 。

(2) 使标签的标题竖排：先将 WordWrap 属性设置为. T. ，然后在水平方向压缩标签区域迫使文字换行。

(3) 使标签与表单背景颜色一致：将 BackStyle 属性设置为 0(透明)。

(4) 使标签带有边框：将 BordStyle 属性设置为 1(单线框)。

8.4.2 图像、线条与形状

图像、线条与形状 3 种控件可用来在表单上设置图形。

1. 图像

利用图像控件的 Picture 属性可在表单上创建图像，图像文件的类型可为.BMP、.ICO、.GIF 和.JPG 等。图像控件也有自己的属性、事件和方法，并在设计时可动态地更改它。图片控件也不具有数据源。

创建图像的步骤如下：

在表单上创建一个图像控件。在属性窗口选定 Picture 属性，并通过文本框右侧的对话按钮选定一个图像，该图像即显示在图像控件处。

图像控件创建后，表单运行时将通过执行代码来显示图像。例如要显示一个狐狸头，可在某一事件过程中设置代码：THISFORM.Image1.Picture="C:\vfp98\fox.Bmp"。

2. 线条

线条控件用于在表单上画各种类型的线条，包括斜线、水平线和垂直线。

(1) 斜线

① 线条控件创建时，默认自控件区域的左上角到右下角显示一条斜线。

② 斜线倾斜度由控件区域宽度与高度来决定，可拖动控件区域的控制点来改变控件区域的宽度与高度，或改变宽度属性 Width 与高度属性 Height。

③ 斜线走向用 Lineslant 属性来指定，键盘字符"\"表示从左上角到右下角，而"/"表示从右上角到左下角。

④ BorderWidth 属性用于指定线条的宽度。

(2) 水平线与垂直线

要显示水平线或垂直线，可通过调节线条控件区域使对应边重合，表 1-8-3 列出了交互方式与属性设置两种方法。

表 1-8-3 线条控件水平与垂直线的表示

线条类型	控件区域操作	属性设置
水平线	拖动控制点至上下重合	Height 设置为 0
垂直线	拖动控制点至左右重合	Width 设置为 0

3. 形状

形状控件用于在表单上画出各种类型的形状，包括矩形、圆角矩形、正方形、圆角正方形、椭圆或圆。

形状类型将由 Curvature、Width 与 Height 属性来指定，见表 1-8-4。

表 1-8-4 形状控件的形状设置

Curvature	Width 与 Height 相等	Width 与 Height 不等
0	正方形	矩形
1～99	小圆角正方形→大圆角正方形→圆	小圆角矩形→大圆角矩形→矩形

形状控件创建时若 Curvature 属性值为 0，Width 属性值与 Height 属性值也不相等，则显示一个矩形。若要画出一个圆，应将 Curvature 属性值设置为 99，并使 Width 属性值与 Height 属性值相等。

注意：

(1) 图像、线条和形状控件只能在设计时设置，但设置好后无论在设计时还是运行时都可改变其属性。

(2) 若形状控件遮住了其他控件，则无论在设计时还是运行时，对被遮控件击鼠标键均无效。此时应将形状控件置后，可使用格式菜单的置后命令，或布局工具栏的置后按钮来设置。

(3) SpecialEffect 属性用于确定形状是平面的还是三维的。仅当 Curvature 属性设置为 0 时才有效。

【例 8-4】 学做如下图 1-8-16 的表单。

图 1-8-16 表单实例

步骤 1：创建表单 LX.SCX。

步骤 2：创建两个文字标签对象。

① 单击“表单控件工具栏”中的 A 标签按钮，然后在“表单设计器”中用鼠标拖曳出一个标签对象 Label1。

② 设置对象 Label1 的 Caption 属性值为“学用 Visual FoxPro 6.0 中文版”，FontName 属性值为“隶书”，FontSize 属性值为 28，Alignment(对齐)属性值为 2-中央，ForeColor 的值为(0,128,128)，WordWrap 属性(折行)为.T.，并调整该对象的大小。

步骤 3：创建 4 个线条对象，进行属性设置产生立体感。

① 单击“表单控件工具栏”中的 ╲ 线条按钮，然后在“表单设计器”中用鼠标拖曳出两条线条对象 Line1 和 Line2。

② Line1 对象的 BorderColor 属性值为(128,128,128)，Top 的值为 24；设 Line2 对象的 BorderColor 属性值为(255,255,255)，Top 的值为 25。

③ 将对象 Line1 和 Line2 复制到“对象 Label1”的下面，即可得对象 Line3 和 Line4。Line3 对象的 Top 值为 168，Line4 对象的 Top 值为 169。

步骤 4：Form1 的 RightClick 事件代码编写如下：

```
THISFORM.Release
```

步骤 5：运行该表单。单击 Visual FoxPro 常用工具栏上的红色感叹号 !，即得如图 1-8-16 所示结果。

8.5 输入类控件

本节讨论文本框、编辑框、列表框、组合框和微调控件 5 个控件。除列表框只能以选项方式选用数据外，其他控件都可用键盘直接输入数据。

8.5.1 文本框

文本框控件是一个基本控件，它允许用户添加或编辑保存在表中非备注字段中的数据。文本框可以编辑不同类型的数据。用户可以在文本框中输入各种数据类型的数据，其中包括数值类型的对象以及日期类型的对象等。文本框的常用属性设置见表 1-8-5。

表 1-8-5 文本框的属性设置

属 性	说 明
Name	设定文本框对象名称
FontSize	设定文本框内容的字体大小
FontUnderLine	设定字体显示时具有下划线
InputMask	设定输入和显示数据的格式与长度
DateFormat	设定日期类型数据显示格式
DateMark	设定日期类型的分隔符号
ReadOnly	设定文本框是否为只读状态
Value	设定文本框对象的数据初始值与类型

1. 文本框的 Value 属性

Value 属性用于指定文本框的值，并在框中显示出来。

Value 值既可在属性窗口中输入或编辑；也可用命令来设置，例如 THIS. Value＝"Visual FoxPro"。

Value 值可为数值型、字符型、日期型或逻辑型 4 种类型之一。例如 0，(无)，{}，.F.。其中(无)表示字符型，并且是默认类型。若 Value 属性已设置为其他类型的值，可通过属性窗口的操作使它恢复为默认类型。即在该属性的快捷菜单中选定"重置为默认值"命令，或将属性设置框内显示的数据删掉。

在向文本框输入数据时，如遇长数据能自动换行。但只要输入回车符，输入就被 Visual FoxPro 终止。也就是说，文本框只能供用户输入一段数据。

2. 焦点(Focus)

Visual FoxPro 中有一个称为焦点的名词。例如对文本框的 IMEMode 属性的解释就涉及该名词：号码取 1 表示当文本框获得焦点时中文输入法窗口自动打开，号码取 2 则为关闭。号码取 0 是默认值，表示中文输入法窗口不自动打开或关闭。

读者已经知道，应用程序会包含很多对象，但某个时刻仅允许一个选定的对象被操作。对象被选定，它就获得了焦点。焦点的标志可以是文本框内的光标，命令按钮内的虚线框等。

焦点可以通过用户操作来获得，例如按 Tab 键来切换对象，或单击对象使之激活等；但也可以代码方式来获得，请看如下方法程序。

方法程序格式：

```
Control.SetFocus
```

功能：对指定的控件设置焦点。

例如 THISFORM. Text1. SetFocus，表示使本表单的 Text1 文本框获得焦点。

注意，若要为控件设置焦点，则其 Enabled(可用)与 Visible(可见)属性均须为. T. 。对某对象而言，其 Enabled 属性决定该对象能否对用户触发的事件作出反应，即该对象是否可用；Visible 属性则表示对象是可见还是被隐藏。

与焦点有关的事件还有两个：获得焦点事件(GotFocus Event)与失去焦点事件(LostFocus Event)。

3. 控件与数据绑定

文本框值除可通过直接输入或设置 Value 属性来得到外，还能通过数据绑定来取得数据。

(1) 数据绑定的概念

控件的数据绑定是指将控件与某个数据源联系起来。实现数据绑定需要为控件指定数据源，而数据源则由控件的 Controlsource 属性来指定。

数据源有字段(例如 student. 姓名)和变量两种，前者来自数据环境中的表，可以供用户在 Controlsource 属性中选用。

(2) 数据绑定的功效

文本框与数据绑定后，控件值便与数据源的数据一致了。以字段数据为例，此时的控件值将由字段值决定；而字段值也将随控件值的改变而改变。但是有的控件(例如列表框)与数据绑定后，只能进行值的单向传递，即只能将控件值传递给字段。

值得重视的是，将控件值传递给字段是一种不用 REPLACE 命令也能替换表中数据的操作。

4. 文本框生成器

生成器是用户设置属性的向导，使用生成器来为控件设置属性十分方便。但生成器仅能设置常用属性，不能包括所有属性；此外，有些对象没有生成器。

打开生成器的方法已在 8.2 节讲述，不再重复。文本框生成器包含格式、样式、值等 3 个选项卡(见图 1-8-17)，下面分别说明。

(1) “格式”选项卡

该选项卡包括两个组合框和 6 个复选框，可用来指定文本框的各种格式选项，以及输入掩码的类型。

① “数据类型”组合框：组合框中含有数值型、字符型、日期型或逻辑型等 4 个选项，用于表示文本框的数据类型。这些选项分别能使 Value 属性显示 0、(无)、{}、. F. 。

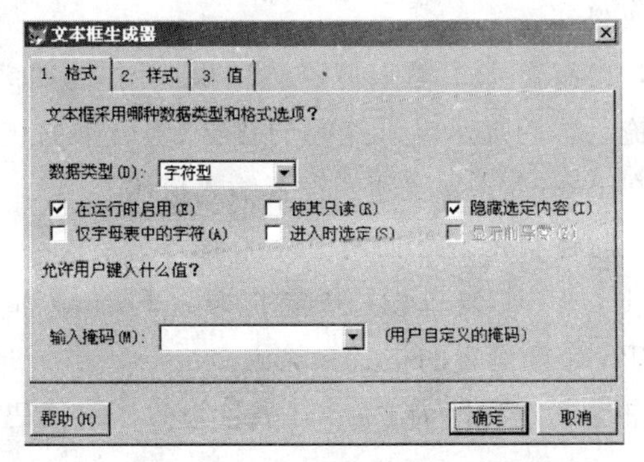

(a) 格式

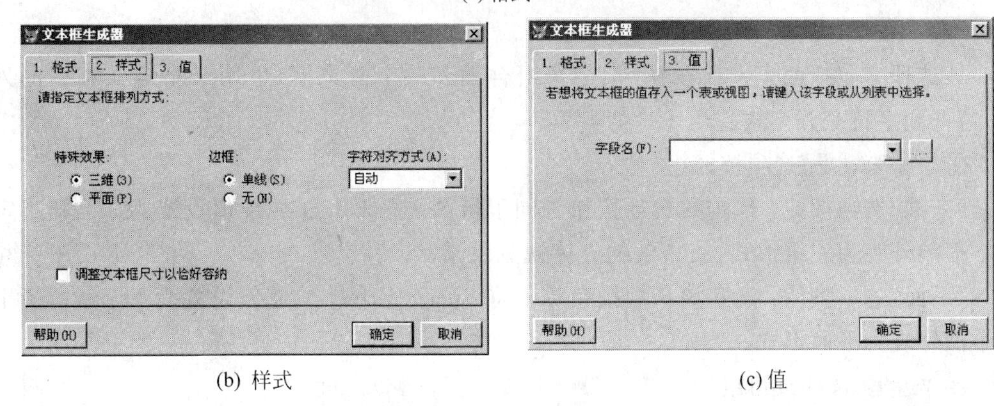

(b) 样式　　　　(c) 值

图 1-8-17　文本框生成器的 3 个选项卡

注意，若在值选项卡中选择了某个字段，则此处选定的类型必须与字段类型相同。

② “仅字母表中的字符”复选框：该复选框只对字符型数据可用，选定它等于为 Format 属性设置格式码 A，表示文本框的值只允许字母，而不允许数字或其他符号。

③ “显示前导零”复选框：该复选框只对数值型数据可用，选定它即为 Format 属性设置了格式码 L，表示能显示数字中小数点之左的前零。例如，对于与数值型字段绑定的文本框，选定“显示前导零”复选框后，表单运行时该文本框中将显示前导零直至补足字段宽度。

④ “进入时选定”复选框：该复选框只对字符型数据可用，选定它即为 Format 属性设置了格式码 K。当非空的文本框获得焦点时，框中的数据就被选定(即被亮条覆盖)。

⑤ “隐藏选定内容”复选框：该复选框对应于 Hideselection 属性。若选定该复选框，当文本框失去焦点时，框中所选定数据的选定状态就被取消；而取消该复选框的选定则相反，文本框中所选定数据将保持选定状态。

⑥ “在运行时启用”复选框：该复选框对应于 Enabled 属性，用于指定表单运行时该文本框能否使用，默认为可用。

⑦ “使其只读”复选框：该复选框对应于 ReadOnly 属性，用于禁止用户更改文本框数据。

⑧ “输入掩码”组合框：用于选定或设置输入掩码串，以限制或提示数值型、字符型

或逻辑型字段的用户输入格式。

在组合框的下拉列表中有若干个输入掩码选项供选用，例如 AA-AAA；但也可在组合框中键入所要的输入掩码。为提示输入掩码的含义，组合框右侧会自动显示当前输入掩码的示例。用户也可在 InputMask 属性中设置输入掩码。

当数据类型为日期型时还会出现下面两个复选框。

① “使用当前的 SET DATE”复选框：选定它即为 Format 属性添加设置了格式码 D，使数据能按 SET DATE 命令设置的格式来输入。

② “英式日期’使选框：选定它即为 Format 属性设置了格式码 E，使数据将能按英国格式来输入。

(2) 样式选项卡

该选项卡包括两个选项按钮组、一个组合框和一个复选框，可用于指定文本框的外观、边框和字符对齐方式。

① “特殊效果”选项按钮组

“三维”选项按钮：选定该选项按钮等同于将 SpecialEffect 属性值设置为 3D，即指定文本框的外观为三维形式，有一定的立体视觉效果。

“平面”选项按钮：选定该选项按钮等于将 SpecialEffect 属性值设置为 Plain，即指定文本框外观为平面形式。

② “边框”选项按钮组

- “单线”选项按钮：选定该选项按钮等同于将 BorderStyle 属性值设置为 1(此为默认值)，即指定文本框边框为单线框。
- “无”选项按钮：选定该选项按钮等同于将 BorderStyle 属性值设置为 0，即指定此文本框无边框。注意，在此情况下“特殊效果”选项按钮组的设置无效。

③ “字符对齐方式”组合框

该组合框用于指定文本框中数据的对齐方式，其下拉列表中包括左对齐、右对齐、居中对齐、自动等 4 个选项，分别等同于将 Alignment 属性值设置为 0，1，2，3。

“自动”是默认设置，表示文本框中的数据将根据数据类型来对齐。

④ “调整文本框尺寸以恰好容纳”复选框

该复选框用于自动调整文本框的大小使其恰好容纳数据，数据的长度则是其输入掩码的长度，或 Controlsource 字段的长度。

(3) “值”选项卡

该选项卡含有一个字段名组合框，用户可利用该组合框的列表来指定表或视图中的字段，被指定的字段将用来存储文本框的值，这等同于用 Controlsource 属性进行数据绑定。

组合框列表中的字段是由数据环境提供的，但用户还可以当场将其他表的字段添入该组合框，方法是使用其右侧的对话按钮来显示打开对话框并选择另外的表。

用户将选项卡设置好后，应选定确定按钮关闭生成器，以使属性设置最终生效。

8.5.2 编辑框

在编辑框中可编辑长字段或备注字段文本，允许自动换行。图 1-8-11 中有一个编辑框（其内显示工作简历 1），被用来编辑 RSDA 表的工作简历字段。编辑框的常用属性设置见表 1-8-6。

表 1-8-6 编辑框对象的属性设置

属　　性	说　　明
Name	设定编辑框对象名称
ScrollBars	设定其是否具有滚动条状态
FontSize	设定字体大小
SelectedBackColor	设定被选择的字符串的背景颜色
SelectedForeColor	设定被选择的对象的前景颜色
HideSelection	设定被选择的文本标志是否隐藏
Seltext	被选定的文本

编辑框与文本框的主要差别在于：

(1) 编辑框只能用于输入或编辑文本数据，即字符型数据；而文本框则适用于数值型等 4 种类型的数据。

例如在表单上创建文本框 Text1 和编辑框 Edit1 对象各 1 个，并将文本框值设置为数值型，则执行代码 THISFORM. Edit1. Value＝THISFORM. Text1. Value 时，因数据类型不一致，将会出现程序错误信息框。

(2) 文本框只能供用户输入一段数据；而编辑框则能输入多段文本，即回车符不能终止编辑框的输入。

因为编辑框允许输入多段文本，故编辑框常用来处理长的字符型字段或备注型字段（需将编辑框与备注型字段绑定），有时用来显示一个文本文件或剪贴板中的文本。为方便用户处理长文本，Visual FoxPro 还提供了可用来显示垂直滚动条的 ScrollBars 属性。

(3) HideSelection 属性用于确定编辑框中选定的文本在编辑框没有焦点时是否仍然显示为被选定状态。HideSelection 属性设为. T. 时，表示隐含选择的文本；HideSelection 属性设为. F. 时，表示不隐含选择的文本。

编辑框生成器是为编辑框设置属性的便利工具。由于编辑框生成器与文本框生成器大同小异，因此不再赘述。

【例 8-5】 设计一个表单，要求当文本框得到焦点时能立即显示在编辑框中选定的文本，如图 1-8-18 所示。

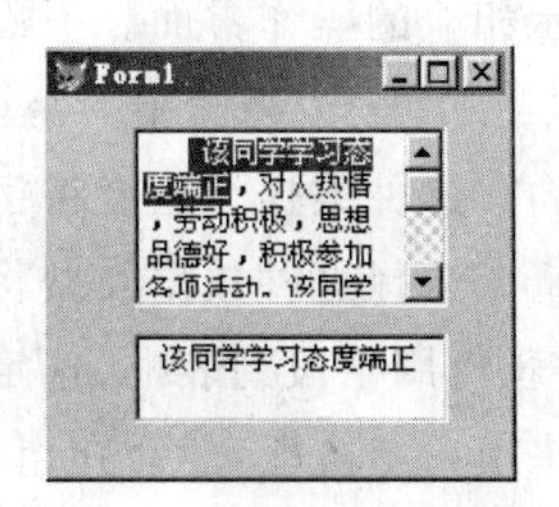

图 1-8-18 选择文本

(1) 创建表单，并在表单上创建编辑框和文本框控件各一个。

(2) 在数据环境中添加 STUDENT 表，然后将 Edit1 编辑框与备注型字段“STUDENT. 简历”绑定。

(3) Edit1 编辑框的 LostFocus 事件代码编写如下：

```
THIS.Hideselection=.F.                  && 焦点离开后不隐藏文本选定的状态,以便观察
```

(4) Text1 文本框的 GotFocus 事件代码编写如下：

```
THIS.VALUE=THISFORM.Edit1.seltext       &&seltext 属性返回被选定的文本
```

表单执行后,编辑框内将显示 STUDENT 表第一个记录的"简历"字段的内容。选定一些文字后单击文本框,文本框内就会显示这些文字。

顺便介绍：

(1) 清除在 Edit1 编辑框中选定的文本：

```
THISFORM.Edit1.seltext=""
```

(2) 将 Edit1 编辑框中选定的文本送剪贴板：

```
_CLIPTEXT=THISFORM.Edit1.Seltext
                        &&_CLIPTEXT 为系统变量,能将文本存储到剪贴板
```

8.5.3 列表框与组合框

列表框与组合框都有一个供用户选项的列表(见图 1-8-19),但两者之间有两个区别：

(1) 列表框任何时候都显示它的列表;而组合框平时只显示一个项,待用户单击它的向下按钮后才能显示可滚动的下拉列表。要节省空间并且突出当前选定的项时,可使用组合框。

(2) 组合框又分下拉组合框与下拉列表框两类,前者允许输入新数据项,并将新加项目直接添加到组合框对象中;而列表框与下拉列表框都仅有选项功能,无法输入新内容。

1. 列表框生成器

列表框生成器含有列表项、布局、样式、值等 4 个选项卡,用于为列表框设置各种属性。图 1-8-19 列出了该生成器的全部界面,其中的(a)、(b)、(c)分别为列表项选项卡的三种数据类型操作界面,(d)、(e)、(f)则为样式、布局、值选项卡。

(1) 列表项选项卡

该选项卡用于指定要填充到列表框中的项。

填充项可以是 3 种类型数据之一：表或视图中的字段、手工输入的数据或数组中的值。用户可通过"用此填充列表"组合框来选择数据类型,选定某一种后,选项卡中将会显示相应的操作界面。下面按所选数据类型来说明设置数据的方法。

① 表或视图中的字段

这种数据类型能将字段值填充到列表框中。

选择这种数据类型将使选项卡中显示出"数据库和表"的组合框及其对话按钮和列表框、可用字段列表框、选定字段列表框。用户可通过对话按钮选出所需的数据库或自由表来填入组合框,然后在组合框中选定一个数据库或自由表;接着在组合框下方的列表框中选定一个表或视图;最后从可用字段列表向选定字段列表添加字段。

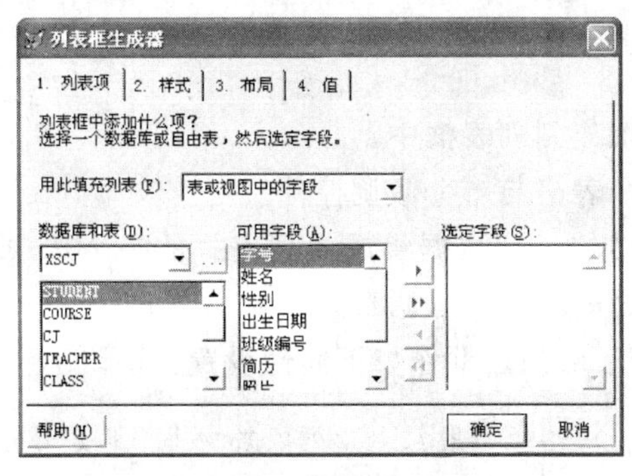

(a) 列表项数据类型界面1

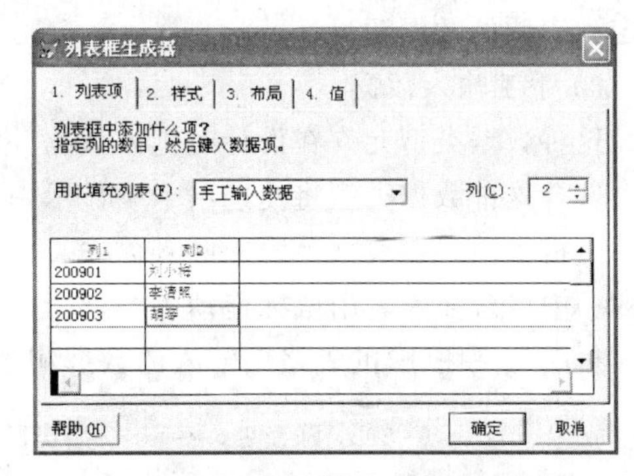

(b) 列表项数据类型界面2

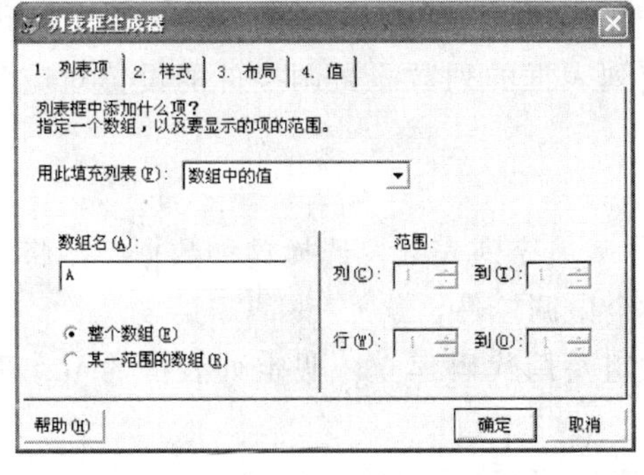

(c) 列表项数据类型界面3

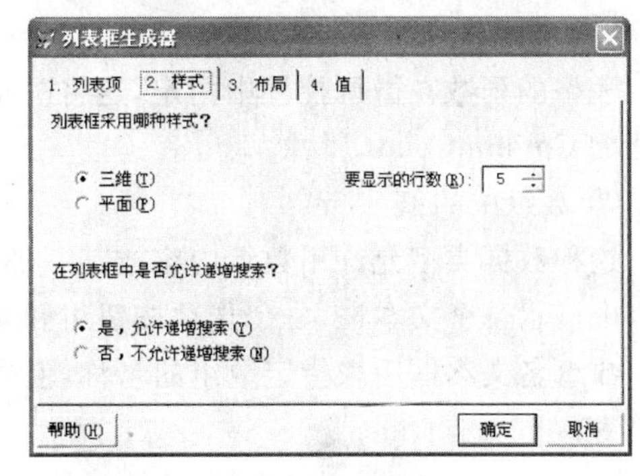

(d) 样式选项卡

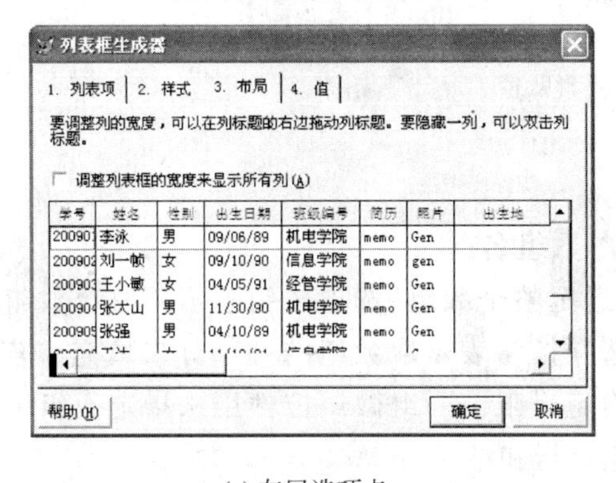

(e) 布局选项卡

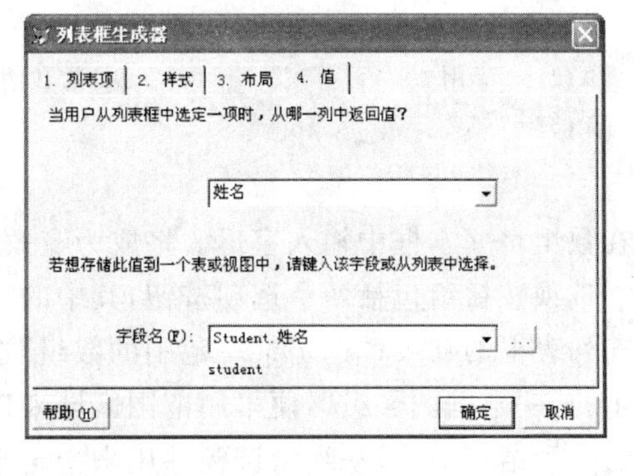

(f) 值选项卡

图 1-8-19　列表框生成器的选项卡

选定字段列表中的字段，就是用来填充所设计的列表框的字段。若选定字段列表具有多个字段，则列表框的每一选项将按这些字段的次序显示字段值，而 Visual FoxPro 默认列表第一列字段中选定的项为返回值，即将它作为 Value 属性值。

这种数据类型的设置相当于如下属性设置：

```
RowSourceType: 6—字段
RowSource: (逗号分隔的字段名,例如 STUDENT.学号,姓名)
```

其中 RowsourceType 属性决定了列表框或组合框的数据源类型，Rowsource 属性则用于指定列表项的数据源。

② 手工输入数据

这种数据类型允许在设计时键入数据并填充到列表框中。

选择这种数据类型将使选项卡中显示一个表格与一个微调控件。

表格供用户在表格单元中键入数据。表格的一行数据将成为列表框的一个选项，一行数据中可含多列。用鼠标拖动表格列标题之间的线可以调整列的大小。

在图 1-8-19(b)的表格中输入的数据相当于对列表框作如下属性设置：

```
Rowsource: 8-801, 陈金生, 8-802, 冯汉民, 9-909, 江胜(3行2列数据,数据项以逗号分隔,
并按行接续)
RowsourceType: 1 (表示"值")
```

表格的列数在微调控件中指定，这将决定列表框的列数。微调控件的设置对应于列表框的 ColumnCount 属性。

③ 数组中的值

这种数据类型允许用数组内容或其一部分来填充列表框。选择这种数据类型将使选项卡中显示一个文本框、一个选项按钮组和 4 个微调控件。

数组名文本框用来指定数组的名称，但数组要用代码建立。假定列表框的 Init 事件代码为：

```
DIMENSION a(4)                    && 建立数组 A
A(1)="98001"
A(2)="李雨"                       && 为数组元素赋值
A(3)="女"
A(4)={^1984/03/018}
```

则在数组名文本框中输入字母 a 将成为有效的数组名。

选项按钮组包括两个选项按钮，其中的“选定整个数组”选项按钮表示用整个数组来填充列表框的列表；“选定某一范围的数组”选项按钮表示取数组的一部分来填充。若选定了“某一范围的数组”，便可用范围区域来确定界限。一组微调控件用来指定数组中的起始列和结尾列，另一组微调控件用来指定起始行和结尾行。

在选项按钮定为“选定整个数组”的情况下，以上操作相当于为列表框进行了如下属性设置：

```
Rowsource: a
RowSourceType: 5一数组
FirstElement: 1
NumberOfElements:=ALEN(a)
ColumnCount:=ALEN(a,2)
```

其中 FirstElement 属性为 1，表示从第 4 个数组元素开始用于填充。

ALEN 函数的格式为：

```
ALEN(<数组名>),[,<数字>])
```

说明：〈数字〉为 0 时返回数组元素数，缺省〈数字〉等同于 0；为 1 时返回数组的行数；为 2 时返回数组的列数。

【例 8-6】 在列表框中显示 STUDENT 表的学号和姓名、所在学院三个字段，要求选定列表框的任一项，就能使文本框中显示姓名字段值。

① 在表单中创建一个列表框控件和一个文本框控件。

② 打开列表框生成器，在列表项选项卡的“用此填充列表”组合框中选定“表或视图中的字段”选项，如图 1-8-19(a)所示，先通过对话按钮选出 STUDENT 表，然后将学号和姓名、所在学院字段从可用字段列表添入选定字段列表中。

③ 在列表项选项卡的值选项卡中选择姓名作为返回值，如图 1-8-19(f)所示。

④ List1 的 InteractiveChange 事件代码编写如下：

```
THISFORM.Text1.Value=THIS.Value        && 将列表框选项值赋给文本框
```

InteractiveChange 事件在用户按键盘键或鼠标时被触发。

表单执行后，在如图 1-8-20 所示的列表框中单击某选项，该行第 2 列值姓名即显示在文本框中。

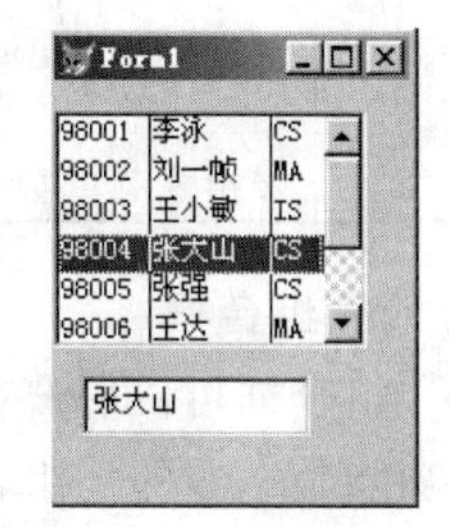

图 1-8-20　列表框选项

(2) 样式选项卡

该选项卡用于指定列表框的样式、所显示的行数以及是否递增搜索。

(3) 布局选项卡

布局选项卡含有一个复选框和一个表格，用于控制列表框的列宽和显示。

① “调整列表框的宽度来显示所有列”复选框：该选项自动设置了 Width 属性，能根据列表项选项卡中微调控件指定的列数自动调整列表框的宽度。

② 表格：表格中显示了在列表项选项卡中定义的列，并可用鼠标拖动列标头右边的列间隔线来调整列宽，相当于修改了 ColumnWidths 属性。双击列标头还可隐藏该列，使得表单执行时该列不显示，但其数据仍起作用。

(4) 值选项卡

值选项卡包含两个组合框，分别用来指定返回值以及存储返回值的字段。

① “从哪一列中返回值”组合框：该组合框的操作对应于 BoundColumn 属性。组合框列表中包含字段名或表示列号的选项，供用户决定列表框返回值的字段或列。在例 8-6 的列表框中默认返回学号字段值，但在该例中用这里提供的方法设置了返回名称字段值。

② 字段名组合框：该组合框的操作对应于 Controlsource 属性，用来指定存储返回值的字段。Visual FoxPro 默认组合框列表包括列表项选项卡中选定的表或视图的字段，用户也可利用对话按钮选择另一个文件。假定在例 8-6 中的列表框用这里提供的方法指定了存储返回值的字段，那么在列表框中选定一个选项后，不但在文本框中会有显示，而且返回值也存储到指定的字段中了。

2. 控件值源的类型

在列表框和组合框的列表中可以填充各类数据，上述的列表框生成器中已涉及值、数组和字段 3 种类型，实际上共有 9 类。它们均由 RowsourceType 属性来指定，具体用法见表 1-8-7。

表 1-8-7　列表框、组合框控件的设置值与值源类型

设置值	值源类型	说　明
0	无	缺省值,运行时用 AddItem 或 AddListItem 方法程序将数据分别填入列中
1	值	RowSource 设置逗号分隔的数据项来分别填充列
2	别名	RowSource 设置表名,表由数据环境提供,用 ColumnCount 确定字段数
3	SQL 语句	RowSource 设置 SQL SELECT 命令选出记录,并可创建一个临时表或表
4	查询(.QPR)	RowSource 设置一个.QPR 文件名
5	数组	RowSource 设置数组名
6	字段	RowSource 设置逗号分隔的字段列表,首字段有表名前缀,表来自数据环境
7	文件	RowSource 设置路径,可用通配符,结果以目录与文件名来填充列
8	结构	RowSource 设置表名,结果以字段名来填充列
9	弹出式菜单	为与以前版本兼容而设

3. 组合框

组合框可供用户在其列表中进行选择,或手动输入一个值。其中前一功能与列表框的功能是一致的。组合框的 Style 属性将该控件分为两种类型(见表 1-8-8)。

表 1-8-8　组合框的 Style 属性

属性值	组合框的类型	功　能
0	下拉组合框	既可在列表中选择,也可在组合框中输入一个值
2	下拉列表框	仅可在列表中选择

组合框生成器与列表框生成器大同小异,在此不再赘述。

【例 8-7】 在表单中创建一个组合框对象,将新项目添加到组合框列表中。

① 在表单上创建一个组合框 Combo1 对象。

② 组合框 Combo1 的 Init 事件代码如下:

```
this.ADDITEM("自动化系")
this.ADDITEM("机械系")
this.ADDITEM("经管系")
this.ADDITEM("材料系")
this.ADDITEM("社科系")
this.LISTINDEX=1
```

其中,ADDITEM 为组合框对象的方法,可以将其后的字符串添加到组合框列表中。将组合框的 LISTINDEX 属性设为 1,表示将第一项显示在组合框中。

③ 执行时,在组合框中输入新内容并使光标离开该对象之后,会将新输入的内容添入组合框列表,这可通过组合框 Combo1 的 Valid 事件代码来实现。代码如下:

```
ISNEW=.F.
  FOR I=1 TO THIS.LISTCOUNT                 && 从组合框中第一个到最后一个项目进行判断
    IF THIS.LIST(I)=THIS.DisplayValue
                                        && 判断组合框每一行的项目内容是否等于现在输入的内容
```

```
      ISNEW=.T.
      RETURN
    ENDIF
  ENDFOR
IF ISNEW=.F.
  THIS.ADDITEM(THIS.DISPLAYVALUE)        && 将输入的内容添加到组合列表中
ENDIF
```

4. 相关属性及方法程序介绍

(1) ListCount 属性

命令格式：Control. ListCount

功能：返回组合框或列表框中列表项的个数。

说明：该属性在设计时不可用，运行时为只读属性。即仅可取用属性值，不可进行设置。

(2) ListIndex 属性

命令格式：Control. ListIndex [=nIndex]

功能：返回或设置组合框(列表框)列表显示时选定项的顺序号。

说明：

① 本属性用顺序号来表示某项已被选定。nIndex 则代表要设置的顺序号，可取 1 到 ListCount 之间的整数。

nIndex 的缺省值是 0，表示没有选定列表项。对于下拉组合框，当列表中没有与键入值相同的项时就返回 0。

② 本属性设计时不可用，运行时可读写。

(3) Selected 属性

命令格式：[Form.] Control. Selected (nIndex)[=lExpr]

功能：用于分辨组合框或列表框中某一列表项是否被选中。选中时 Selected 属性返回.T.，否则返回.F.。

说明：

① nIndex 表示列表项的显示顺序号。

② lExPr 可取.T.或.F.之一，用来设置属性值。

③ 本属性设计时不可用，运行时可读写。

(4) AddItem 方法程序

命令格式：Control. AddItem (cItem[,nIndex][,nColumn])

功能：当组合框或列表框的 RowsourceType 属性为 0 时，使用本方法程序可在其列表中添加一个新项。

说明：

① cItem 是表示新项的字符型表达式。

② nIndex 用来指定新项位置。若缺省该参数，当 Sorted 属性为.T.时新项将按字母顺序插入列表，否则添加到列表末尾。

③ nColumn 用来指定放置新项的列，缺省值为 1。

顺便提一下与 AddItem 相关的两个方法程序：RemoveItem 方法程序能从 RowsourceType 属性为 0 的列表中删除一项。Requery 方法程序当 Rowsource 中的值改变时能更新列表。

(5) Value1 与 DisplayValue 属性

Value 属性返回在列表中选定的项，DisPlayValue 则返回组合框中键入的文本。

(6) List 属性

命令格式：Control. List (nRow[,nCol]

功能：返回组合框或列表框第 nRow 行、nCol 列的内容。

例如，若要显示单列列表组合框的全部列表项，可为表单的 Click 事件编写如下的代码：

```
FOR i=1 TO THISFORM.Combo1.Listcount        && 从 1 开始到列表项总数执行循环
   ?THISFORM.Combo1.List(i)                  && 在表单上显示 Combo1 的第 i 个列表项
ENDFOR
```

【例 8-8】 在表单上创建一个组合框和一个文本框，要求如下：

① 组合框的列表包含 STUDENT 表的姓名和所在学院字段值。

② 能在组合框中为其列表键入新选项。

③ 若选取组合框列表中的项(也可以是刚添入的新选项)，便能将它送入文本框。

假定组合框和文本框已在表单上创建，下面列出主要的属性和事件代码。

① Combo1 属性设置

```
Style: 0                  (默认值，表示组合框类型为下拉组合框)
RowSourceType: 6          (表示控件值源类型为字段)
Rowsource: STUDENT.姓名   (在数据环境中添加 STUDENT 表后，就能在属性窗口选取字段)
ColumnCount: 2            (设定下拉组合框显示姓名、所在学院两列值)
```

② Combol 的 KeyPress 事件代码编写如下：

```
LPARAMETERS nKeyCode, nShiftAltCtrl
IF nKeyCode==13                   && 按回车键则条件表达式返回.T.
  IF This.ListIndex=0             && 组合框列表中无此输入值返回.T.，才允许添加数据
    THIS.RowsourceType=0          && 控件值源类型设置为可用 AddItem 方法程序添加数据
    THIS.AddItem(THIS.DisplsyValue)   && 键入值添入列表末尾
    THIS.Value=THIS.DisplayValue      && 使键入值立即成为列表中的选项
    INSERT INTO E:\Visual FoxPro\STUDENT(姓名) VALUES (THIS.DisplayValue)
    && INSERT -SQL 命令在 STUDENT 表末尾添加一个记录，并将键入值存入该记录的姓名字段
    THIS.RowsourceType=6              && 恢复控件值源类型为"字段"
  ENDIF
ENDIF
```

KeyPress 事件在用户释放键盘键时被触发。上述事件代码作用是：用户输入数据并按回车键后，程序用 ListIndex 属性判别组合框列表中是否已包含与输入值相同的项。若输入值不是重复项才用 AddItem 方法程序将它添加到列表末尾，并用 INSERT-SQL

命令将它存入 STUDENT 表新记录的姓名字段；最后恢复以 STUDENT 表的姓名字段为值源类型。

③ Combo1 的 Interactive Change 事件代码编写如下：

```
thisform.text1.value=this.list(this.listindex,1)+this.list(this.listIndex,2)
                                    && 在文本框中显示组合框选取项的姓名及所在学院
```

8.5.4 微调控件

微调控件用于接受给定范围之内的数值输入。它既可用键盘输入，也可单击该控件的上箭头或下箭头按钮来增减其当前值。例如要在表单上用微调控件更新 SC 表的成绩，只要将微调控件与 SC.成绩绑定，就可在微调控件内输入，或利用它的箭头按钮来修改当前记录的成绩数据。但是当将一个微调按钮与字段结合时，应注意字段类型必须为数值或整数类型。

1. 属性

(1) Value：表示微调控件的初始值。

(2) KeyBoardHighValue：设定键盘输入数值高限。

(3) KeyBoardLowValue：设定键盘输入数值低限。

(4) SpinnerLowValue：设定按钮微调数值低限。

(5) Increment：设定按一次箭头按钮的增减数，默认为 1.00。若设置为 1.50 则增减数为 1.5。

(6) InPutMask：设置输入掩码。微调控件默认带两位小数，若只要整数可用输入掩码来限定。例如 999999 表示 6 位整数。若微调控件绑定到表的字段，则输入掩码位数不得小于字段宽度，否则将显示一串 * 号。

2. 事件

(1) DownClick Event：按微调控件的向下按钮事件。

(2) UpClick Event：按微调控件的向上按钮事件。

8.6 控制类控件

本节讨论命令按钮、命令按钮组、复选框、选项按钮 4 个控件。

8.6.1 命令按钮与命令按钮组

1. 命令按钮的控制作用

在应用系统中，命令按钮是人机交互作用的主要工具，在程序中起控制作用，用于完成某一特定的操作，其操作代码通常放置在命令按钮的 Click 事件中。例如对话框中的

“确定”按钮、“打开”按钮等。

2. 命令按钮的外观设计

用户可以按照表所列举的属性来对各种命令按钮控件进行外观设计。

(1) 文字命令按钮

文字命令按钮见表 1-8-9。

表 1-8-9　文字命令按钮对象的主要属性设置

属　性	说　明
Caption	在按钮上显示的文本,在某字符前插入符号“\<”,则该字符为热键
FontSize	指定字体大小
FontName	设定字体
Name	设定按钮对象的名称
WordWrap	设定是否折行处理

注意:要设计多行显示按钮,需设定其 WordWrap 属性为真,而且将按钮的属性 WordWrap 设定为真值后,应将其 AutoSize 属性设定为.T.,否则无法进行多行显示。

(2) 图文命令按钮

图文命令按钮见表 1-8-10。

表 1-8-10　图文命令按钮对象的属性设置

属　性	说　明
Caption	设定按钮标题
Picture	设定按钮对象显示的图形文件(.BMP 或.Icon)
DownPicture	指定当按钮按下时显示的图形
ToolTipText	设定图文按钮的提示文本

要设计一个图形按钮,并使其在按下时改变图形,形成动态显示的效果,其做法是将其 DownPicture 属性设置为一个要显示的图形文件。

图文按钮提示文本的设置:首先将表单的 ShowTips 属性设为真值.T.,然后在按钮的 ToolTipText 属性中设置提示文本。

(3) 缺省命令按钮

若表单上有多于一个的命令按钮,就可将其中一个命令按钮设置为缺省命令按钮。缺省命令按钮不同于带焦点的命令按钮。前者比通常的命令按钮增加了一个边框,后者则内部有一个虚线框。当所有命令按钮都未获得焦点时,用户按回车键时缺省命令按钮就可作出响应(执行该命令按钮的 Click 事件)。

设置缺省命令按钮的方法是:将其 Default 属性设置为.T.;不言而喻,Enabled 属性也须处于.T.状态。一个命令按钮设置为缺省命令按钮后,其他命令按钮的 Default 属性自动变为.F.。

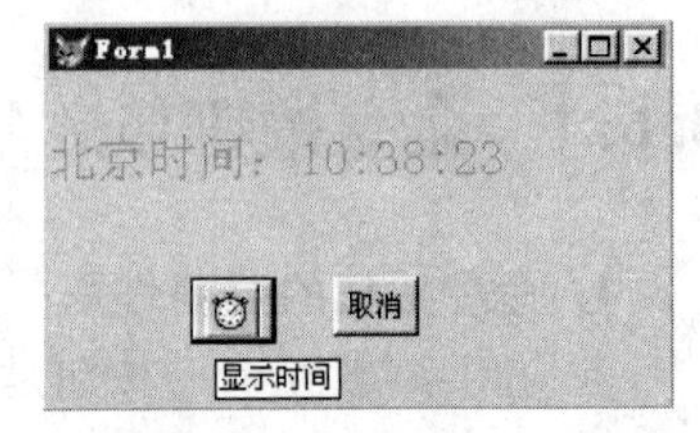

图 1-8-21　显示时间表单

【例 8-9】 设计一个如图 1-8-21 所示的显示时间表单。

① 创建一个表单，在其中设计一个标签、两个命令按钮。

② 属性设置：见表 1-8-11。

表 1-8-11　显示时间属性设置

对　象	属　性	属　性　值	说　　明
Form1	Caption ShowTips	=Dtoc(DATE()) .T.	表单标题栏显示当前日期
Label1	Caption		标题无
Command1	Caption Picture ToolTipText	E:\Visual FoxPro6\time.bmp 显示时间	标题无 小闹钟图片 设置提示文字
Command2	Caption	取消	

③ Command1 的 Click 事件代码如下：

```
thisform.label1.caption="北京时间:"+time()
    thisform.label1.fontsize=16
    thisform.label1.forecolor=rgb(255,0,0)
```

④ Command2 的 Click 事件代码如下：

```
Thisform.release
```

3. 命令按钮组生成器

命令按钮组控件是表单上的一种容器，它可包含若干个命令按钮，并能统一管理这些命令按钮。命令按钮组与组内的各命令按钮都有自己的属性、事件和方法程序，因而既可单独操作各命令按钮，也可对组控件进行操作。

与其他控件一样，命令按钮组也使用表单控件工具栏来创建，创建时默认组内包含两个命令按钮。

要为命令按钮组设置常用属性，使用生成器较为方便。只要在命令按钮组的快捷菜单上选定生成器命令，就可打开命令组生成器对话框。对话框包括以下两个选项卡。

(1) 按钮选项卡(见图 1-8-22)

① 微调控件：指定命令按钮组中的按钮数，对应于命令按钮组的 ButtonCount 属性。

② 表格：包含标题和图形两个列。

标题列用于指定各按钮的标题，标题可在表格的单元格中编辑。该选项对应于命令按钮的 Caption 属性。

命令按钮可以具有标题或图像，或两者都有。若某按钮上要显示图形，可在图形列的单元格中键入路径及图形文件名，或单击对话按钮打开图片对话框来选择图形文件。该选项对应于命令按钮的 Picture 属性。

可喜的是，命令按钮会自动调整大小，以容纳新的标题和图片；组容器也会自动调整大小。

(2) 布局选项卡

① 按钮布局选项按钮组：指定命令按钮组内的按钮按竖直方向或水平方向排列。

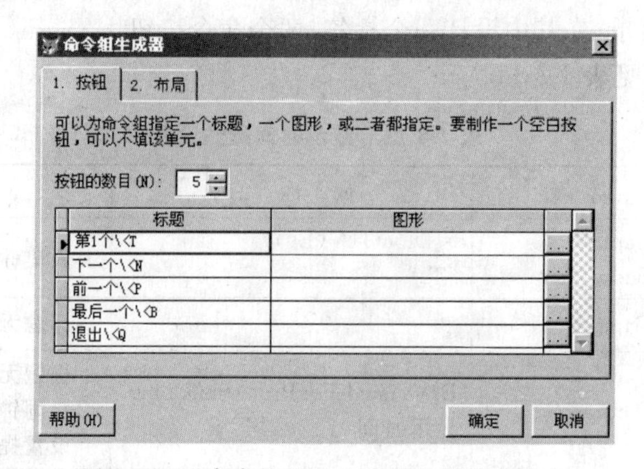

图 1-8-22　命令按钮组生成器的按钮选项卡

② 按钮间隔微调控件：指定按钮之间的间隔。

上述两项将影响命令按钮组的 Height 和 Width 属性。

③ 边框样式选项按钮组：指定命令按钮组有单线边框或无边框。

【例 8-10】　在表单底部创建一个命令按钮组，如图 1-8-23 所示。

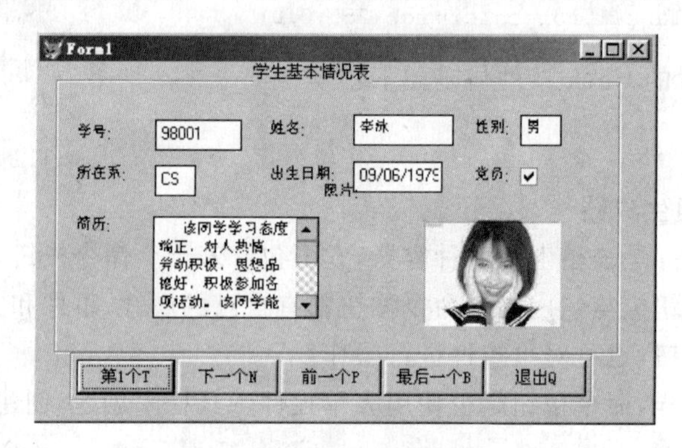

图 1-8-23　命令按钮组表单

① 打开命令组生成器对话框：用表单控件工具栏的命令按钮组按钮在表单中创建一个命令按钮组，右击命令按钮组并选定快捷菜单的生成器命令。

② 在按钮选项卡中的设置：如图 1-8-23 所示将按钮数目设置为 5，将表格标题列中的 Command1～Command5 分别改为第一个\＜T、下一个\＜N、前一个\＜P、最后一个\＜B 和退出\＜Q。其中字母表示热键。

③ 在布局选项卡中的设置：按钮布局选定水平选项按钮，在微调控件将按钮间隔置为 4，按确定按钮关闭命令组生成器对话框，将命令按钮组移到底部并居中放置。

4. 命令按钮组及其命令按钮的操作

(1) Click 事件的判别

由于命令按钮组中包含了若干命令按钮，所以当用鼠标触发按钮组对象时，其重点在于先判断用户触发了其中哪一个按钮，从而执行相应的程序。

① 若命令按钮组及其所含的各命令按钮分别设置了 Click 事件代码，Visual FoxPro

将根据用户单击的位置来触发组控件或命令按钮。若单击组内空白处，则组控件的 Click 事件就被触发；若单击组内某命令按钮，则该命令按钮的 Click 事件被触发。

② 单击某命令按钮时，组控件的 Value 属性就会获得一个数值或字符串：当 Value 属性为 1(默认值)时，将获得命令按钮的顺序号，它是一个数值；当 Value 属性设置为空时，将获得命令按钮的 Caption 值，它是字符串。于是在命令按钮组的 Click 事件代码中便可判别出单击的是哪个命令按钮，并决定执行的动作。图 1-8-23 所示的按钮组的 Click 事件代码如下：

```
DO CASE
  CASE THIS.Value=1                        && 若单击第 1 个命令，则按钮返回.T.
    Go top                                 && 执行第 1 个按钮的操作，转向第一个记录
  CASE THIS.Value=2                        && 若单击第 2 个命令，则按钮返回.T.
    If recno()<recount()                   && 执行第 2 个按钮的操作，向下移动一个记录
      Skip
    Else
      Wait windows "已到最后一个记录" timeout 5
    Endif
    CASE THIS.Value=3                      && 若单击第 3 个命令，则按钮返回.T.
      If recno()>1                         && 执行第 3 个按钮的操作，向上移动一个记录
        Skip -1
      Else
        Wait windows "已到第一个记录" timeout 5
      Endif
    CASE THIS.Value=4
      Go Bottom                            && 执行第 4 个按钮的操作，转向最后一个记录
    CASE THIS.Value=5
      Thisform.release                     && 执行第 5 个按钮的操作，释放表单
    ENDCASE
      Thisform.refresh                     && 刷新显示
```

若组控件 Value 属性返回值是字符串，则上述语句中的数字分别用 Caption 值来替代。例如 THIS. Value=1 改为 THIS. Value="Command1"。

当然，也可以直接在命令按钮组的各命令按钮的 Click 事件中分别写入上述代码，效果是一样的。

(2) 容器中对象的引用

例如引用命令按钮组中的命令按钮：THISFORM. Commandgroup1. Command1 或 THIS. Command1。

(3) 容器及其对象的编辑

① 容器本身的编辑：设计时若在表单上选定容器，就可编辑该容器的属性、事件代码与方法程序，但不能编辑容器中的对象。

② 容器中对象的编辑：要编辑容器中的对象，须先激活容器。激活的方法是选定容

器的快捷菜单中的编辑命令，容器被激活的标志是其四周显示一个斜线边框。容器激活后，用户便可选定其中的对象进行编辑。例如要编辑命令按钮组中的某命令按钮，只要右击命令按钮组并选定快捷菜单中的编辑命令，便可在命令按钮组边界内拖动此命令按钮，或改变它的大小。编辑完成后，只要单击容器边界外的任何位置，就可以使容器退出激活状态。

还有一个方法能够激活容器并直接选定其中的对象，即在属性窗口的对象组合框列表中选定容器中的对象。

③ 为容器中某些对象设置共同属性：先激活容器，然后按住 Shift 键分别单击若干对象，属性窗口的对象组合框中将会显示“多重选定”文本，此时便可在属性窗口为这些对象设置共同属性，例如用 Fontsize 属性改变文字大小。

8.6.2 复选框与选项按钮组

复选框与选项按钮是对话框中的常见对象，复选框允许同时选择多项，选项按钮则只能在多个选项中选择其中的一项。复选框控件是一个选择性的控件，主要反映某些条件是否成立，如“真”或“假”、“开”或“关”、“是”或“否”。复选框控件是一种数据绑定型控件，在数据编辑或条件选择等方面有广泛的应用。选项按钮组是一种容器类控件，选项按钮只能存在于它的容器选项按钮组中。

1. 复选框的外观

复选框可被用户指明选定还是清除，其外观有方框和按钮两类，设置方法见表 1-8-12。

表 1-8-12 复选框的外观及其设置方法

外 观	设 置 方 法	选定状态
方框，其右侧显示 Caption 文本	Style 属性为 0(标准样式，默认)	出现复选标记√
图形按钮，Caption 文本在图形下方	Style 属性为 1(图形样式)，在 Picture 属性指定图形	按钮呈按下状
文本按钮，Caption 文本居中	Style 属性为 1，但 Picture 属性未设置图形	

2. 复选框的值

实际上复选框的状态除选定与清除外，还可有第 3 种状态，即灰色状态，不过这种状态只能通过代码来设置。

Value 属性表示了复选框的状态：0 或. F. 表示清除；1 或. T. 表示选定；2 表示灰色状态。其中数字为默认值。

实际应用时通常设置多个复选框，用户可从中选定多项来实现多选。

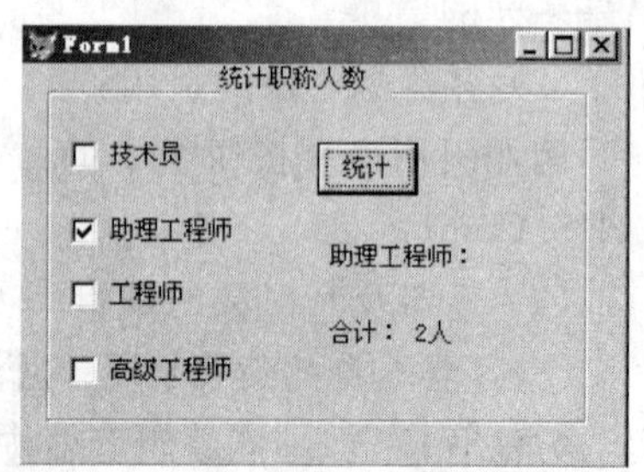

图 1-8-24 统计职称人数表单

【例 8-11】 设计一个如图 1-8-24 所示的表单，要求能根据 RSDA 表来统计各种职称人数及总人数。

① 创建一个表单，在其中创建 4 个复选框、一个命令按钮、两个标签。

② 属性设置见表 1-8-13。

表 1-8-13 统计职称表单属性设置

对象及对象名	属 性	属 性 值	说 明
Form1	Caption	统计各类职称人数	设置表单标题栏标题
Check1	Caption	技术员	设置复选框标题
Check2	Caption	助理工程师	
Check3	Caption	工程师	
Check4	Caption	高级工程师	
Command1	Caption	统计	设置命令按钮标题
Label1	Caption		设置标签初始标题为空
Label2	Caption		
Label3	Caption AutoSize	统计职称人数 .T.	设置标签自动调整大小
Shape1	SpecialEffect	0～3 维	将其置后

③ 在数据环境中添入 RSDA 表。

④ Command1 的 Click 事件代码编写如下：

```
STORE 0 TO jsy,zlgcs,gcs,gjgcs
IF THISFORM.Check1.Value=1
  COUNT FOR  职称="技术员" TO jsy
THISFORM.Label1.Caption="技术员:"+STR(jsy,2)+"人"
ENDIF
IF THISFORM.Check2.Value=1
  COUNT FOR  职称="助理工程师" TO zlgcs
  THISFORM.Label1.Caption=" 助理工程师:"+STR(zlgcs,2)+"人"
ENDIF
IF THISFORM.Check3.Value=1
  COUNT FOR  职称="工程师" TO gcs
  THISFORM.Label1.Caption=" 工程师:"+STR(gcs,2)+"人"
  ENDIF
IF THISFORM.Check4.Value=1
  COUNT FOR  职称="高级工程师" TO gjgcs
  THISFORM.Label1.Caption="高级工程师:"+STR(gjgcs,2)+"人"
ENDIF
  THISFORM.Label2.Caption="合计:"+STR(jsy+zlgcs+gcs+gjgcs,2)+"人"
```

3. 选项按钮组

选项按钮组是一个可包含若干选项按钮的容器。选项按钮不能独立存在，通常一个选项按钮组含有多个选项按钮。当用户选定其中的一个时，其他选项按钮都会变成未选定状态，即用户只能从中选定一项。

(1) 选项按钮的外观

与复选框类似，选项按钮外观也可分标准样式和按钮两类。外观设置方法与表 1-8-12 基本相同，不同的是：

① 选项按钮的标准样式是圆圈，被选定后圆圈中会出现一个点。

② 在选项按钮组的各个选项按钮中总有一个默认被选定。

③ 由于选项按钮组是容器，因此若要设置选项按钮的外观，要先激活选项按钮组。

(2) Value 属性

① 选项按钮的 Value 属性：用于表示选项按钮的状态，1 表示选定，0 表示未选定。

② 选项按钮组的 Value 属性：表明被选定按钮的序号，默认为 1。例如第 2 个按钮被选定时 Value 值为 2。若 Value 置 0，则没有一个按钮会呈选定状态。在事件代码中常以此属性来判别当前选定的按钮。

(3) 选项按钮组生成器

选项按钮组生成器包括按钮、布局和值 3 个选项卡。

前两个选项卡与命令按钮组的情形类似，可对按钮个数、按钮垂直排列或水平排列等进行设置。指定按钮个数对应于 ButtonCount 属性，选项按钮组创建时默认包含 2 个按钮。

值选项卡用于设置选项按钮组与字段绑定。对于数值型字段，当某按钮选定时在当前记录的该字段中将写入选项按钮序号；对于字符型字段，当某按钮选定时，该按钮的标题就被保存在当前记录的该字段中。组控件与字段绑定对应于 ControlSource 属性。将选项按钮被选定的信息存储到表中的功能，可以应用于单选题的计算机阅卷。

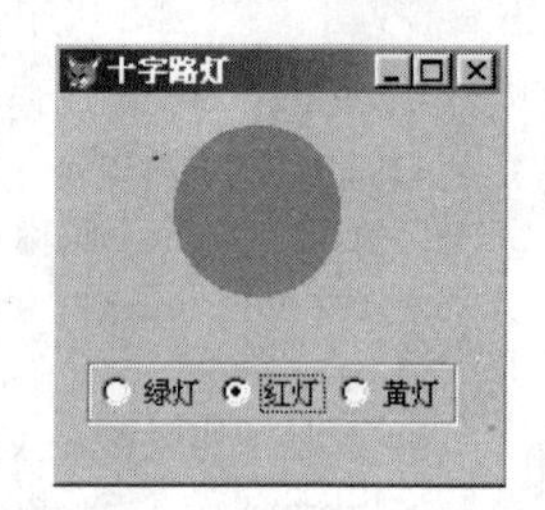

图 1-8-25　十字路灯

【例 8-12】 设计一个如图 1-8-25 所示的十字路灯表单。

① 创建对象：选项按钮组 Optiongroup1，形状 Shape1，Shape1 的 Curvature 属性设为 99。

② 打开选项按钮组生成器对话框，将按钮的数目置为 3，将表格标题列中的内容分别改为绿灯、红灯、黄灯。

③ 在布局选项卡中进行设置：将微调控件按钮间隔置为 5，布局选择：水平。

④ Form1 的 Caption 属性设为：十字路灯。

⑤ Optiongroup1 的 Click 事件代码如下：

```
do case
  case this.value=1
   thisform.shape1.backcolor=rgb(0,128,0)
   thisform.shape1.bordercolor=rgb(0,128,0)
  case this.value=2
   thisform.shape1.backcolor=rgb(255,0,0)
   thisform.shape1.bordercolor=rgb(255,0,0)
  case this.value=3
   thisform.shape1.backcolor=rgb(255,255,0)
```

```
    thisform.shape1.bordercolor=rgb(255,255,0)
endcase
```

8.6.3 计时器

计时器控件能周期性地按时间间隔自动执行它的 Timer 事件代码,在应用程序中用来处理可能反复发生的动作。由于在运行时用户不必看到计时器,故 Visual FoxPro 令其隐藏起来,变成不可见的控件。

计时器工作的三要素如下。

① Timer 事件代码:表示执行的动作。

② Interval 属性:表示 Timer 事件的触发时间间隔,单位为毫秒。

时间间隔的长短要根据 Timer 事件动作需要达到的精度来确定。不要设置得太小,因为计时器事件越频繁,处理器就需要用越多的时间响应计时器事件,从而会降低整个程序的性能。也不应设置得太大。考虑到潜在的内部误差,推荐将间隔设置为所需精度的一半。例如时钟以秒变化,时间间隔可设置为 500(毫秒)。

③ Enabled 属性:该属性默认为.T.。当属性为.T.时计时器被启动,且在表单加载时就生效。也可在其他事件中将该属性设置为.T.来启动计时器。当属性为.F.时计时器的运行将被 Visual FoxPro 挂起,等候属性改为.T.时才继续运行。

【例 8-13】 在表单的左上部设置一个自转的地球,同时文字自左向右移动。

操作步骤如下:

① 如图 1-8-26 所示在表单上创建 1 个标签 Label1,两个计时器控件 Timer1 和 Timer2,1 个图像控件 Image1。计时器可放在任意位置。Interval 属性均设为 1000,即 1 毫秒。

图 1-8-26 字幕与地球表单

② 事先准备好 10 幅以上大小相同但角度不同的地球图像位图文件,文件取名要相似。如:Globe1.bmp、Globe2.bmp,依此取名。

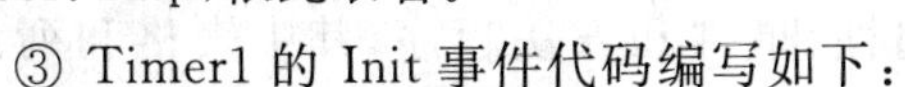

③ Timer1 的 Init 事件代码编写如下:

```
Public I
I=1
```

④ Timer1 的 Timer 事件代码编写如下:

```
if i<=10
thisform.image1.picture="e:\hca\globe"+str(i,1)+".bmp"   && 设定图像文件的路径
i=i+1
else
i=1
endif
```

⑤ Timer2 的 Timer 事件代码编写如下：

```
IF THISFORM.Label1.Left+THISFORM.Label1.Width <0
                                                    && 若标题右端从屏幕上消失
  THISFORM.Label1.left=THISFORM.Width               && 将标题左端点设置在表单右端
EISE
  THISFORM.Label1.left=THISFORM.Label1.left-10
ENDIF
```

8.7 容器类控件

容器除上节讨论的命令按钮组和选项按钮组以外，还包括表单和表单集，表单集将在后面章节讨论。本节将介绍表格、页框和 Container 容器等 3 种容器，这些容器都可用表单控件工具栏中相应的按钮来创建。

8.7.1 表格

表格控件(见图 1-8-26)可以设置在表单或页面(页面详见 8.7.2 节)中，用于显示表中的字段。用户可以修改表格中的数据。表格与表是不同的概念，Visual FoxPro 用 Grid 来表示表格，以区别于数据库表或自由表(Table)。

1. 表格的组成

(1) 表格(Grid)：由一或若干列组成。

(2) 列(Column)：一列可显示表的一个字段，列由列标题和列控件组成。

(3) 列标题(Header1)：默认显示字段名，允许修改。

(4) 列控件(例如 Text1)：一列必须设置一个列控件，该列中的每个单元格都可用此控件来显示字段值。列控件默认为文本框，但允许修改为与本列字段数据的类型相容的控件。假定本列是字符型字段的数据，就不能用复选框作为列控件。

表格、列、列标题和列控件都有自己的属性、事件和方法程序，其中表格和列都是容器。

2. 在表单窗口创建表格控件

通常用下述两种方法来创建表格控件。

(1) 从数据环境创建

例如，要创建 STUDENT 表的表格。打开表单窗口后，先在数据环境中添加 STUDENT 表，然后用鼠标将数据环境中 STUDENT 表窗口的标题栏拖到表单窗口后释放，表单窗口中即会产生一个类似于 Browse 窗口的表格，其中填入了 STUDENT 表的字段与记录。表格的 Name 属性默认为 GrdStudent。

(2) 利用表格生成器创建

先使用表单控件工具栏的表格按钮在表单窗口创建表格，然后从表格控件的快捷菜单上选择生成器命令，就会出现表格生成器对话框。用户便可在对话框中设置表格属性，从而得到符合要求的表格。这样创建的第 1 个表格，其 Name 属性默认为 Grid1。

表格生成器对话框包含表格项、样式、布局和关系 4 个选项卡。

① 表格项选项卡

该选项卡用于指定要在表格中显示的字段，用户可先选择数据库或自由表中的表（或视图），然后选取需要的字段。

② 样式选项卡

该选项卡用于指定表格显示的样式，列表框中含有保留当前样式、专业型、标准型、浮雕型和账务型 5 个选项。

③ 布局选项卡

该选项卡包含文本框、下拉列表框和表格各一个，主要用于指定列标题与表示字段值的控件。

表格用来显示表，而且选定表格中某列后就可在标题文本框中输入列标题，默认字段名为列标题。类似地，选定某列后就可在控件类型下拉列表框中挑选一种控件来表示字段值。默认控件规定为文本框，但对于数值型字段值还可选用微调控件来表示，字符型字段值还可选用编辑框来表示，而逻辑型字段值则可选用复选框来表示。此外，还可拖动列标题的右间隔线来调整列宽。

④ 关系选项卡

该选项卡包含两个下拉列表框，用于指定两个表之间的关系。

- “父表中的关键字段”下拉列表框：指定父表中的关键字段，该选项相应于 LinkMaster 属性。要查找一个表，可单击对话按钮来显示打开对话框。
- “子表中的相关索引”下拉列表框：指定表格控件中数据源（Recordsource 属性）的索引标识名，该选项对应于 ChildOrder 属性。

注意：由于表格生成器只能创建关于一个表的表格，若要在表间设置关系，就必须对每个表格分别使用表格生成器，然后通过其中一个表格生成器中的关系选项卡来建立关系。

3. 表格编辑

要编辑表格，必须先将表格作为容器激活。

(1) 修改列标题

前已提到，在表格生成器的标题文本框中可以修改列标题。此外还有下面两种方法。

① 用代码修改。例如 THISFORM. Grid1. Column2. Header1. Caption = "学生名称"，可将表格中第 2 列的标题修改为学生名称。

② 在属性窗口对象列表中按照从容器到对象的次序，找到 Header1 对象后释放鼠标，然后修改其 Caption 属性。

(2) 调整表格的行高与列宽

① 调整列宽：表格激活后，将鼠标指针置于表格两列标题之间，这时指针变为带有左右双向箭头的竖条，便可左右拖动列线来改变列宽。另一种方法是设置列的 Width 属性。例如令 THISFORM. Grid1. Column1. Width=50。

② 调整行高：标题栏行和内容行的调整方法略有不同。表格激活后，若调整标题栏高度，可将鼠标指针置于表格标题栏行首按钮的下框线处，当指针变成带有上下双向箭头的横条后，即可上下拖动行线来改变高度。调整内容行高度时，应将鼠标指针置于表格内容第一行行首按钮的下框线处，然后上下拖动行线来改变行高。此时，所有内容行的高度将统一变化。

若要禁止用户在运行时擅自改变表格标题栏的高度，则将表格的 AllowHeaderSizing 属性设置为.F.；若表格的 AllowRowSizing 属性为.F.，则禁止改变表格内容行的高度。

(3) 列的增删

① 在表格的 ColumnCount 属性中设置表格的列数，从而改变表格的列数。

② 打开表格生成器，在表格项选项卡中可增加或减少字段。

③ 要删除列，可在属性窗口中选定某列后按 Del 键。

(4) 表格属性

表格属性见表 1-8-14。

表 1-8-14　表格对象的属性设置

对　象	属　性	说　明
Grid(表格)	AllowAddNew	属性为.T.时允许向表格中的表添加记录。默认值为.F.
	Columncount	设定表格对象的列数
	Name	设定表格对象的名称，默认值为 Grid1
	RecordSource	指定数据源，即指定要在表格中显示的表
	RecordSource Type	指定数据源类型，通常取 0(表)或 1(别名)
	SplitBar	指定在表格控件中是否显示拆分条
	DeleteMark	指定在表格控件中是否显示删除标记
Column(列)	ControlSource	指定某表的字段列为列的数据源
Header(标头)	Caption	设定标头的标题文字
TextBox(文本框)	BackColor	设定文本框对象的背景颜色
	BorderStyle	设定文本框对象的边框
	ForeColor	设定文本框对象的前景颜色

(5) 创建一对多表单

表格最常见的用途之一是，某控件显示父表数据时，表格中就会显示子表的相应数据。

前已谈到，利用表格生成器中的关系选项卡可以建立两个表之间的关系，其实也可在数据环境中设置两表的一对多关系，请看下例。

【例 8-14】 设计一个如图 1-8-27 所示的一对多表单，要求能按学号浏览学生情况、成绩及课程数据。

① 在表单数据环境中建立如图 1-8-28 所示 3 个表的两级一对多关系。数据表分别为 Student.dbf、Sc.dbf、Course.dbf。

② 在表单上创建 3 个表格 Grid1、Grid2、Grid3，并分别用表格生成器选定如图 1-8-27 所示的字段。

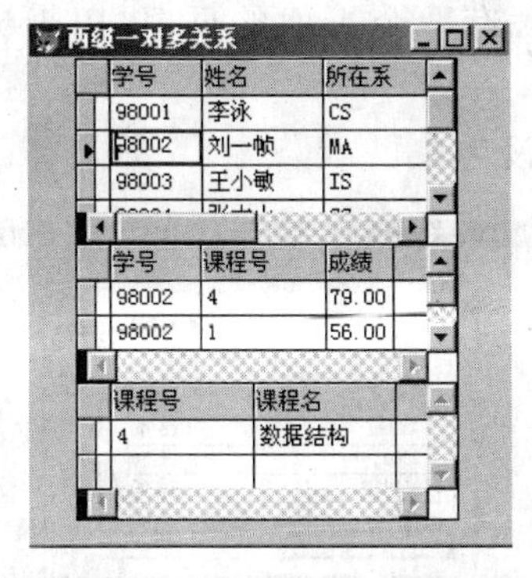

图 1-8-27　两级一对多关系

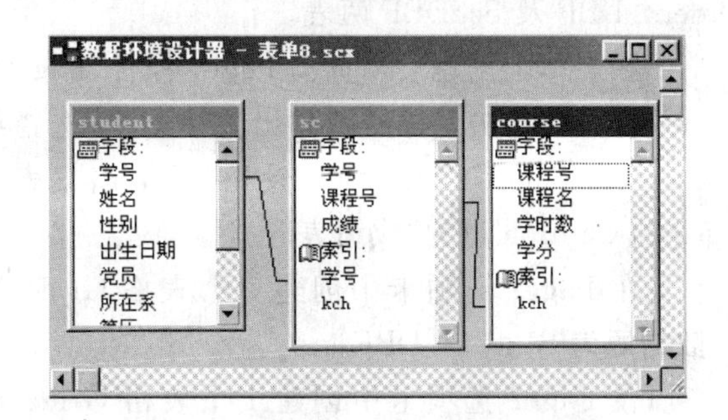

图 1-8-28　两级一对多关系数据环境

③ 在 Grid1 表格生成器的关系选项卡的“父表中的关键字段”下拉列表框中指定父表的关键字段 Student.学号。在“子表中的相关索引”下拉列表框中指定表格控件中数据源 SC 表的索引标识名学号。

④ 运行表单。记录指针在 Grid1 表格中移动时，Grid2 表格的内容也发生变化，显示与之匹配的记录。当记录指针在 Grid2 表格中移动时，Grid3 表格的内容也同样变化。

8.7.2　页框

页框是包含页面(Page)的容器，用户可在页框中定义多个页面，以生成带选项卡的对话框。含有多页的页框可起到扩展表单面积的作用。

1. 创建页框

页框控件可通过表单控件工具栏中的页框按钮来创建。在一个表单中允许创建多个页框，而且在页框外和页面中都允许创建控件。

要强调指出，若要向页面添加控件，须先将页框作为容器激活，然后选定此页面。若未激活，添加的控件看起来在页面中，但实际上创建在表单中，只要将页框拖动一下，就会看到该控件相对于表单的位置不变。

页框最常用的属性是 PageCount，它指定页框中包含的页面数，默认为 2。页面最常用的属性是 Caption，它是页面的标题，即选项卡的标题。要编辑页面，须先将页框作为容器激活。

2. 页框属性

页框对象的属性设置见表 1-8-15。

表 1-8-15　页框对象的属性设置

属　性	说　明
ActivePage	返回页框对象中活动页的页码
Tabs	确定页面的选项卡是否可见
TabStretch	指定页框控件在不能容纳选项卡时的处理方式
PageCount	页框的页面数

【例 8-15】 在表单上创建一个如图 1-8-29 所示含有两个页面的页框，用于浏览 Student.DBF 及 Sc.DBF 两表。

① 在表单上创建一个页框 Page1 控件，PageCount 设为 2。

② 在页框单击鼠标右键弹出快捷菜单，选择编辑菜单。将 Page1 的 Caption 设为“学生档案表”，Page2 的 Caption 设为“成绩表”。

③ 在 Page1 选项卡中创建 1 个表格 Grid1 控件，数据源为 Student.DBF。

④ 在 Page2 选项卡中创建 1 个表格 Grid2 控件，数据源为 Sc.DBF。

⑤ 运行表单即得图 1-8-29 所示结果。

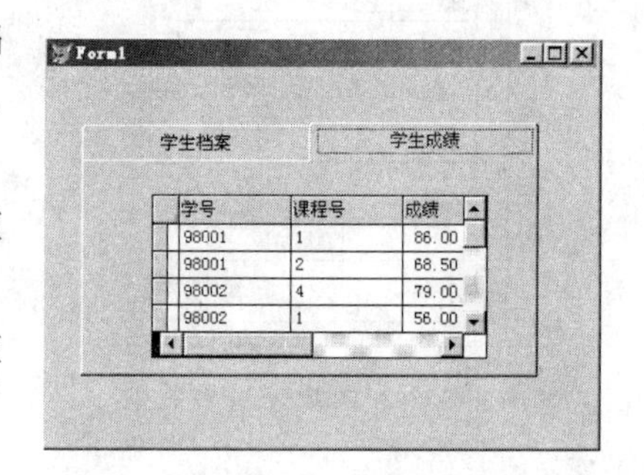

图 1-8-29　页框

8.7.3　容器

本节要介绍的容器称为 Container 容器，正如命令按钮组容器可称为 CommandGroup 容器一样。

以前讨论的命令按钮组、选项按钮组、表格和页框等容器，其中包含对象的类型都是固定的，例如命令按钮组中只能包含命令按钮。而 Container 容器则能包含多个不同类型的对象，例如既可包含复选框等控件，也能包含其他容器。

Container 容器可用表单控件工具栏中的容器按钮在表单上创建。向 Container 容器装入控件的方法很简单，步骤如下：

(1) 激活 Container 容器：在该容器快捷菜单中选定编辑命令。

(2) 装入控件：使用表单控件工具栏中的任何控件按钮在 Container 容器中创建控件。例如单击表单控件工具栏中的复选框按钮，然后单击 Container 容器内部，Container 容器中就包含了该复选框。

操作时要注意两点：其一，若 Container 容器未激活，则即使将控件置于其内也不会被它包含；其二，要装入的控件必须是新建的，将表单上已有控件拖动到 Container 容器内部无效。要检验控件是否被容器包含，可拖动该容器。若控件随之移动，则已被容器包含。

8.8　连　接　类

Visual FoxPro 的特点之一，就是不仅能使用它本身的数据，还能使用其他系统提供的数据，从而扩大了对数据的使用范围。这一功能是通过与其他系统的连接来实现的。例如通过 OLE 技术可与微软公司开发的其他软件相连接，或通过超级链接技术可实现与网络软件的连接等。为此，在 Visual FoxPro 的表单控制工具栏中设置了 ActiveX 控件、ActiveX 绑定控件及超级链接控件等三个控件按钮，用于实现 Visual FoxPro 与外界的连接。本节将分别对它们进行简要说明。

8.8.1 ActiveX 控件

1. 基本概念

ActiveX 原来是微软公司提出的一组技术标准，其中也包括控件的技术标准。所谓ActiveX 控件，就是指符合 ActiveX 标准的控件，其数量现已超过了 1000 种。例如在Windows 的 SYSTEM 文件夹中含有大量带. OCX 扩展名的文件，就都属于 ActiveX控件。

为了使 Visual FoxPro 能够在需要时利用更多的 ActiveX 控件，在表单控制工具栏中设置了一个英文名为 Olecontrol 的 ActiveX 控件按钮。选定这一按钮后，用户就可向表单或表单控制工具栏插入原来没有包括的 ActiveX 控件，或直接向它们插入一个 OLE对象。

2. 向表单添加控件或对象

从表单控件工具栏中选定 AetiveX(Olecontrol)控件按钮向表单添加控件时，屏幕上将弹出一个插入对象对话框。该控件的功能主要由对话框中的 3 个选项按钮决定，"新建"与"由文件创建"选项按钮用于添加 OLE 对象，"插入控件"选项按钮则用于在表单中添加一个 ActiveX 控件。

(1)"新建"选项按钮

选定"新建"选项表示将在表单上新建一个对象，这种对象是某种文件类型的文档。在插入对象对话框的对象类型列表中包含文档、图像、声音等多种文件类型。用户选定其中一项并按确定按钮后，Visual FoxPro 将自动打开这种类型的应用程序，供用户输入文档的内容。若选定的是 Microsoft Word 文档，将自动打开 Word 供用户输入文档；若选定的是 Microsoft Excel 工作表，将自动打开 Excel 供用户建立电子表格；若选定的是BMP 图像，将自动打开 Windows 的画图窗口供用户当场画图。

对话框中有一个"显示为图标"复选框，可用来确定新建的对象以图标显示，还是直接显示文档的内容。若选定该复选框，该文档在表单上显示成一个图标，表单运行时若双击图标，Visual FoxPro 会调用相应的应用程序来打开文档；清除该复选框，表示在表单上直接显示文档内容。

例如要在表单上创建一个用于画图的图标，其步骤如下：从表单控件工具栏中选定ActiveX(Olecontrol)控件按钮，单击表单窗口某处，在插入对象对话框的对象类型列表中选定"BMP 图像"选项("新建"选项按钮为默认按钮)。选定"显示为图标"复选框，选定确定按钮。在画图窗口当场画图后关闭该窗口，表单窗口内就会出现标题为"BMP 图像"的图标。

若在设计时要修改所画的图形，只要在该图标的快捷菜单中选定"BMP 图像对象"选项的编辑命令，就会出现画图窗口。运行时若要修改所画的图形，可以双击 BMP 图像图标。

(2)"由文件创建"选项按钮

选定"由文件创建"选项按钮表示用户须指定一个存在的文档，并作为对象放置在表单上。

选定该选项按钮后，插入对象对话框中将显示一个浏览按钮和一个文本框，用户可通过浏览按钮选一文件，或在文本框中直接输入路径及文件名。按确定按钮后表单窗口内即产生一个文档对象，该文档是以图标显示还是以文件内容显示，可由显示为图标复选框指定。

例如，将一个已存在的 Word 文档在表单上创建为对象时，可执行如下步骤：从表单控件工具栏中选定 ActiveX(Olecontrol)控件按钮，单击表单窗口某处，在插入对象对话框中选定“由文件创建”选项按钮。通过浏览按钮选一存在的 Word 文件，按确定按钮后，表单窗口内将产生一个显示了该文件内容的对象。

设计时若要修改 Word 文档，可在其快捷菜单中选定文档对象选项的编辑命令。若 Word 文档对象已被设置为图标，则运行时可双击图标，然后修改文档。

(3)“插入控件”选项按钮

选定“插入控件”选项按钮表示可由用户指定一个 ActiveX 控件并放置在表单上。选定该选项按钮后，插入对象对话框中将显示控件类型列表，其中列出了大量 ActiveX 控件选项，例如 Microsoft Slider Control(version 6.0)，Microsoft Date and Time Picker Control(Version 6.0)等。这些都是表单控件工具栏以外可供用户选用的控件。用户选定一项后并按确定按钮，指定的 ActiveX 控件就会出现在表单上。

与 Visual FoxPro 控件一样，每个 ActiveX 控件的用法不同，本书不再一一介绍，这里仅举一例。

【例 8-16】 用滑杆控件浏览 RSDA 表的姓名及职称，要求滑杆指向什么数值，就显示记录号为该数值的姓名及职称，如图 1-8-30 所示。

① 在表单上创建一个文本框控件。

② 在表单上创建一个滑杆控件：从表单控件工具栏中选定 ActiveX(Olecontrol)控件按钮，单击表单下部某处，在插入对象对话框中选定“插入控件”选项按钮，在控件类型列表中选定 Microsoft Slider Control(version 6.0)，选定确定按钮返回表单窗口。

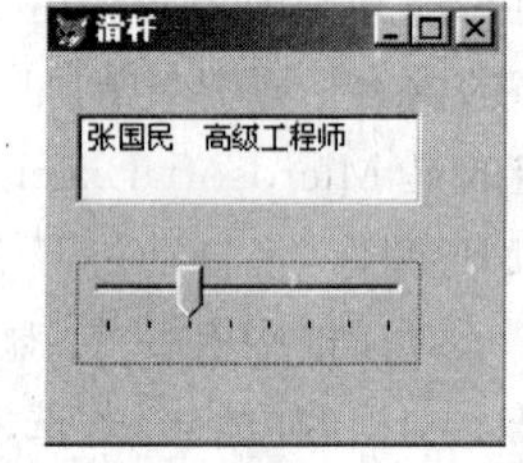

图 1-8-30　滑杆

③ 在数据环境中添加 RSDA 表。

④ Olecontrol1 的 Init 事件代码如下：

```
THIS.Min=1                              && 刻度值最小为 1
THIS.Max=RECCOUNT()                     && 刻度值最大与记录个数相同
```

⑤ Olecontrol1 的 MouseMove 事件代码如下：

```
GO THISFORM.Olecontrol1.Value           && 记录指针指向滑杆指针所在刻度
THISFORM.Text1.Value=姓名+职称          && 文本框显示姓名及职称
```

3. 向表单控件工具栏添加 ActiveX 控件

由上可见，要在表单上添加 OLE 对象(例如 Microsoft Word 文档)或 ActiveX 控件(例如滑杆拉件)，均可通过表单控件工具栏中的 ActiveX(Olecontrol)控件来操作。为方便使用，Visual FoxPro 还允许将 OLE 对象和 ActiveX 控件添加到表单控件工具栏中。

(1) 添加步骤

选定工具菜单中的选项命令，在如图 1-8-31 所示对话框的控件选项卡中选定 ActiveX 控件选项按钮。在列表中选定所要添加的若干 OLE 对象和 ActiveX 控件复选框(例如选定 Microsoft Word 文档和 Microsoft Slider Control，version 6.0)，选定“设置为默认值”按钮，选定“确定”按钮退出选项对话框。

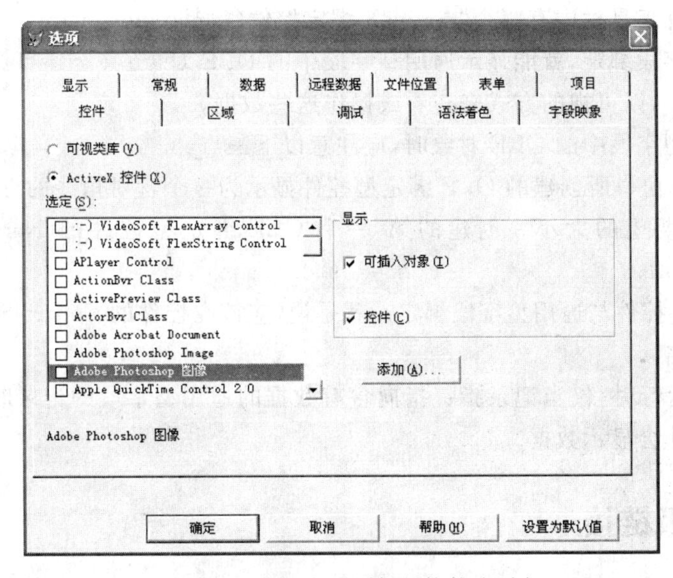

图 1-8-31 “选项”对话框的控件选项卡

注意：在图 1-8-31 中，“可插入对象”和“控件”两个复选框默认为选定，此时在选定列表框中同时显示可供插入的对象与 ActiVeX 控件。若清除了某一复选框，列表中便将去掉相应部分的选项。

(2) 显示方法

OLE 对象和 ActiveX 控件添加到表单控件工具栏后，还须对表单控件工具栏进行显示转换才能显示出来。

转换方法如下：在表单控件工具栏中选定查看类按钮，并在随后弹出的菜单中选定 ActiveX 控件命令，表单控件工具栏就会自动转换成显示 OLE 对象和 ActiveX 控件按钮的窗口，此后用户就可使用这些按钮在表单上创建对象。图 1-8-32 中显示了新增的 Microsoft Word 文档和 Microsoft Slider Control，version 6.0 两个按钮。

图 1-8-32 新增的 OLE 和 ActiveX 按钮

若要恢复到原状态，仍须选定查看类按钮，并在弹出菜单中选定常用命令。

(3) 删除方法

要删除表单控件工具栏中的 OLE 对象按钮或 ActiveX 控件按钮，可通过工具菜单的选项命令来打开选项对话框，并在其控件选项卡的列表中清除有关复选框。

8.8.2 ActiveX 绑定控件

读者已经知道，通用型字段可包含其他应用程序的数据，例如文本、声音、图片与视频等。现在介绍在表单上显示通用型字段数据的方法。

在表单控件工具栏中有一个"ActiveX 绑定控件(Oleboundcontrol)"按钮。这种控件只要与通用型字段绑定，就能显示通用型字段中的 OLE 对象；甚至还可调出创建这些数据的源应用程序，以可视的方式来查看或操作这些数据。

显示通用型字段中的 OLE 对象时，应注意以下三点：

(1) 在表单窗口所创建的 OLE 绑定型控件显示为一个含对角线的方框，用户可按需要将它拖至所期望的大小。创建的第一个 OLE 绑定型控件的 Name 属性默认为 Oleboundcontrol1。

(2) 必须将控件与通用型字段绑定。就是说，应该在控件的 ControlSource 属性中设置通用型字段名。

(3) 表单运行时，仅当记录指针指向含有数据的通用型字段的记录时，在 OLE 绑定型控件区域内才会显示数据。

8.8.3 超级链接

Visual FoxPro 提供了上网浏览的功能。表单控件工具栏中有一个超级链接按钮(见图 1-8-14)，该按钮可用于在表单上创建超级链接对象。超级链接对象含有一个 NavigateTo 方法程序，它允许用户指定一个网址，执行该方法程序时 Visual FoxPro 就会启动 IE 浏览器，并根据指定网址进入网络的站点来显示网页。

【例 8-17】 在表单上创建一个命令按钮，要求表单运行时单击该命令按钮即可跳转到南方工业大学站点。

图 1-8-33 超级链接

① 如图 1-8-33 所示在表单上设置超级链接控件 Hyperlink1 和命令按钮控件 Command1 各一个。

② Command1 的 Caption 属性设置为：南方工业大学。

③ Command1 的 Click 事件代码编写如下：

```
THISFORM.Hyperlink1.NavigateTo ("www.sim.jx.cn")          && 括号内为南方工业大学网址
```

习 题

1. 利用表单向导学做图 1-8-34 所示表单。
2. 设计一个用户权限验证窗口，如图 1-8-35 所示。

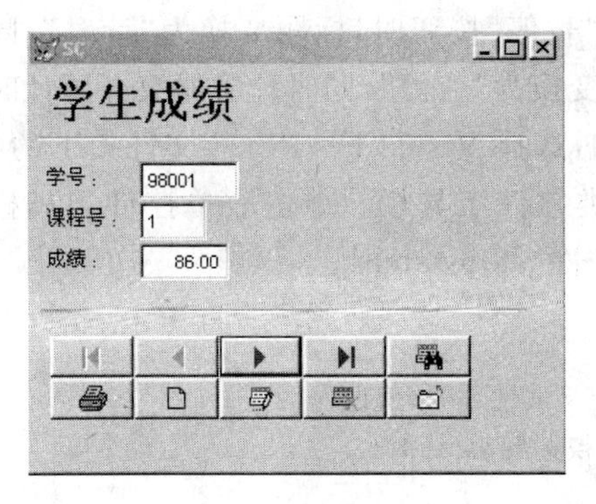

图 1-8-34　学生成绩

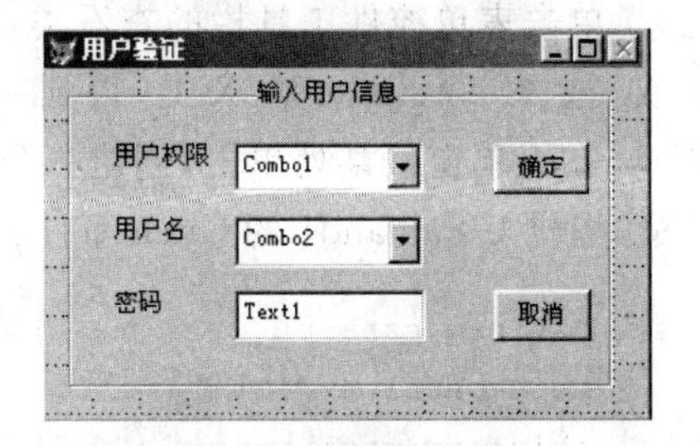

图 1-8-35　用户验证

3. 设计一个网吧收费窗口，假定上网每分钟收取 0.10 元。要求：编写“开始”及“计费”按钮的 Click 事件代码，如图 1-8-36 所示。

4. 设计一个办公事务系统界面，如图 1-8-37 所示。对代码不做要求。

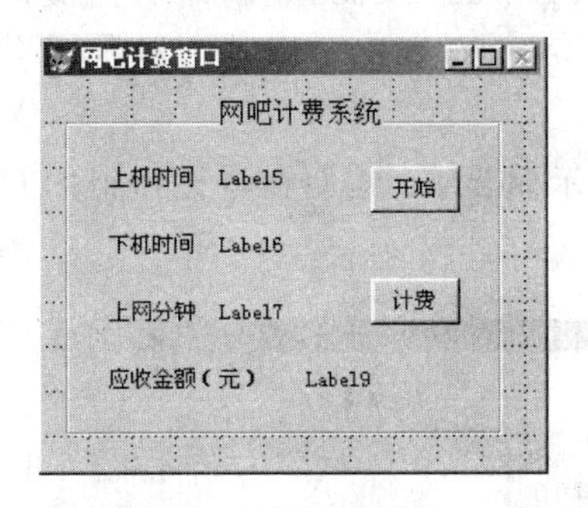

图 1-8-36　网吧计费窗口

图 1-8-37　办公事务系统界面

5. 设计一个用于浏览 STUDENT.DBF 表中记录的表单，要求浏览时不允许删除记录，也不允许增加及修改记录。提示：只需设置表格 Grid1 的相关属性。

6. 设计一个含有两个选项卡的表单，要求：选项卡“统计”能统计出男女生人数；选项卡“数据显示”能显示出 STUDENT.DBF 表中的姓名，如图 1-8-38 所示。

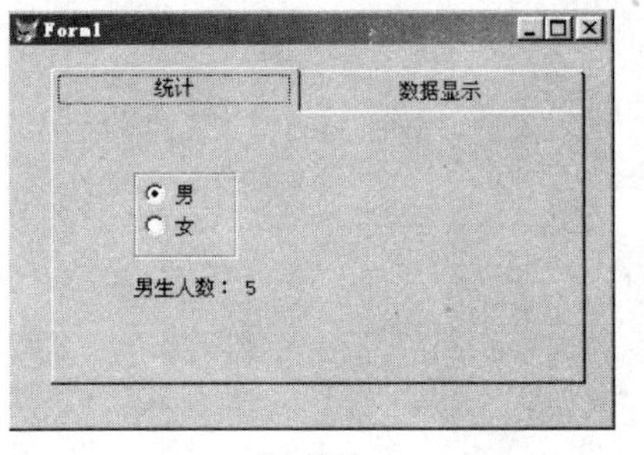

(a) 统计

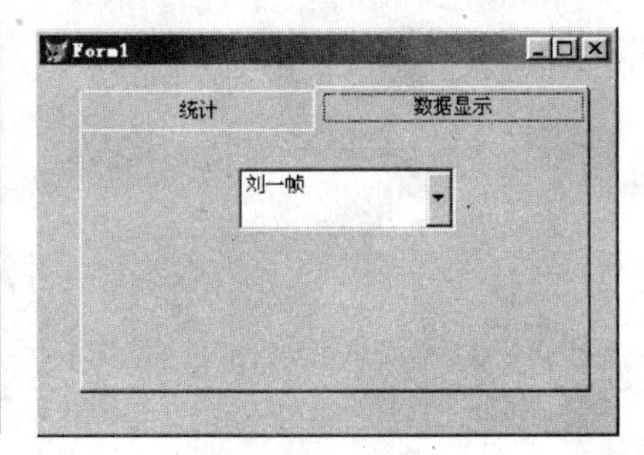

(b) 数据显示

图 1-8-38　表单

7. 设计一个计时器表单(见图 1-8-39)。

要求及提示：①对命令按钮 Command1，将其标题设计成可变换标题，即 Command1

初始标题设为“暂停”，计时器正在计时。当单击“暂停”按钮时，标题变换为“计时”，同时计时器停止计时。当单击“计时”按钮时，标题又变换为“暂停”，同时计时器又开始计时。

② 单击表单控件工具栏的查看类，选择添加，选择 Visual FoxPro98 文件夹下的 Ffc 文件夹，选择_datetime. VCX 类，得到一个时间类控件工具栏。单击表单控件工具栏的小闹钟，在表单窗口某处单击，创建一个计时器控件_stopwatch1。

③ 提供 Command1 的 Click 事件参考代码：

```
if thisform.nstart                     && 自定义属性,初始值设为.T.
    this.caption="计时"                 &&  变换标题为"计时"
    thisform.nstart=.f.
    thisform._stopwatch1.stop          && 调用_stopwatch1.stop方法,即停止计时
else
    this.caption="暂停"                 && 变换标题为"停止"
    thisform.nstart=.t.
    thisform._stopwatch1.reset         && 调用_stopwatch1.reset方法,即计时器复位
    thisform._stopwatch1.start         && 调用_stopwatch1.start方法,即计时器重新计时
Endif
```

8. 设计一个学生成绩录入表单，如图 1-8-40 所示。要求：编写命令按钮组的 Click 事件代码。

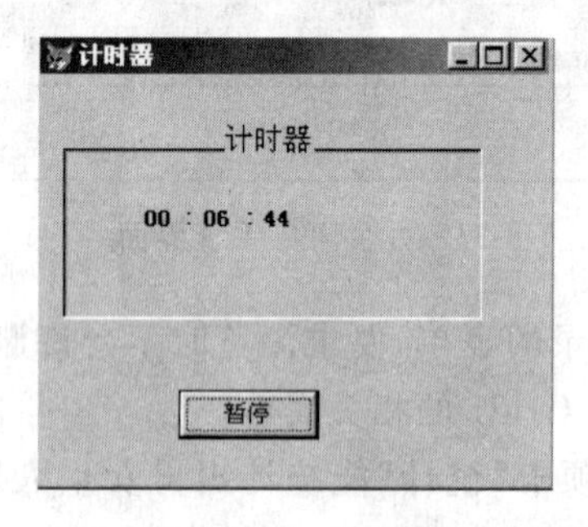

图 1-8-39 计时器

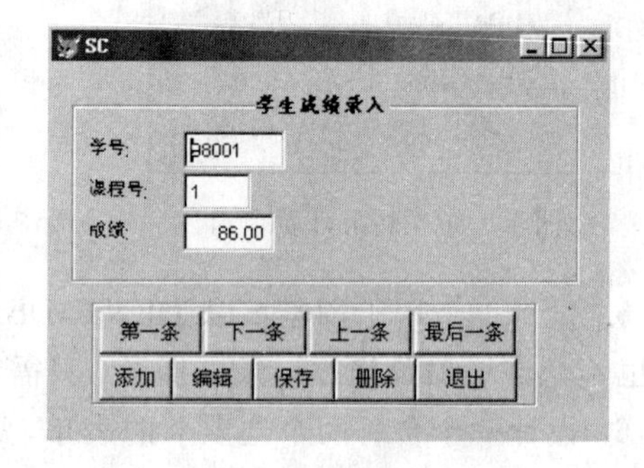

图 1-8-40 学生成绩录入表单

第9章 菜单设计

菜单是应用程序的重要组成部分,良好的菜单系统能很好地反映出应用程序的功能框架,并为用户提供一个友好的操作界面。Visual FoxPro 6.0 提供了菜单设计器,在菜单设计器中可以创建菜单、菜单项、菜单项的子菜单和分隔相关菜单组的线条等,还可以定制备份菜单或设计要发布的应用程序菜单。

9.1 菜单的设计

建立菜单需要规划设计菜单、定义菜单项的响应程序并保存到文件中,Visual FoxPro 6.0 称为菜单文件;然后再根据设计好的菜单生成菜单文件,Visual FoxPro 6.0 称为菜单程序文件。运行该程序文件并激活事件响应即可使用菜单。当事件响应被清除时菜单使用结束,系统菜单需要恢复为默认值。

9.1.1 打开菜单设计器

创建菜单有 3 种方法。第 1 种:选择"文件"菜单中的"新建"菜单命令。第 2 种:在项目管理器中选择"其他"菜单中的"菜单"选项。第 3 种,在命令窗口中直接输入 CREATE MENU 命令出现"新建"对话框,后续操作都一样。现在以第 1 种方法为例进行介绍。

选择"文件"菜单中的"新建"菜单选项,弹出"新建菜单"对话框,如图 1-9-1 所示。在对话框中单击"菜单"按钮就进入了"菜单设计器"窗口,如图 1-9-2 所示。可以在这个窗口中设计或修改一个菜单。

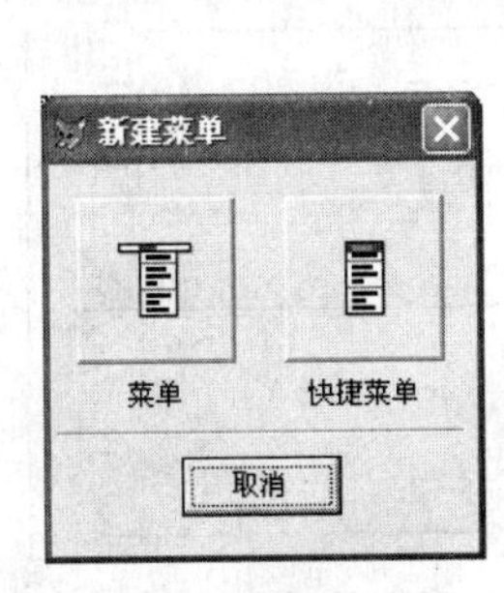

图 1-9-1 "新建菜单"对话框

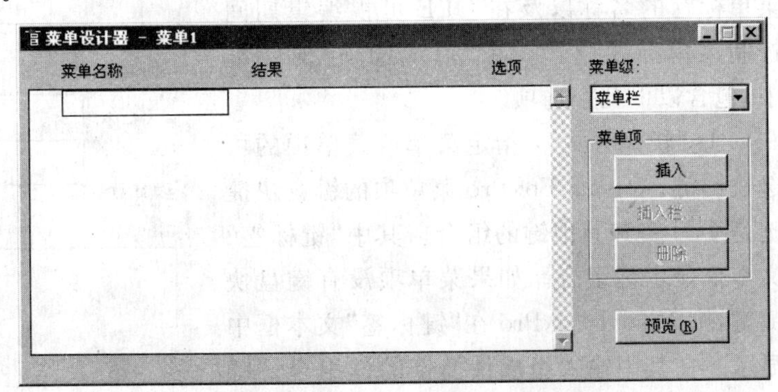

图 1-9-2 "菜单设计器"对话框

9.1.2 菜单设计器功能介绍

(1) 菜单名称：它允许在菜单系统中指定菜单标题和菜单项。此外，在每个提示文本框的前面有一个小方块按钮。当把鼠标移到它上面时指针形状会变成上下双箭头样。用鼠标拖动它可上下改变当前菜单项在菜单列表中的位置。

(2) 结果：指定在选择菜单标题或菜单项时发生的动作。例如，可执行一个命令，打开一个子菜单或运行一个过程。从"结果"栏中选择菜单项，它的弹出列表有以下几个选项。

① "子菜单"：如果定义的当前菜单项没有子菜单，当选中这一项后，在其右侧将出现"创建"按钮，"创建"允许指定菜单标题或菜单项的子菜单或过程。单击"创建"按钮后将进入新的一屏来创建子菜单。如果定义的当前菜单项有子菜单则应选择这一项。选中这一项后，在其右侧将出现"编辑"按钮，"编辑"允许更改与菜单标题或菜单项相关的子菜单或过程。单击"编辑"按钮后将进入新的一屏来设计子菜单。

② "命令"：如果当前菜单项的功能是执行某种动作，则应选择该项。选中这一项后，在其右侧出现一文本框，在这个文本框中输入要执行的命令。此选项仅对应于执行一条命令或调用其他程序的情况。如果要执行的动作需要多条命令来完成，而又无相应的程序可用，可在这里选择"过程"选项。

③ "填充名称"：选中这一项后，在其右侧出现一文本框，可以在文本框中输入一个名字。选择此项的目的主要是为了在程序中引用它。比如，用它来设计动态菜单。如果不选择此项，系统会为各个主菜单和子菜单项指定一个名称。

④ "过程"：用于定义一个与菜单相关联的过程，选择该菜单项后将执行此过程。如果选择了此项，在其右侧将出现一"创建"按钮，单击此按钮将调出编辑窗口供输入过程代码。

(3) 选项：按下此按钮将弹出显示"提示选项"对话框，如图 1-9-3 所示。"提示选项"对话框允许在定制的菜单系统中指定提示的选项。使用此对话框可以定义键盘快捷键、确定废止菜单或菜单项的时间。当选定菜单或菜单项时，在状态栏中包含相应信息，指定菜单标题的名称以及在 OLE 可视编辑期间控制菜单标题位置。在"提示选项"对话框中，包含以下几个选项。

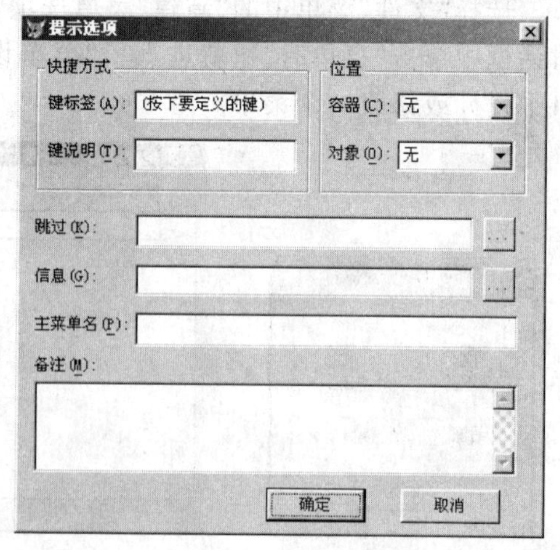

图 1-9-3 "提示选项"对话框

① "快捷方式"：指定菜单或菜单项的可选快捷键。Visual FoxPro 菜单项的键盘快捷键是 Ctrl 键和其他键的组合。其中"键标签"文本框显示键组合。如果菜单项没有键盘快捷键，则 Visual FoxPro 在"键标签"文本框中显示。在其中输入组成快捷键的键组合；"键说明"文本框显示需要出现在菜单项旁边的

文本。除非将其更改，否则该框重复“键标签”文本框的键盘快捷键，不过对它可以更改。例如，如果“键标签”和“键说明”文本框中显示的都是 Ctrl＋R，则用户可将“键说明”文本框的内容改为 ^R。

② “位置”：包括“容器”和“对象”两个选项。它可以指定当用户在应用程序中编辑一个 OLE 对象时，菜单标题的位置。菜单标题的位置有以下几种：“无”指定菜单标题不设置在菜单栏上，这等同于不选择任何选项；“左”指定将菜单标题设置在菜单栏中左边的菜单标题组中；“中”指定将菜单标题设置在菜单栏中间的菜单标题组中；“右”指定将菜单标题设置在菜单栏中右边的菜单标题组中。

③ “跳过”：单击该选项右边的对话按钮将显示表达式生成器，如图 1-9-4 所示。在表达式生成器的“跳过”文本框中，输入表达式来确定菜单或菜单项是否可用。如果表达式为 T，菜单和菜单项不可用。

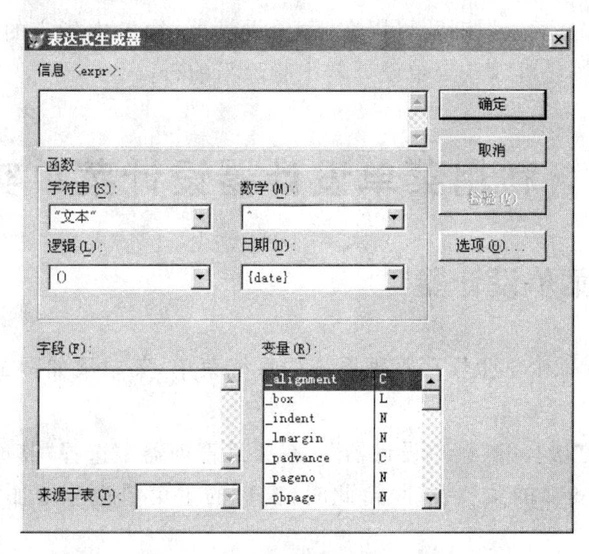

图 1-9-4 “表达式生成器”对话框

④ “信息”：单击该选项右边的对话按钮将显示表达式生成器，在表达式生成器的“信息”文本框中，可以输入用于说明菜单选择的信息。说明信息将出现在 Visual FoxPro 状态栏中。

⑤ “主菜单名”：允许指定可选的菜单标题。生成的菜单程序中的名称或编号是可选的，如果没有指定它们，Visual FoxPro 会自动提供。使用该名称或编号，可以在运行时引用菜单或菜单项。此选项只对菜单可用。

⑥ “备注”：提供输入个人使用的备注的空间。在任何情况下备注都不影响所生成的代码，运行菜单程序时 Visual FoxPro 将忽略备注。

⑦ “菜单项 #”：允许指定可选的菜单标题。此选项只对快捷菜单可用。

(4) 菜单级：允许用户选择要处理的菜单或子菜单。此弹出列表显示出当前所处的菜单级别。当菜单的层次较多时利用此项可知道当前位置，从子菜单返回上面任意一级菜单也要使用此项。

(5) 预览：显示正在创建的菜单。单击此按钮可以查看所设计菜单的形象。在所显示的菜单中可以进行选择、检查菜单的层次关系与提示是否正确等。只是这种选择不会执行各菜单的相应动作。

(6) 菜单项：在"菜单项"中包含"插入"按钮，单击它可以在菜单设计器窗口中插入新的一行。单击"插入栏"按钮将显示"插入系统菜单栏"对话框，在其中可以插入标准的 Visual FoxPro 菜单项。在插入系统菜单栏中允许向"菜单设计器"窗口中添加菜单和菜单选项名称。在菜单栏选项中，菜单列表框列出了可用的菜单名称以及菜单选项名称，它们的显示顺序取决于在"排序依据"选项组中选择的是"用法"还是"提示符"。"排序依据"选项组中的"用法"选项按可用菜单项出现在菜单中的实际顺序，指定菜单列表框来显示菜单项。例如，首先列出所有"文件"菜单中的菜单项，其排列顺序为实际"文件"菜单中的顺序。然后显示"编辑"菜单，以此类推。"提示符"选项按字母顺序，指定菜单列表框显示可用的菜单项。单击"插入"按钮，可以在"菜单设计器"窗口中指定的行上插入选定的菜单项。单击"删除"按钮可以从菜单设计器中删除当前行。

9.2 利用菜单设计器设计菜单实例

9.2.1 打开"菜单设计器"

【例 9-1】 设计一个学生学籍管理系统的系统菜单，菜单项如图 1-9-5 所示。操作步骤如下：

(1) 用第 2 种方法打开"菜单设计器"：在项目管理器中选择"其他"菜单中的"菜单"→"新建"，打开图 1-9-2 的菜单设计器；此时，窗口的主菜单栏会增加"菜单"项，用于"菜单"操作。

(2) 设置主菜单项：在"菜单设计器"对话框的"菜单名称"列中输入主菜单名，在"结果"项中选择"子菜单"或"命令"。

(3) 设计子菜单：以"数据显示"项为例介绍其子菜单的设计。

① 单击"数据显示"项所在行的"创建"，弹出"子菜单"的菜单设计器窗口。此时，注

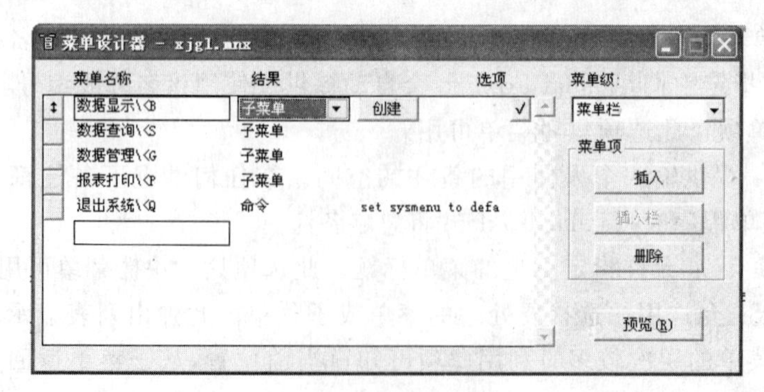

图 1-9-5 菜单设计器

意观察“菜单级”的下拉列表框显示的是“数据显示 B”,意味着目前处于子菜单的设计中,如图 1-9-6 所示。

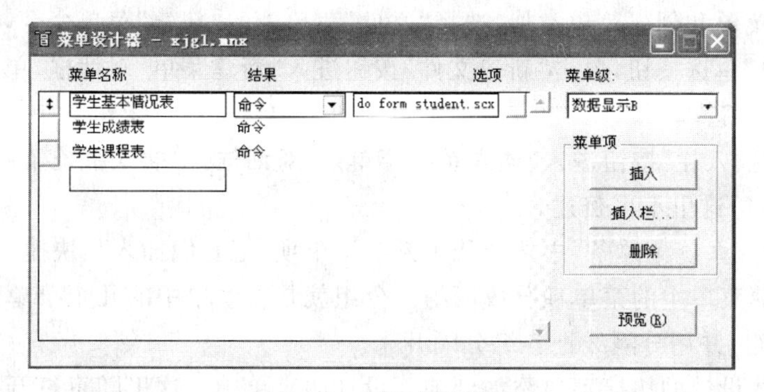

图 1-9-6　子菜单的设计

注意,如果此菜单项的子菜单存在,则“创建”按钮变成“编辑”按钮,单击“编辑”按钮可以重新修改子菜单。

② 设计“子菜单”项：包括学生基本情况表、学生成绩表、课程表。在“结果”处选“命令”,则在其右侧会出现一个文本框,在文本框输入命令。如：do form student. scx 则选择该菜单项时运行“学生基本情况”表单。当然,首先要存在 student. scx 表单文件。

③ 其余主菜单项的子菜单设计同上。

(4) 菜单预览：单击图中的“预览”按钮,得到主菜单预览效果。

(5) 关闭菜单设计器窗口,弹出是否保存的对话框。菜单文件的扩展名为. mnx。该文件存储的是对菜单文件的描述。

(6) 生成菜单程序文件：单击“项目管理器”中的“运行”,则会自动生成主文件名相同、扩展名为. mpr 的菜单程序文件。或者,在关闭菜单设计器窗口前,单击“菜单”项下的“生成”,则弹出“生成菜单”对话框,如图 1-9-7 所示。

(7) 运行菜单：单击“项目管理器”中的“运行”或者用命令“do 文件名. mpr”。运行结果如图 1-9-8 所示。

图 1-9-7　“生成菜单”对话框

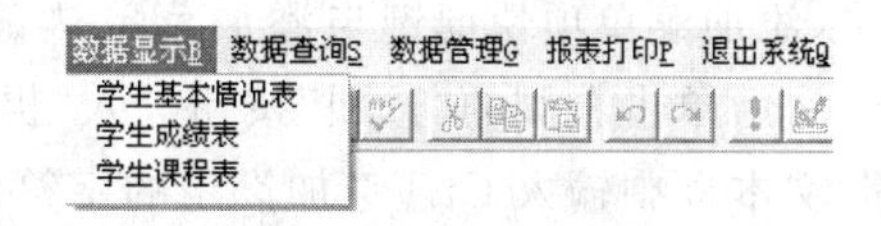

图 1-9-8　学生学籍管理应用程序的主菜单

9.2.2　创建快捷菜单

在 Visual FoxPro 中随处可见快捷菜单,只要右击屏幕的某个区域或某个对象即可弹出快捷菜单,弹出的快捷菜单列出了与特定屏幕区域或选定内容相关的命令。在快捷菜单中有关于当前这个区域或对象可使用的菜单选项,它们常常是标准菜单中的菜单选项或工具栏中工具按钮的一部分。在 Visual FoxPro 菜单设计器中,同样可以创建的表单设计快捷菜单。下面介绍如何创建快捷菜单。

创建快捷菜单和创建菜单类似,选择“文件”菜单中的“新建”菜单命令,在“新建”对话框中选择“菜单”单选按钮,单击“新建文件”按钮进入“新建菜单”对话框,单击“快捷菜单”按钮就进入了快捷菜单设计器。在快捷菜单生成器中进行如下操作。

(1) 单击“插入栏”按钮进入“插入系统菜单条”对话框。“插入系统菜单条”对话框在前面已经介绍过,这里不再赘述。

(2) 从“插入系统菜单条”中选择几个系统菜单项,把它们插入到快捷菜单中。

(3) 把快捷菜单中的菜单项分成两组。分组就是将菜单中的几个菜单项按照功能的不同分成几个组,并用分隔线把各组分隔开来。

(4) 把刚才设计的快捷菜单添加到前面设计的表单中。这里随意打开一个表单进入表单设计器。在表单设计器中,单击选择表单窗口中的页框控件,在它的属性对话框中选择 rightClick Event 选项,为这个控件的 rightClick 过程在过程代码编辑窗口中输入:DO 菜单 4.mpr。保存表单修改,运行这个表单,右击表单中的页框控件即可弹出它的快捷菜单。

9.2.3 添加热键和快捷键

1. 添加热键

添加热键比较容易,在菜单设计器中的“菜单名称”列插入一个新菜单项,在热键字母的左侧输入(\),然后单击右侧的“选项”按钮弹出提示选项对话框。在“提示选项”对话框中的“键标签”文本框里输入 Alt 加所选热键的字母即可。比如想设置“编辑”菜单的热键 Alt+E,就可以在“键标签”文本框中输入 Alt+E,则在“键标签”文本框中自动加上 Alt+E 组合键。菜单标题的任何字母都可定义为热键,热键是一个带下划线的英文字母。设置完成之后,就可以通过热键来访问该菜单。比如,可以在系统菜单中按下 Alt+E 来访问“编辑”菜单。

2. 添加快捷键

添加菜单项快捷键与添加菜单热键的方法类似。在菜单设计器中设置快捷键菜单项,然后单击右侧的“选项”按钮进入“提示选项”对话框,在“提示选项”对话框中的“键标签”文本框中输入 Ctrl 键加设定的字符即可。

第10章 报表设计

在数据库应用系统中，常需将数据处理结果以报表形式打印出来。报表由数据源和布局两部分组成，数据源一般是用户数据库中的表或视图，报表布局定义了报表输出的各种格式。

用户可以利用报表设计器设计复杂的报表，如列表、摘要或像明细表这样的特殊清单。设计报表的一般步骤是：

(1) 确定建立哪一类报表。

(2) 建立报表布局文件。

(3) 修改及设计布局。

(4) 查看和打印报表。

10.1 创建报表

报表文件以.FRX为扩展名，用于存储报表的描述。Visual FoxPro 6.0 提供了3种创建报表布局的方法：

(1) 用报表向导创建简单的单表或多表报表。

(2) 直接用报表设计器创建报表。

(3) 用快速报表命令创建报表。

Visual FoxPro 为处理报表提供了专用的报表设计器，它兼有设计、显示和打印报表的功能。报表设计器可以修改用上述各种方法产生的报表，使之更加完善与适用。报表设计器的基本操作包括：打开报表设计器，快速建立报表，报表页面预览，保存报表定义和打印报表等内容。

使用报表设计器来设计报表，其主要任务是设计报表布局和确定数据源，报表布局确定了报表样式，而数据源则为布局中的控件提供数据。

10.1.1 报表设计器

报表设计器窗口打开后，在 Visual FoxPro 系统菜单中将临时增加“报表”菜单。打开报表设计器的方法有如下几种。

(1) 用命令方式建立或打开

格式：MODIFY REPORT ＜报表文件名＞

说明：打开报表设计器。报表文件的扩展名为.FRX,但命令中允许缺省。

(2) 用菜单方式打开

选择"文件"→"新建"命令，选择"报表"→"新建报表"(或"项目管理器"→"文档"→"报表"→"新建报表"),打开"报表设计器"窗口，如图 1-10-1 所示。

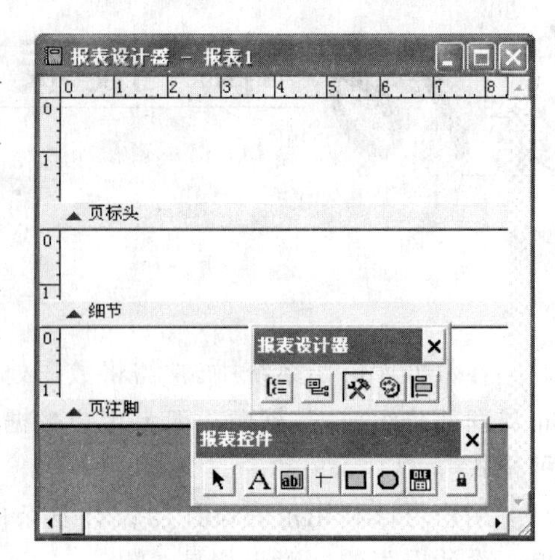

图 1-10-1　报表设计器窗口

"报表设计器"主要由页标头、细节、页注脚、报表设计器工具栏、报表控件工具栏、带区调整和保存等部分组成。

- 页标头：表格的总标题和栏目标题，每页只打印一次。
- 细节：表格的行，紧跟在页标头下面打印，行数由数据环境中表的记录数决定。
- 页注脚：表格的注释，每页只打印一次，一般打印制表人姓名、日期和页号。
- 报表设计器工具栏：有 5 个按钮，用于"报表设计器"制表的各项工作。
- 报表控件工具栏：有 8 个按钮，用于"报表设计器"输入文字、数据、表格线和图案。如图 1-10-1 下部的工具栏，各按钮功能见表 1-10-1 所示。
- 带区调整：对 3 个空白带区的高度可以直接拖动带区标识栏进行调整，也可以双击标识栏进入属性对话框进行调整。

表 1-10-1　报表控件工具栏的按钮及功能

按　钮	功　能
选定对象	按下后允许以拖动方式选择控件
标签 A	用于输入文字，如标题。可以选择"格式"菜单中的"字体"设置输入文字的字体和字号等
域控件	进入"报表表达式"对话框，用于输入字段、变量、函数或表达式来安排数据的位置
线条	用于画出报表中的连线并安排其位置
矩形	添加矩形，用于特殊的文字修饰
圆角矩形	添加圆角矩形、椭圆或圆形
图片/ActiveX 绑定控件	添加图片或包含 OLE 对象的通用型字段
按钮锁定	按下后，允许控件连续使用

10.1.2　快速报表

快速报表是为用户自动建立一个简单报表布局的快速工具。当用户选择一些基本报表组成部分后，Visual FoxPro 就会用这些用户选择项来建立布局。

建立快速报表步骤如下：

(1) 打开图 1-10-1 所示的报表设计器窗口。

(2) 在“报表”菜单项中选择“快速报表”。

(3) 选择所需数据源。

(4) 选择所需字段布局、标题和别名选项，如图 1-10-2 所示。

(5) 如果需要为报表选择不同的字段，选择“字段”并完成字段选择。

(6) 单击“确定”按钮。

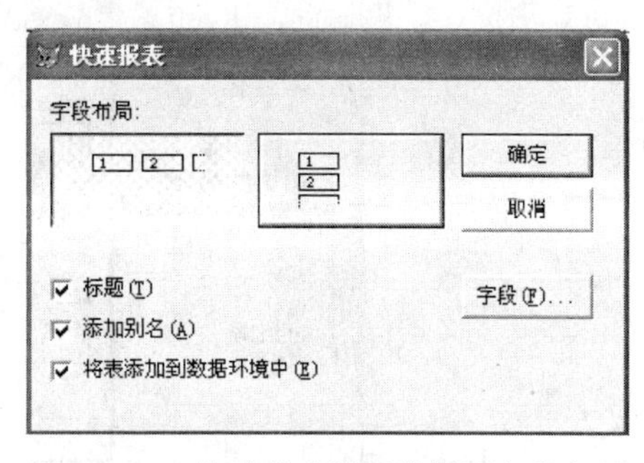

图 1-10-2　快速报表设置数据源字段布局

【例 10-1】　利用快速报表为 student. dbf 设计一张包括学号、姓名、性别、所在学院的学生基本情况表。

操作步骤：

(1) 打开报表设计器窗口“报表”菜单项下的“快速报表”。

(2) 设置数据源：设置数据源有两种方法。

- 在选定快速报表命令后会出现打开对话框，在对话框中选择数据表 student. dbf，如图 1-10-3 所示。单击“确定”，进入图 1-10-2 所示的对话框。

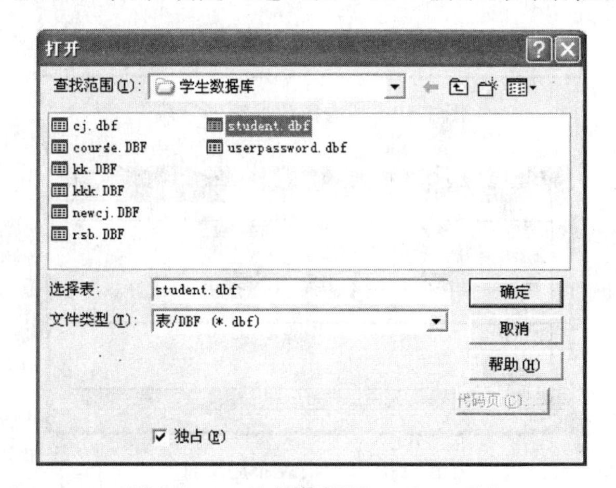

图 1-10-3　选择数据源 student. dbf

- 在未执行快速报表前，在报表设计器窗口单击鼠标右键，在快捷菜单中选定数据环境命令，在数据环境设计器窗口中添加 student. dbf 表，如图 1-10-4 所示。单击“报表设计器”窗口，在“报表”菜单项中选择“快速报表”，进入图 1-10-2 所示的对话框。

(3) 设置字段布局：在图 1-10-2 所示的对话框中单击“字段”按钮。选择“学号、姓名、性别、所在学院”所需的四个字段，如图 1-10-5 所示。单击“确定”返回图 1-10-2 所示的对话框，本例字段布局设为水平方向。

(4) 在图 1-10-2 所示的对话框中单击“确定”，得到图 1-10-6 所示的报表布局文件。

(5) 预览报表：单击工具栏上的“打印预览”按钮，得到图 1-10-7 所示的报表预览。

(6) “打印预览”工具栏：在打印预览界面上有一个浮动的“打印预览”工具栏，如

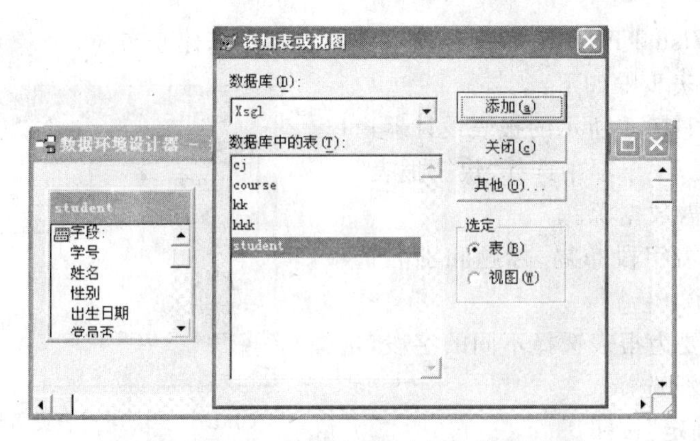

图 1-10-4　在数据环境中添加数据源

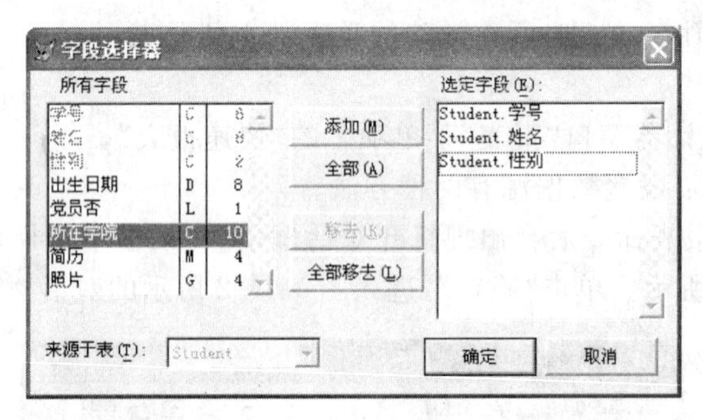

图 1-10-5　选择数据源的字段

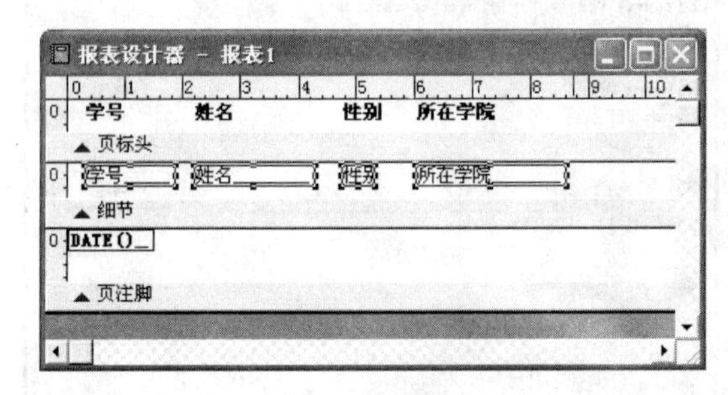

图 1-10-6　报表布局文件

学号	姓名	性别	所在学院
200901	李泳	男	机电学院
200902	刘一帧	女	信息学院
200903	王小敏	女	经管学院
200904	张大山	男	机电学院
200905	张强	男	机电学院
200906	王达	女	信息学院
200907	许志强	男	材化学院
200908	刘晓东	男	材化学院

图 1-10-7　打印预览

图 1-10-8 所示，用于上下翻页和退出预览及打印。

图 1-10-8 “打印预览”工具栏

注：在保存报表后，还可以用命令预览报表，其命令格式如下：

```
Report form <报表文件名> preview
```

(7) 保存报表：单击报表设计器窗口右上角的关闭按钮，询问是否保存报表。单击“是”按钮保存，将产生报表文件 student.frx 及其备注文件 student.frt。备注文件与其报表文件的主名相同，扩展名为.frt。

10.2 报表设计器创建报表

上节的快速报表已经覆盖了报表的各个环节的操作。由于快速报表的功能比较简单，所以设计的报表其形式也比较单调。为了设计更复杂美观的报表，报表设计器还提供了一组高级功能，用于改进报表的设计。

报表设计器支持多页报表：一页中可包括一个或多个数据组，允许设置多列；每页可有页标头和页注脚；每组可有组标头和组注脚；整套报表还可有一个标题和一个总结。这些要求都可通过报表带区设计来实现。

1. 基本带区

报表设计器窗口刚打开时，窗内已含有页标头、细节和页注脚等 3 个基本带区。如图 1-10-1 所示。这 3 个基本带区已在 10.2.1 节介绍过，此处不再复述。

2. 调整带区高度

快速制表产生的报表带区，其高度仅能容纳一个控件。报表设计器允许调整带区的高度，从而进行增减控件、放大缩小控件或留出空行等操作。

(1) 粗调法：将鼠标移至某带区标识栏上，出现一个上下双向箭头，此时若向上或向下拖曳，带区高度就会随之变化。

(2) 微调法：双击某标识栏任何位置，可打开一个供用户调整带区高度的对话框。例如双击细节标识栏就能打开如图 1-10-9 所示的细节对话框，其中的高度微调器用于指定细节带区的高度。

3. 标题与总结带区

选定“报表”→“标题/总结”命令，将出现如图 1-10-10 所示的“标题/总结”对话框，利用此框可在报表设计器窗口增删标题带区或总结带区。

(1) 报表标题区

若选定标题带区复选框，页标头带区上方就会增添一个标题带区。选定新页复选框，则在打印标题带区内容后将换打新页。

(2) 报表总结区

若选定总结带区复选框，会在页注脚带区下方添加一个总结带区。选定新页复选框将换用新页打印总结带区的内容。若要从报表设计器窗口取消标题带区或总结带区，只需取消对标题带区复选框或总结带区复选框的选定即可。

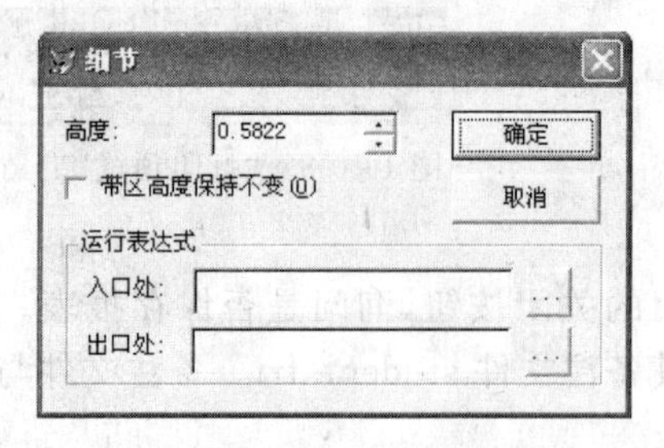

图 1-10-9　细节高度调整对话框

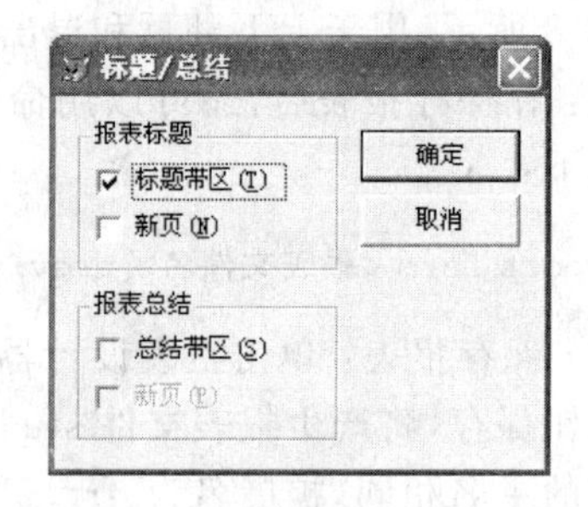

图 1-10-10　"标题/总结"对话框

4. 数据分组与组标头/组注脚带区

若要打印分类表、汇总表等报表(如考生按成绩分类,企事业单位按部门或按小组打印工资单等),在设计报表时需将数据分组。

数据分组:选定"报表"→"数据分组"命令,就会出现"数据分组"对话框(见图 1-10-11)。

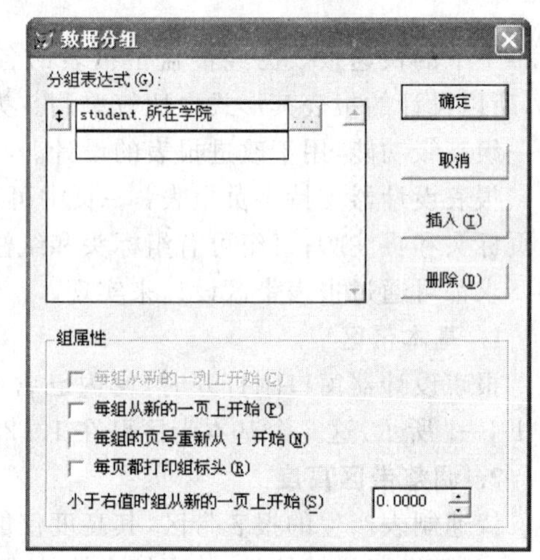

图 1-10-11　"数据分组"对话框

【例 10-2】 在例 10-1 所制报表的基础上,设计如图 1-10-12 所示具有表格线的学生基本情况表。

(1) 打开例 10-1 所制报表 student.frx。

(2) 调整各报表带区的高度:用粗调法对各带区进行调整。

(3) 调整布局:用鼠标分别框选页标头、细节所在行的内容,各数据项四角出现黑色的句柄,然后用鼠标在水平方向和垂直方向拖曳至合适位置。

(4) 画表格线:在"报表控件"工具栏选定"线条"按钮,然后在页标头和细节区根据所需报表样式分别画横线和竖线,如图 1-10-12 中的页标头和细节带区所示。

(5) 增加标题区:选择"报表"→"标题/总结",打开"标题/总结"对话框,勾选标题带区。如图 1-10-10 所示,在页标头区的上部出现标题带区,利用"报表控件"工具栏的"标签"控件在标题带区输入标题"学生基本情况表"。选定该标签,选择"格式"→"字体"将标签设置为黑体、三号字。

(6) 增加"数据分组":对每个学院人数进行数据统计。如图 1-10-11,在"分组表达式"选定"所在学院"字段。

(7) 在组注脚 1 带区:添加标签"小计:"和域控件"所在学院"(可以直接复制细节带区的)。

(8) 计算字段:双击组注脚 1 带区中的"所在学院"域控件,打开"报表表达式对话框",接着单击"计算"按钮,在"计算字段"对话框中选择"计数",如图 1-10-13 所示。

(9) 预览、保存报表,如图 1-10-14 所示。

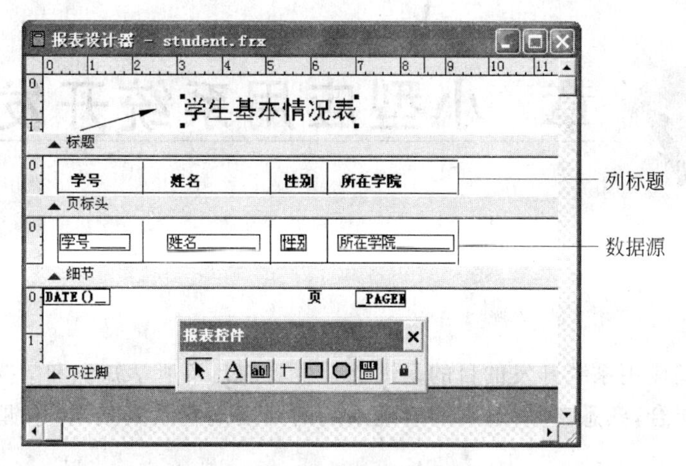

图 1-10-12　带表格线的报表

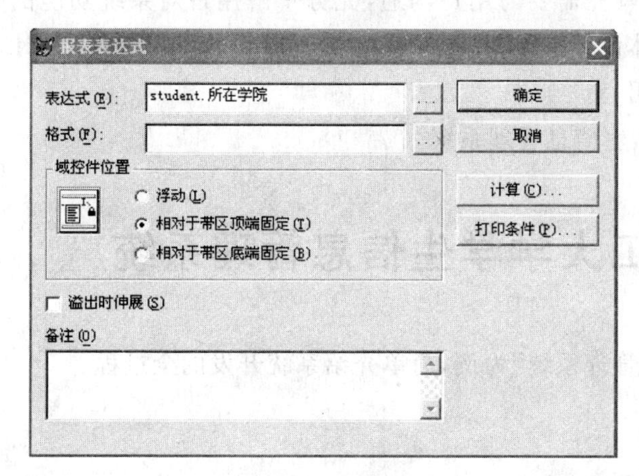

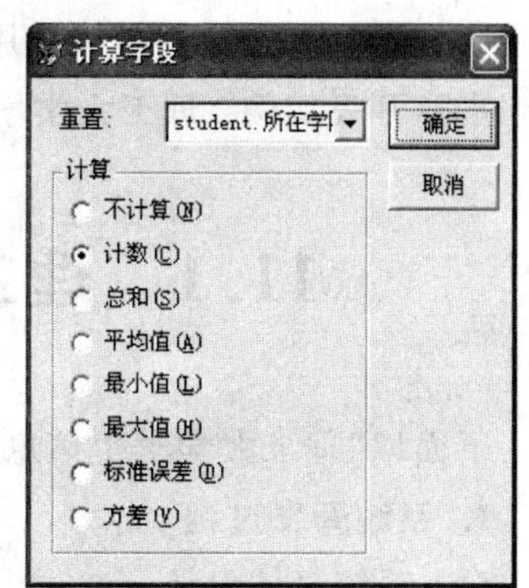

图 1-10-13　计算字段

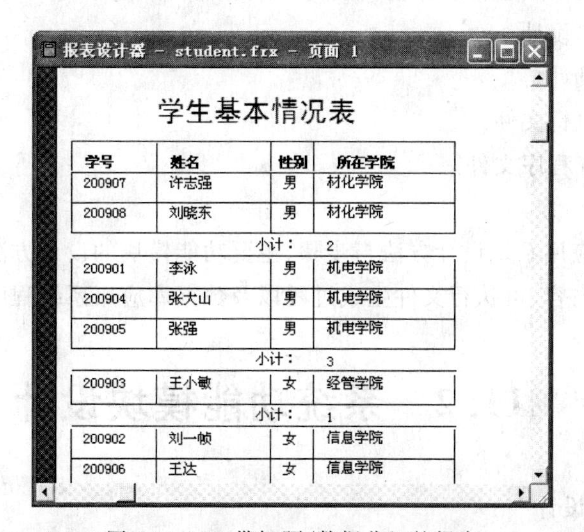

学生基本情况表

学号	姓名	性别	所在学院
200907	许志强	男	材化学院
200908	刘晓东	男	材化学院
	小计：		2
200901	李泳	男	机电学院
200904	张大山	男	机电学院
200905	张强	男	机电学院
	小计：		3
200903	王小敏	女	经管学院
	小计：		1
200902	刘一帧	女	信息学院
200906	王达	女	信息学院

图 1-10-14　带标题/数据分组的报表

第11章 小型应用系统开发实例

本章小型应用系统开发的目的是训练学生将前几章所学知识和掌握的操作技能进行串联和逻辑组合，熟悉、理解数据库管理系统的开发流程及其技巧，掌握开发应用系统的方法和步骤。

任何一个管理系统的开发，首先需要与用户沟通，充分了解用户对系统功能的需求，然后根据需求分析出系统的总体设计框架，接下来就是数据库设计、应用程序设计、软件编程、调试和测试，最后投入使用。

本章开发实例：理工大学学生信息管理系统。

11.1 理工大学学生信息管理系统

下面以“理工大学学生信息管理系统”为例，简单介绍系统开发的全过程。

1. 系统开发过程

(1) 系统总体设计。

(2) 数据库设计及主要工作窗口设计(即表单设计)。

(3) 系统菜单设计。

(4) 主程序设计。

(5) 生成可执行文件。

(6) 执行系统程序文件。

2. 开发目的

掌握数据库应用系统设计方法与步骤、主要功能模块的设计方法、数据库应用系统主程序设计方法及内容、可执行文件生成过程以及数据库应用系统程序的开发方法。

11.2 系统功能模块设计

1. 系统总体设计

“理工大学学生信息管理系统”系统分 4 个功能模块：初始设置、学生档案、学生成绩、系统，见图 1-11-1。

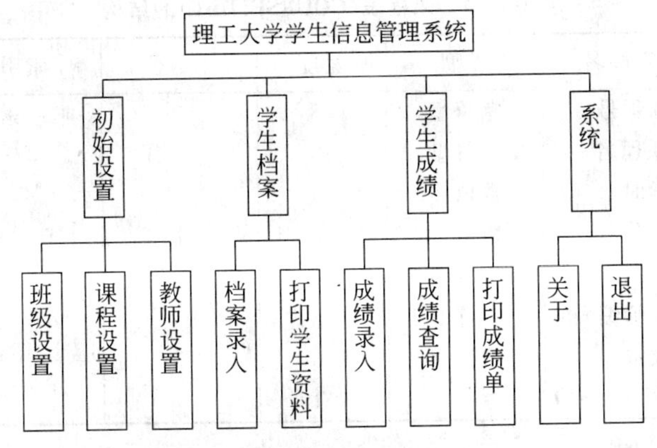

图 1-11-1　系统总体设计框架图

(1) 初始设置：完成班级、课程、教师数据的录入。

(2) 学生档案：完成学生档案数据的录入以及打印。

(3) 学生成绩：完成成绩录入、查询、打印。

(4) 系统：提示系统版本及有关作者说明。

2. 数据库设计

(1) 数据库设计

数据库设计(XSCJ. DBC)见图 1-11-2 所示。

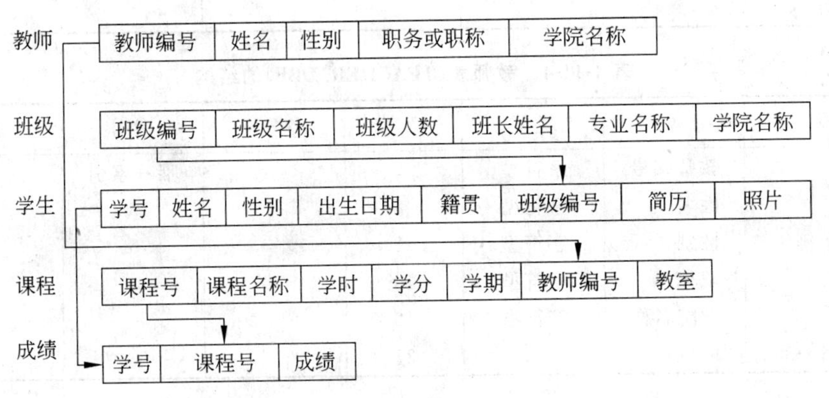

图 1-11-2　数据库设计示意图

(2) 表结构设计

表结构设计详见表 1-11-1、表 1-11-2、表 1-11-3、表 1-11-4、表 1-11-5、表 1-11-6。

表 1-11-1　成绩表(CJ. DBF)

字段	字段名	类型	宽度	小数位	索引	排序
1	学号	字符型	6		普通索引	PINYIN
2	课程号	字符型	3			
3	成绩	数值型	6	2		
总计			16			

表 1-11-2　课程表(COURSE. DBF)的结构

字段	字段名	类型	宽度	小数位	索引	排序
1	课程号	字符型	3		唯一索引	
2	课程名	字符型	10			
3	学时	数值型	4			
4	学分	数值型	3	1		
5	学期	字符型	6			
6	教师编号	字符型	8			
7	教室	字符型	6			
总计			1			

表 1-11-3　学生表(STUDENT. DBF)的结构

字段	字段名	类型	宽度	小数位	索引	排序
1	学号	字符型	6		唯一索引	
2	姓名	字符型	8			
3	性别	字符型	2			
4	出生日期	日期型	8			
6	班级编号	字符型	10			
7	简历	备注型	4			
8	照片	通用型	4			
总计			41			

表 1-11-4　教师表(TEACHER. DBF)的结构

字段	字段名	类型	宽度	小数位	索引	排序
1	教师编号	字符型	6		唯一索引	
2	姓名	字符型	8			
3	性别	字符型	2			
4	职称	字符型	10			
5	学院名称	字符型	10			
总计			37			

表 1-11-5　班级表(CLASS. DBF)的结构

字段	字段名	类型	宽度	小数位	索引	排序
1	班级编号	字符型	10		唯一索引	
2	班级名称	字符型	10			
3	班级人数	字符型	2			
4	班长姓名	字符型	10			
5	专业名称	字符型	10			
总计			37			

表 1-11-6　登录表(USERPASSWORD.DBF)的结构

字段	字段名	类型	宽度	小数位	索引	排序
1	用户名	字符型	8			
2	密码	字符型	6			
** 总计 **			15			

(3) 表间关系

数据库中 5 个表的表间关系见图 1-11-3 所示。

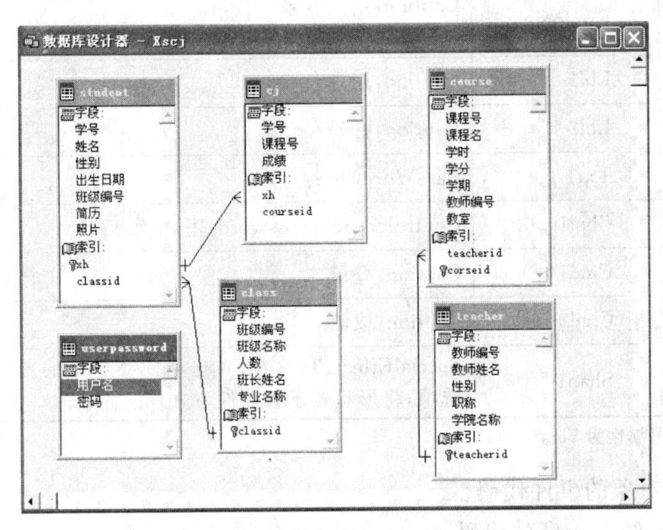

图 1-11-3　数据库各表间的关系

11.3　主要工作窗口设计

11.3.1　用户登录窗口设计

1. 用户登录窗口

用户登录窗口是管理系统最初级的安全措施之一，用于验证用户名和密码，如图 1-11-4 所示。

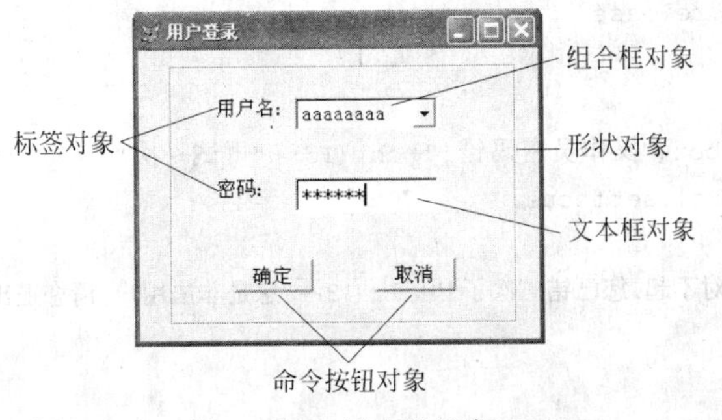

图 1-11-4　用户登录窗口

2. 操作步骤

(1) 登录界面窗口设计：在表单设计器中按图 1-11-4 添加对象：两个标签、两个命令按钮、一个形状、一个组合框、一个文本框。

(2) 各对象属性设置：按表 1-11-7 进行属性设置。

表 1-11-7　用户登录窗口(frmlogin.scx)各控件属性及事件

对象	属性 Name	其 他 属 性	事件
登录窗口	Frmlogin	Caption:用户登录 AutoCenter:.T.	Init
标签	Lbl1	Caption:用户名	无
	Lbl2	Caption:密码	
文本框	Txt1	PassWordChar:*	
组合框	Cbol1	ControlSource:password.用户	
命令按钮	Cmd1	Caption:登录	Click
	Cmd2	Caption:取消	Click
形状	Shap1	SpecialEffect:0～3 维(单击格式菜单下的置后选项,将形状置于各控件下方)	

注：以上对象字号属性为 FontSize:11。

(3) 编写各对象的事件代码。

① Frmlogin 的 Init 事件代码

```
Public i                        &&&& 用于累计密码输入的次数
i=1
Thisform.cbol1.setfocus         && 组合框获得焦点
```

② Cmd1 的 Click 事件代码

```
    i=i+1
    select userpassword
  locate for alltrim(userpassword.用户名)==alltrim(thisform.cbol1.value)
  if found() and (alltrim(userpassword.密码)=alltrim(thisform.txt1.value))
      do form  mainfrm
      thisform.release
    else
      if i<3
      =Messagebox("操作员密码错!"+chr(13)+"再试一次" ,48,"警告")
    thisform.txt1.setfocus
  else
  =Messagebox("对不起,您已错三次了!"+chr(13)+"您是非法用户,请您退出系统",48,"严重警告")
  quit
  endif
endif
```

③ Cmd2 的 Click 事件代码

```
Thisform.release
```

保存“登录”表单，表单文件名为 frmlogin. scx。

11.3.2 窗口设计

1. 登录提示窗口设计

登录提示窗口如图 1-11-5 所示。

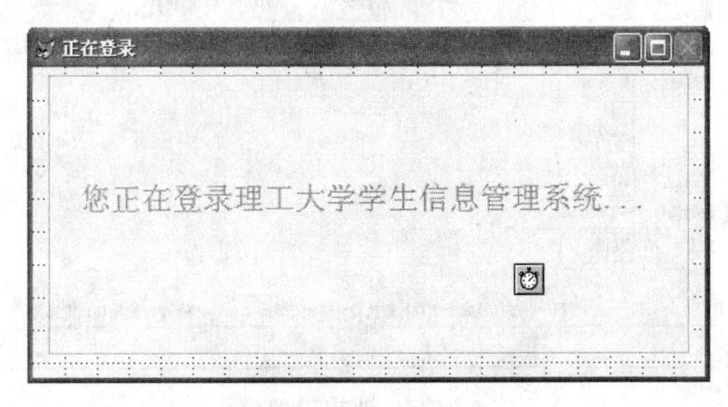

图 1-11-5　登录提示窗口

(1) 在表单设计器中按图 1-11-5 添加对象：一个标签、一个形状、一个计时器。

(2) 各对象属性设置：按表 1-11-8 进行属性设置。

表 1-11-8　登录提示窗口(mainfrm. scx)各控件属性及事件

对象	属性 Name	其 他 属 性	事件
登录窗口	mainfrm	Caption：正在登录 AutoCenter：. T.	无
标签	Lbl1	Caption：您正在登录理工大学学生信息管理系统…… FontSize：17	无
形状	Shap1	SpecialEffect：0～3 维	无
计时器	Timer1	Interval：2000	Timer

(3) 编写 Timer1 对象的 Timer 事件代码。

2. 主要工作窗口设计

利用表单向导分别完成：班级设置(class. scx)、课程设置(course. scx)、教师设置(teacher. scx)、档案录入(student. scx)、成绩录入(cj. scx)窗口，如图 1-11-6、图 1-11-7、图 1-11-8、图 1-11-9、图 1-11-10 所示。

成绩查询(search. scx)窗口(图 1-11-11)设计步骤如下：

(1) 在表单设计器中按图 1-11-10 添加控件：两个标签、一个组合框、一个文本框、一个命令按钮、一个表格。

(2) 各对象属性设置：按表 1-11-9 进行属性设置。

班级设置
班级编号:
0501201001
班级名称:
10计算机01
人数:
30
班长姓名:
张海如
专业名称:
计算机
第一个(T)
前一个(P)
下一个(N)
最后一个(B)
查找(F)
打印(R)
添加(A)
编辑(E)
删除(D)
退出(X)

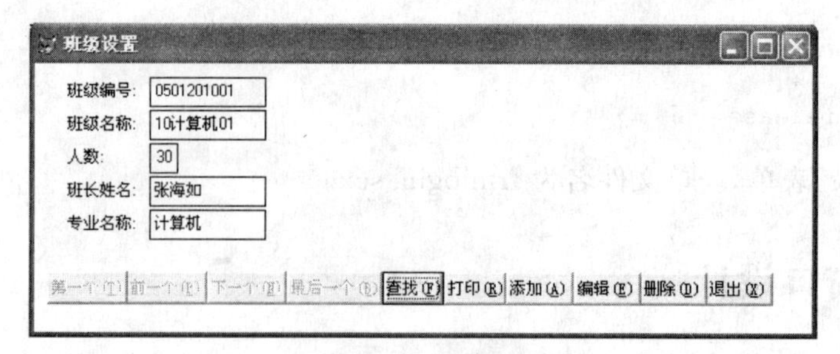

图 1-11-6　班级设置窗口

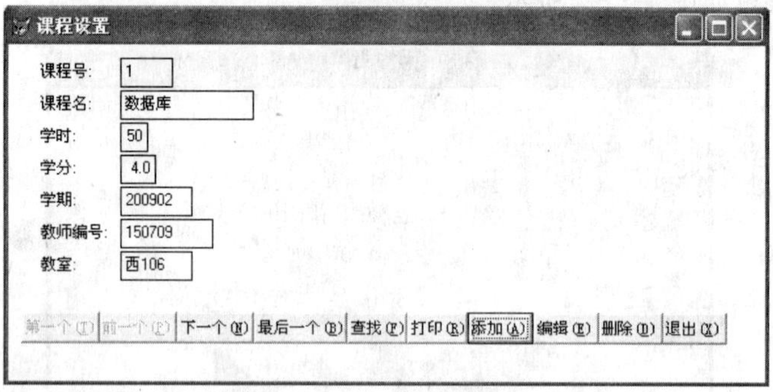

课程设置
课程号:
1
课程名:
数据库
学时:
50
学分:
4.0
学期:
200902
教师编号:
150709
教室:
西106
第一个(T)
前一个(P)
下一个(N)
最后一个(B)
查找(F)
打印(R)
添加(A)
编辑(E)
删除(D)
退出(X)

图 1-11-7　课程设置窗口

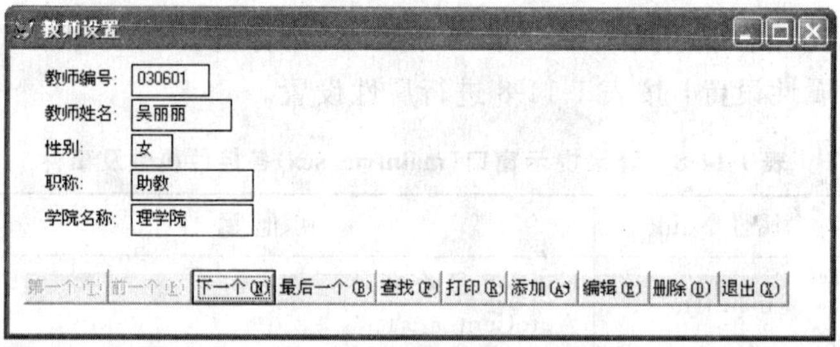

教师设置
教师编号:
030601
教师姓名:
吴丽丽
性别:
女
职称:
助教
学院名称:
理学院
第一个(T)
前一个(P)
下一个(N)
最后一个(B)
查找(F)
打印(R)
添加(A)
编辑(E)
删除(D)
退出(X)

图 1-11-8　教师设置窗口

档案录入
学号:
200904
姓名:
张大山
性别:
男
出生日期:
11/30/1990
班级编号:
机电学院
简历:
照片:
第一个(T)
前一个(P)
下一个(N)
最后一个(B)
查找(F)
打印(R)
添加(A)
编辑(E)
删除(D)
退出(X)

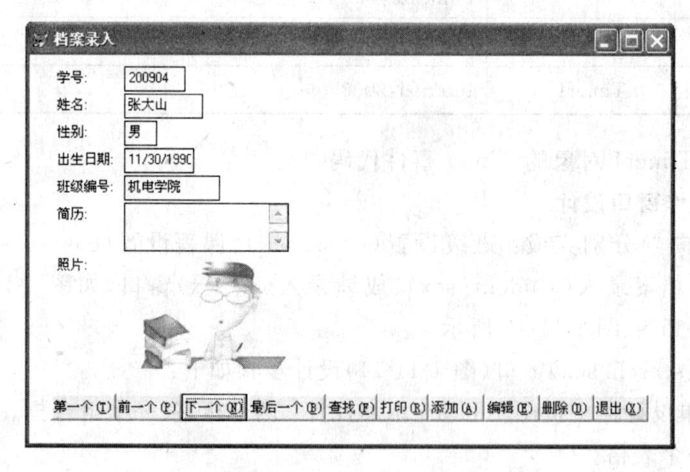

图 1-11-9　档案录入窗口

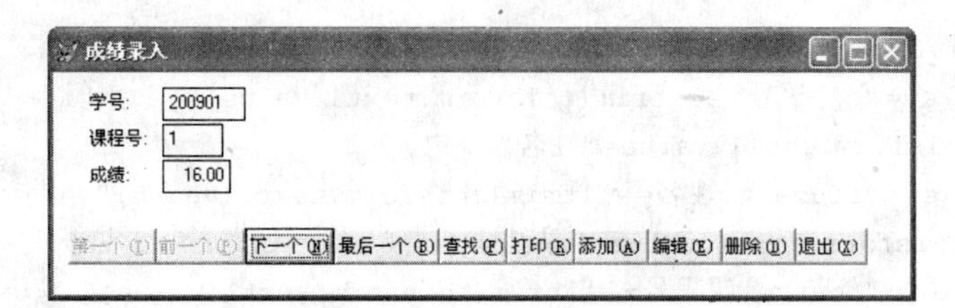

图 1-11-10　成绩录入窗口

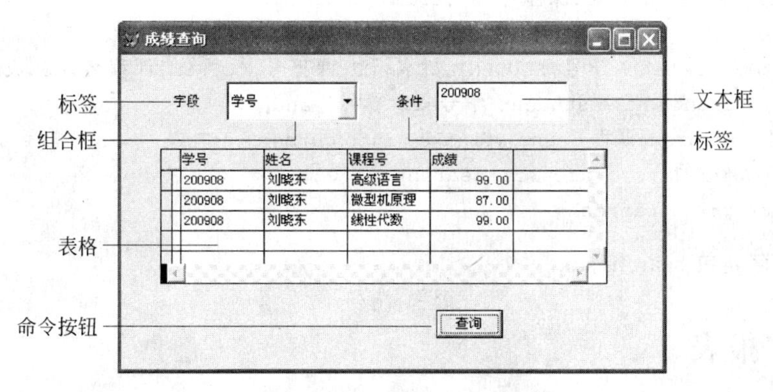

图 1-11-11　成绩查询窗口

表 1-11-9　成绩查询窗口(search.scx)各控件属性及事件

对象	属性 Name	其 他 属 性	事件
查询窗口	Search	Caption:成绩查询 AutoCenter:.T.	
标签	Lbl1	Caption:字段 AutoCenter:.T.	
	Lbl2	Caption:条件 AutoCenter:.T.	
文本框	Txt1	Value:无	
组合框	Cbol1	RowSource:学号,姓名,课程号,课程名(或选中组合框右击,选择生成器,再用此填充列表处选择手工输入数据,在列 1 中输入:学号,姓名,课程号,课程名) RowSourceType:1-值 Style:2-下拉列表框	无
命令按钮	Cmd1	Caption:查询	Click
表格	Grd1	ColumnCount:4 ReadOnly:.T. (选择 Grid1,右击弹出快捷菜单,选择编辑,Header1 列的 Caption:学号,Header2 列的 Caption:姓名,Header3 列的 Caption:课程名,Header4 列的 Caption:成绩) RecourdSourceType:4-SQL 说明	无

(3) 查询按钮 Cmd1 的 Click 事件代码。

```
do case
```

```
case thisform.cbol1.value="学号"
    findkey="cj.学号=alltrim(thisform.text1.value)"
  case thisform.cbol1.value="姓名"
    findkey="student.姓名=alltrim(thisform.text1.value)"
  case thisform.cbol1.value="课程号"
    findkey="course.课程号=alltrim(thisform.text1.value)"
    case thisform.cbol1.value="课程名"
    findkey="course.课程名=alltrim(thisform.text1.value)"
endcase
searchkey="sele CJ.学号,STUDENT.姓名,CJ.课程号,COURSE.课程名,CJ.成绩 from cj ,
course,student where student.学号=CJ.学号  and ;
cj.课程号=course.课程号 and &findkey into cursor  aa"
thisform.grid1.recordsource=searchkey
thisform.grid1.refresh
```

(4) 保存表单 search.scx。

11.3.3 报表

1. 打印学生资料(studentdata.frx)

学生资料如图 1-11-12 所示。

学生基本情况表

学号	姓名	性别	出生日期	班级编号	简历
200901	李泳	男	09/06/89	机电学院	
200902	刘一帧	女	09/10/90	信息学院	
200903	王小敏	女	04/05/91	经管学院	
200904	张大山	男	11/30/90	机电学院	
200905	张强	男	04/10/89	机电学院	
200906	王达	女	11/10/91	信息学院	
200907	许志强	男	02/08/90	材化学院	
200908	刘晓东	男	01/01/91	材化学院	
200914	段绵玉	女	12/12/91	文法学院	

图 1-11-12 学生资料

2. 打印学生成绩(studentscore.frx)

报表数据来源于 SQL 查询,报表如图 1-11-13 所示。

操作步骤:

(1) 打开报表设计器,在空白处单击鼠标右键弹出快捷菜单,选择数据环境,添加表 STUDENT.DBF、COURSE.DBF、CJ.DBF。

(2) 单击主菜单的"报表"菜单下的"快速报表",打开"字段选择器",如图 1-11-14 所示,选择三个表中的 STUDENT.学号、STUDENT.姓名、COURSE.课程名、CJ.成绩四个字段。单击"确定"按钮。

(3) 在报表设计器中按图 1-11-15 所示美化表格(第 10 章已作介绍)。

学生成绩表

学号	姓名	课程名	成绩
200901	李泳	数据库	16.00
200901	李泳	工程制图	68.50
200902	刘一帧	数据库	10.00
200902	刘一帧	工程制图	90.00
200902	刘一帧	高等数学	79.00
200903	王小敏	工程制图	45.00
200904	张大山	工程制图	89.00
200907	许志强	高级语言	95.00
200907	许志强	微型机原理	63.00
200908	刘晓东	高级语言	99.00
200908	刘晓东	微型机原理	87.00
200908	刘晓东	线性代数	99.00

图 1-11-13　学生成绩报表

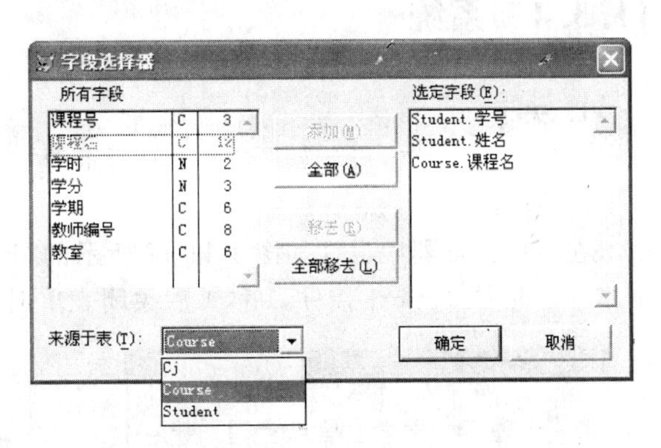

图 1-11-14　选择报表字段

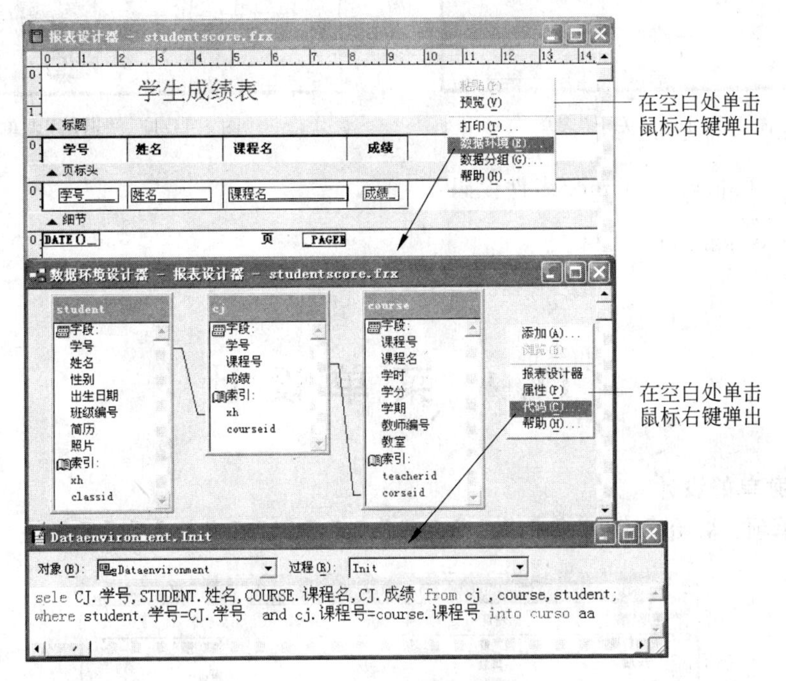

图 1-11-15　学生成绩表报表设计图

(4) 在数据环境区打开 Init 代码窗口，输入 SQL 查询语句为报表提供数据源（如图 1-11-15 所示）。

SQL 查询语句：

```
sele CJ.学号,STUDENT.姓名,COURSE.课程名,CJ.成绩 from cj ,course,student;
where student.学号=CJ.学号  and cj.课程号=course.课程号  order by CJ.学号  into
curso aa   && 按学号排序查询出所需字段的值。
```

(5) 单击主工具栏的报表预览按钮，结果如图 1-11-13 所示。保存报表为

studentscore.frx。

11.3.4　系统

1. 关于

在表单设计器中设计如图 1-11-16 所示的"关于"表单，保存为 about.scx。

2. 退出

在表单设计器中设计如图 1-11-17 所示的"退出"表单，保存为 quitfrm.scx。在表单中添加计时器 Timer1 控件，1 秒钟后关闭表单退出系统。

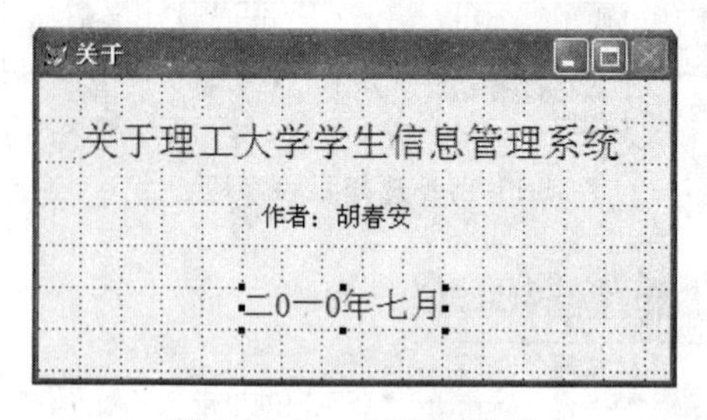

图 1-11-16　"关于"表单

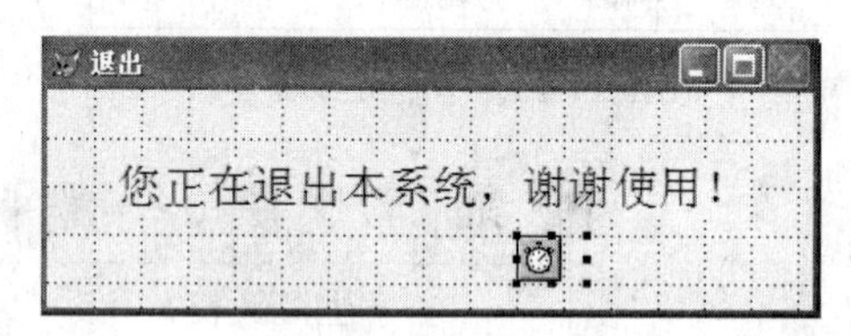

图 1-11-17　"退出"表单

计时器 Timer1 的 Timer 事件代码：

```
THISFORM.RELEASE
QUIT
```

11.4　菜 单 设 计

1. 主菜单的设计

主菜单项：初始设置、学生档案、学生成绩、系统，如图 1-11-18 所示。

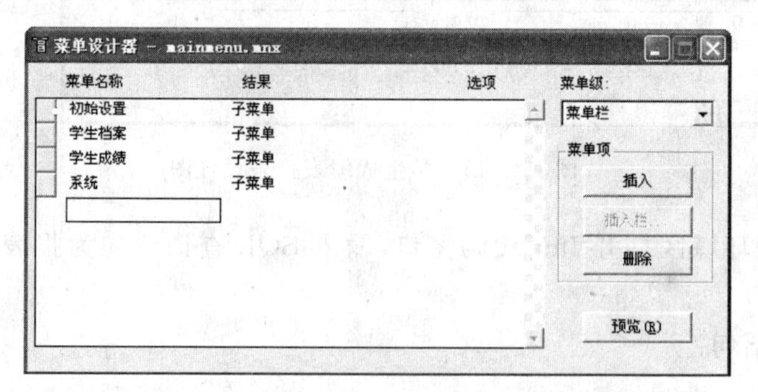

图 1-11-18　主菜单设计窗口

2. 子菜单的设计

初始设置子菜单如图 1-11-19 所示。学生档案子菜单如图 1-11-20 所示。

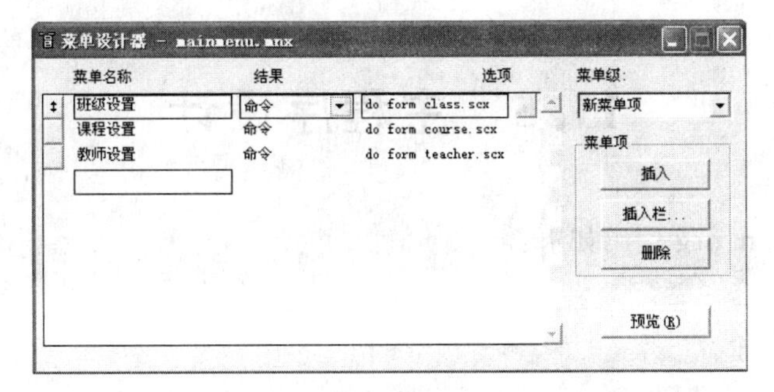

图 1-11-19 初始设置子菜单

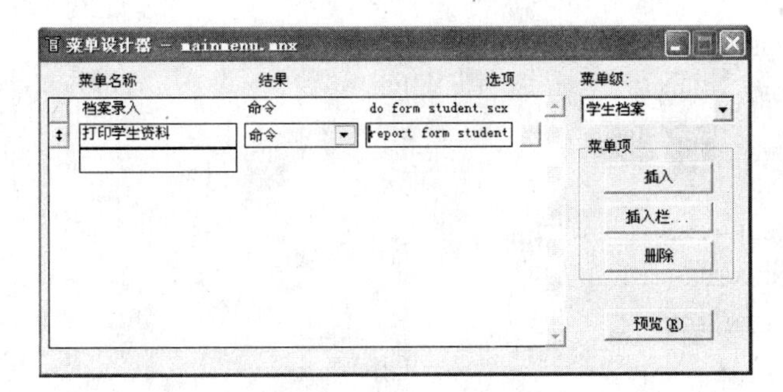

图 1-11-20 学生档案子菜单

学生成绩子菜单如图 1-11-21 所示。

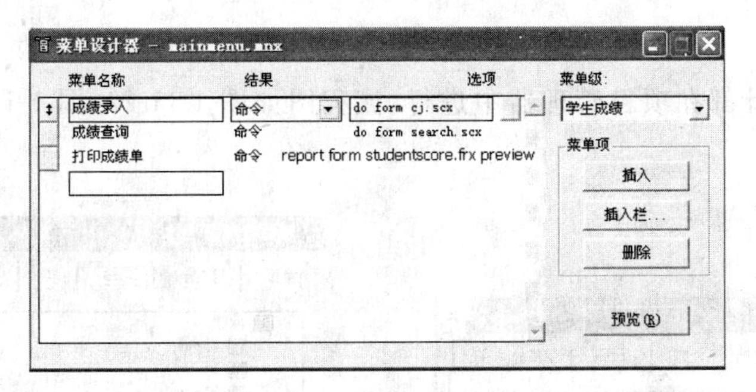

图 1-11-21 学生成绩子菜单

系统子菜单如图 1-11-22 所示。

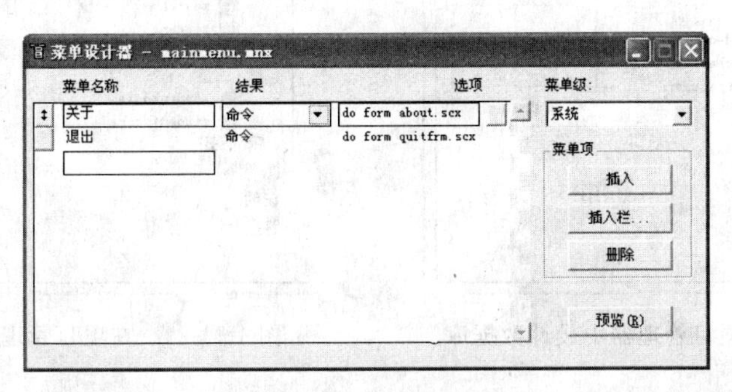

图 1-11-22 系统子菜单

11.5 主程序设计

主程序 sysmain. prg 代码如下：

```
CLEAR ALL
CLOSE ALL
SET TALK OFF
SET SAFETY OFF
SET STAT BAR OFF
SET SYSMENU OFF
SET SYSMENU TO
SET CENTURY ON
_SCREEN.VISIBLE=.t.
_SCREEN.AUTOCENTER=.t.
DO FORM FRMLOGIN.SCX
READ EVENTS
```

11.6 项目管理器

以上各项设计都在项目管理器中进行，流程图如图 1-11-23、图 1-11-24、图 1-11-25、图 1-11-26 所示。

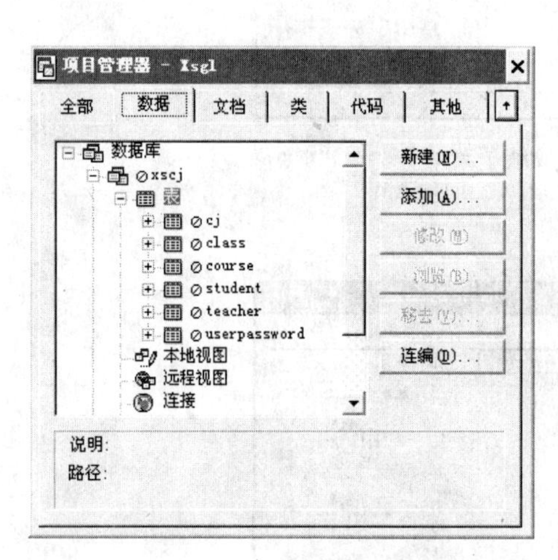

图 1-11-23　在项目管理器中设计数据库

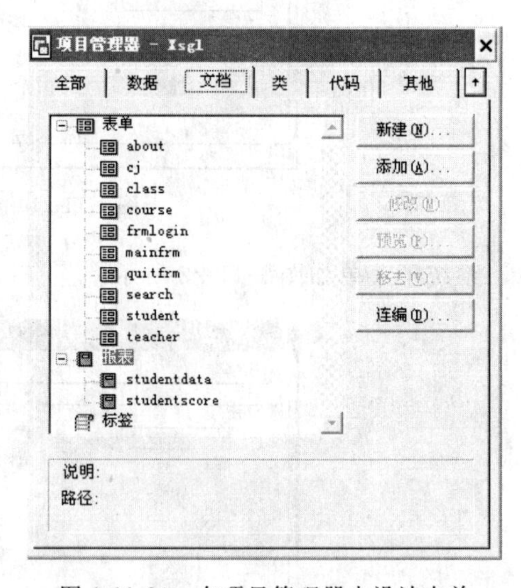

图 1-11-24　在项目管理器中设计表单

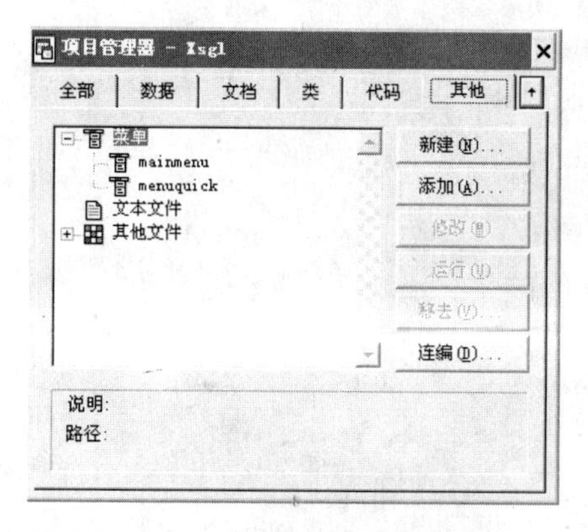

图 1-11-25　在项目管理器中设计菜单和快捷菜单

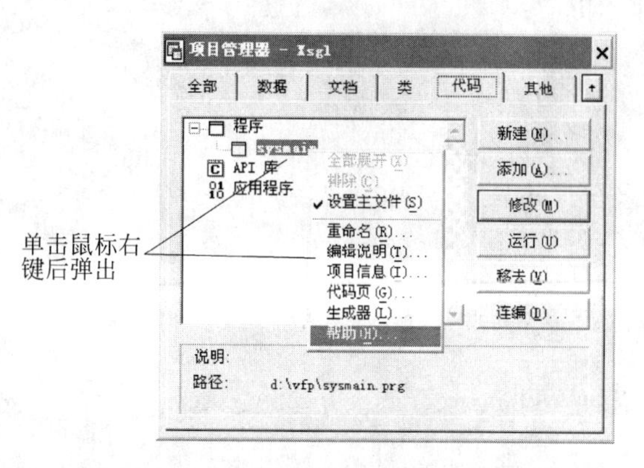

图 1-11-26　在项目管理器中设计主程序

11.7　系统连编可执行文件

在图 1-11-26 项目管理器中将主程序 sysmain.prg 设置成主文件，单击“连编”按钮，打开“连编选项”对话框，见图 1-11-27。在“操作”框下选择“连编可执行文件”，在“选项”框下可选可不选，单击“确定”，即可生成带狐狸头像的可执行文件。本例的可执行文件名为 xsgl.exe。

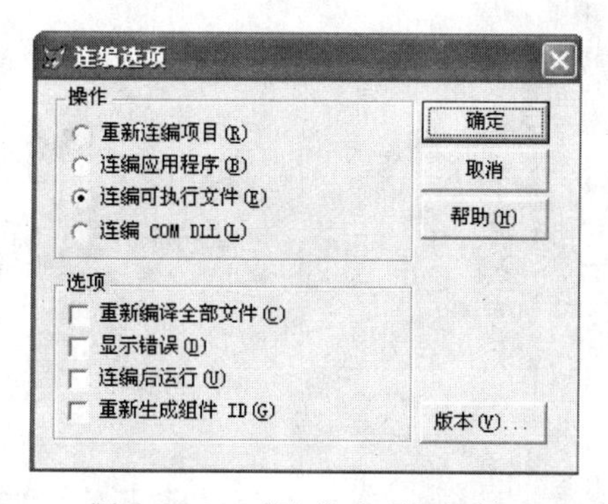

图 1-11-27　“连编选项”对话框

11.8　执行项目

退出 Visual FoxPro 运行环境，直接双击生成的 xsgl.exe 文件，即可运行“理工大学学生信息管理系统”。本实例代码请上网站下载：http://218.87.137.2。

第 2 部分　实验指导

第1章 实验基础

Visual FoxPro 6.0 为用户提供了可直接操作的菜单系统，利用这个菜单系统可以方便地建立和操纵数据库。与所有的 Windows 应用程序一样，Visual FoxPro 6.0 也采用图形用户界面，并在其界面中大量使用窗口(Windows)、图标(Icons)、菜单(Menus)等技术。

1. Visual FoxPro 6.0 的基本操作

启动 Visual FoxPro 6.0 后，首先进入如图 2-1-1 所示的欢迎界面。

图 2-1-1 Visual FoxPro 6.0 欢迎界面

初始画面中有 5 个命令按钮和一个选项，通常单击“关闭此屏”按钮，可直接进入 Visual FoxPro 主界面，如图 2-1-2 所示。

2. Visual FoxPro 6.0 设置系统默认目录

Visual FoxPro 6.0 默认目录的设置请按第 2 章 2.2 节进行操作。

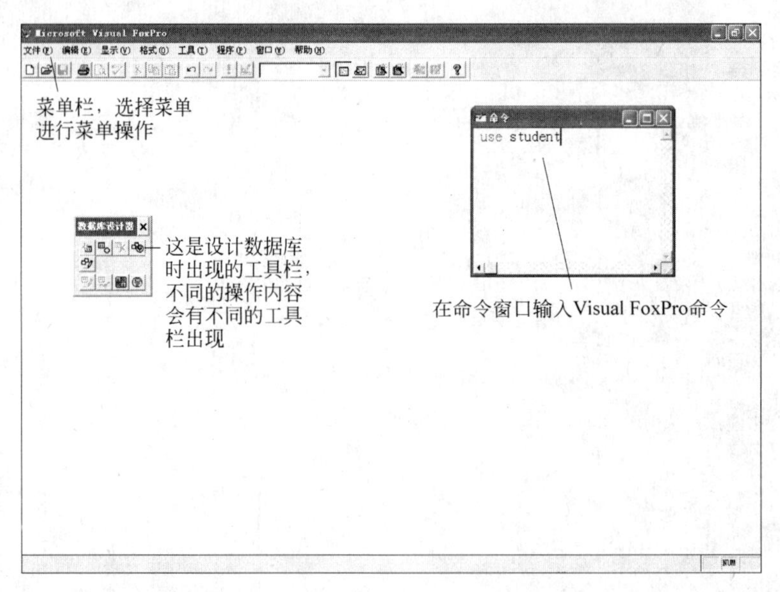

图 2-1-2 Visual FoxPro 6.0 系统环境

说明：在 Visual FoxPro 中命令所用到的标点符号均要求用英文标点符号，否则出错。命令出错时请先检查标点符号。

第2章 Visual FoxPro 6.0 基础

2.1 实验目的

(1) 掌握数据类型、常量、变量等基本概念。

(2) 掌握运算符和表达式等概念及运算规则。

(3) 掌握系统函数使用方法。

2.2 实验项目

2.2.1 实验项目1：对变量进行赋值

1. 实验内容

在命令窗口对变量进行各种类型赋值操作，注意观察结果。

2. 实验步骤

在命令窗口依次输入以下命令：

```
A=19                        && 数值型数据
?A                          && 打印输出 A 变量的值
A="china"                   && 字符型数据，字符型常量必须用双引号、单引号或方括号之一括起来
?A
A='china'
?A
A=[china]
?A
A=.T.                       && 逻辑型数据
?A
A={^2002-04-12}             && 日期型变量
?A
A={^2002-04-12 10:00:00}    && 时间日期型变量
?A
```

结果如图 2-2-1 所示。

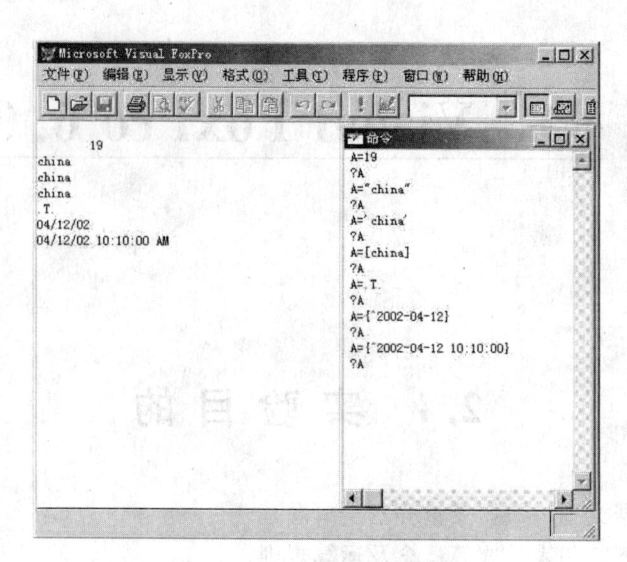

图 2-2-1　变量赋值运算结果

```
Store 19 to a                    && 等价于  a=19
?a
```

说明：

(1) 命令中用到的标点符号必须在英文状态下输入。

(2) 变量名中的英文字母不区分大小写，如 A 和 a 是同一个变量。

2.2.2　实验项目 2：求表达式的值

1. 实验内容

算术表达式、字符表达式、日期时间表达式、关系表达式、逻辑表达式的求值运算。

2. 实验步骤

在命令窗口依次输入以下命令，打印输出各表达式的值并注意观察结果与自己的理解是否一致。

```
?  12*(-5)+300-21
?  (2**3+INT(2/3))*2
?   96%2
?  3+8-6
?  "计算机"+"软件"                && 字符相连运算
?  "计算机"-"软件"
?  "计算机"$"计算机软件"           && 字符包含运算
?  {^2010-3-10}+5                 && 打印输出 2009-10-10 后 5 天的日期
?  { ^2010-3-10 9:15:20}+200
?  {^2010-3-10 }-{^2010-3-10}
?  { ^2010-3-10 9:18:40}-{^2010-3-10 9:15:20}
?  3*5<20                         && 打印关系表达式的值.T.
```

```
?  3*6=20                              && 判断两值是否相等,结果为.F.
?  4<>-5                               && 判断两值是否相等,结果为.T.
?  3*2<=6
?  6+8>=15
?  "AB"=="ABC"
?  .NOT.3+5>6
?  3+5>6.AND.4+5=20                    && 先做算术运算,再做关系运算,最后做逻辑运算
?  6*8<=45.OR.4<6
```

2.2.3 实验项目3：系统函数

1. 实验内容

对数值函数、字符串函数、日期和时间函数、数据类型、转换类型、测试函数进行验证。

2. 实验步骤

在命令窗口依次输入以下命令：

```
?  abs(-9.88)                          && 求绝对值函数
9.88                                   && 输出的结果
?  int(9.88)                           && 取整数函数
9
?  max(23,56,88)                       && 求最大数函数
88
?  Round(4.568,2)                      && 四舍五入函数,保留2位小数
4.57
?  Round(4.568,0)                   && 保留0位小数,即小数点后的第1位数四舍五入到整数位
5
?  Round(4.568,-1)                  && 第2个参数为负数时表示对整数位四舍五入,此题个位四
                                    && 舍五入到十位,结果为0
?  Rand()                              && 求随机值函数
?  exp(2)                              && 求e的指数值
?  log(2)                              && 求ln自然对数值
?  sqrt(2)                             && 求数值的平方根函数
?  len("南方工业大学")                  && 求字符串的长度,结果为10
?  substr("南方工业大学",3,8)           && 求指定位置指定长度的子字符串
方工业大                               && 结果
?  at("as","as soon as possible")      && 求字符串1在字符串2中的起始位置
1
?  stuff("中国上海",5,4,"北京")  && 用字符串2替换掉字符串1中指定位置、指定长度的字符
中国北京
?  replicate("*",10)                   && 指定字符重复出现的次数
r=2                                    && 给变量r赋值
a="3.14*r*r"                           && 给变量a赋一字符串
?  &a                                  && 宏代换函数,即用字符型变量a的值整个替换&a
```

```
?  date()                          && 求系统当前的日期
?  time()                          && 求系统当前的时间
?  mdy(ctod("03/21/99")) && ctod()字符转换成日期函数,mdy()将日期转换成月日年的形式
Dimension  a(6),b(2,3)
    && 定义一维数组 a,有 6 个元素;定义二维数组 b,有 6 个元素,各元素的赋值与一般变量一样
a(1)=10
a(2)="北京"
a(3)=.f.
a(4)=date()
b(1,1)="上海"
b(1,2)=.T.
b(2,1)=0
?a(1), a(2), a(3), a(4), a(5), a(6)
?b(1,1), b(1,2), b(1,3), b(2,1), b(2,2), b(2,3)      && 观察未赋值元素的值
```

第3章 数据库的建立与操作

3.1 实验目的

(1) 掌握项目管理器的建立及应用。

(2) 掌握在命令方式下,在项目管理器中建立数据库和表的方法。

(3) 掌握表的基本操作:显示、更新、修改、删除、索引等。

(4) 掌握数据统计计算的操作。

(5) 掌握数据文件的复制。

(6) 掌握多工作区的概念及操作方法。

3.2 实验项目

3.2.1 实验项目1:项目管理器的建立

1. 实验内容

项目管理器的建立。

2. 实验步骤

(1) 进入 Visual FoxPro 界面后,设置好默认目录。

(2) 单击"文件"→"新建",弹出"新建"对话框,如图 2-3-1 所示。

(3) 单击"文件类型"下方的"项目"选项,单击"新建文件"按钮,弹出"创建"对话框,在"项目文件"处的文本框中输入项目文件名,如 xsgl.pjx,如图 2-3-2 所示。

(4) 单击"保存"按钮,弹出项目管理器窗口,项目文件 xsgl.pjx 即创建完毕且自动保存到默认目录中,如图 2-3-3 所示。

3.2.2 实验项目2:数据库与表的建立

1. 实验内容

数据库和表的建立有几种方法,对于初学者要求将下述各种方法都验证一遍,之后可以按自己熟悉的方法操作。

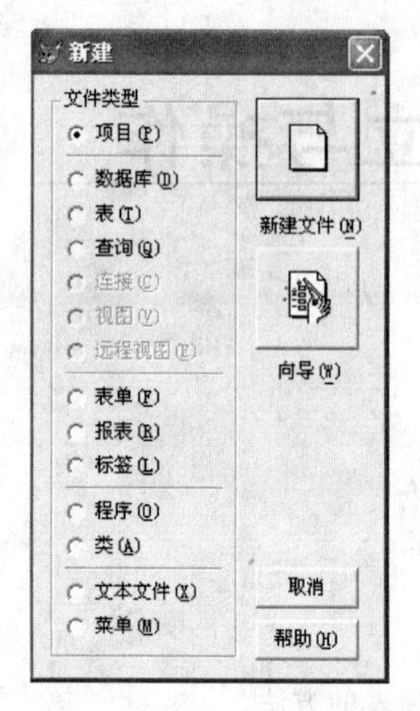

图 2-3-1 “新建”对话框

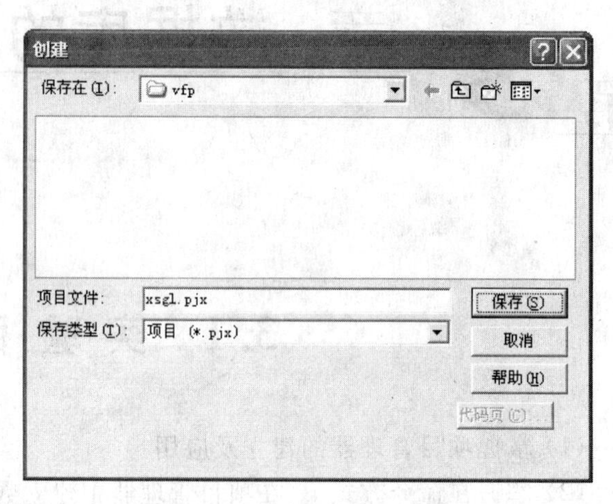

图 2-3-2 创建项目文件对话框

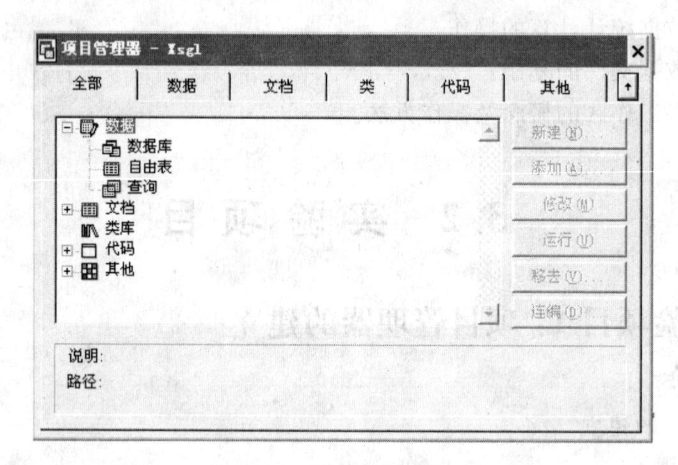

图 2-3-3 项目管理器窗口

- 建立数据库 xsgl.dbc；
- 建立属于数据库 xsgl.dbc 的数据表 student.dbf、course.dbf、cj.dbf。

2. 实验步骤

1）创建数据库：在项目管理器中创建数据库

(1) 在图 2-3-3 项目管理器窗口中，单击“数据”→“数据库”→“新建”，弹出“新建数据库”对话框。单击“新建数据库”按钮(如图 2-3-4 所示)弹出“创建”对话框(如图 2-3-5 所示)。在“数据库名”处输入数据库名，如 XSGL.DBC。单击“保存”弹出“数据库设计器-Xsgl”窗口，如图 2-3-6 所示。

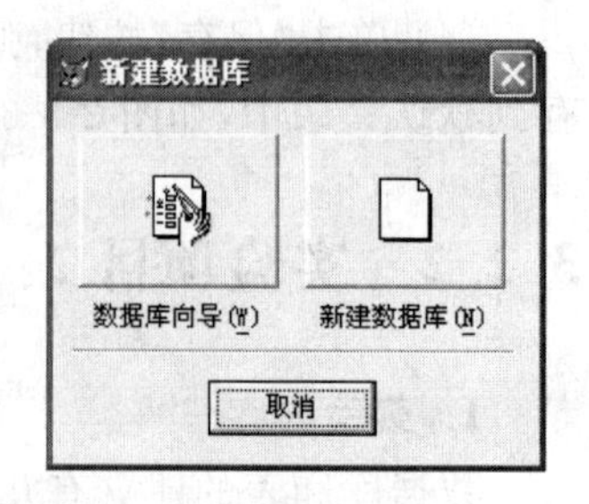

图 2-3-4 新建数据库

(2) 数据库 xsgl.dbc 即创建成功，此时，库中无任何表，仅是个容器。

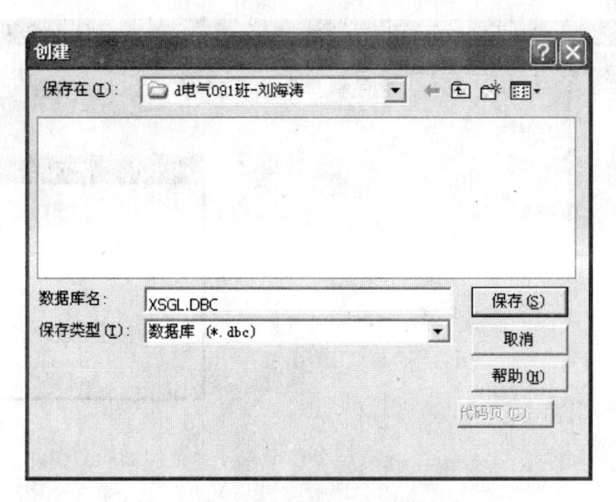

图 2-3-5 “创建”对话框

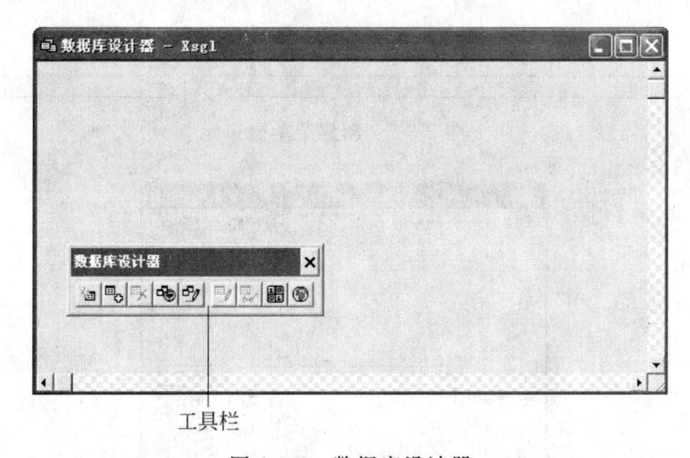

图 2-3-6 数据库设计器

2）创建数据库：利用菜单创建数据库

(1) 在图 2-3-7 中选择“文件”菜单下的“新建”菜单项，弹出如图 2-3-1 所示的“新建”对话框。

(2) 在图 2-3-1 对话框中单击“数据库”单选按钮，然后单击“新建文件”按钮，得到如图 2-3-5 所示的对话框。其余操作同上。

3）自由表的建立：利用“文件”→“新建”菜单创建学生表 student. dbf

(1) 在图 2-3-1 中选择“表”，单击“新建文件”按钮，弹出图 2-3-8 所示的“创建”对话框。

(2) 在“输入表名”处的文本框输入：student. dbf，即进入表设计器，如图 2-3-9 所示。

(3) 在图 2-3-9 中完成各字段的输入，单击“确定”按钮即出现如图 2-3-10 所示的对话框，按图 2-3-10 中的提示操作。至此 student. dbf 表结构创建完毕。

4）自由表的建立：利用命令创建成绩表 CJ. DBF。

在命令窗口输入命令 CREATE CJ，如图 2-3-11 所示。后续字段的输入操作同前。

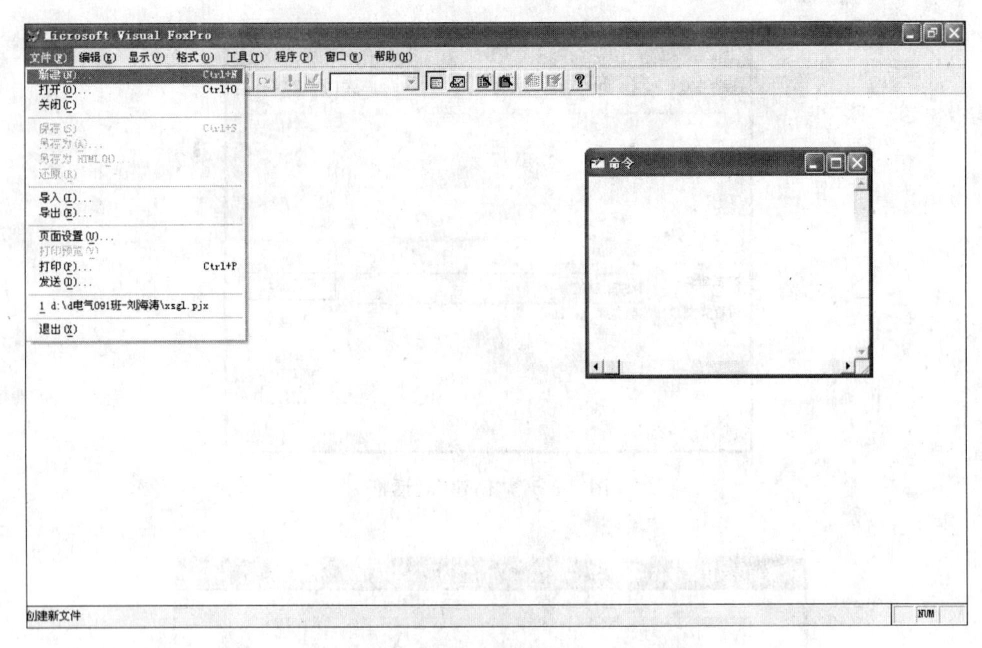

图 2-3-7　新建菜单窗口

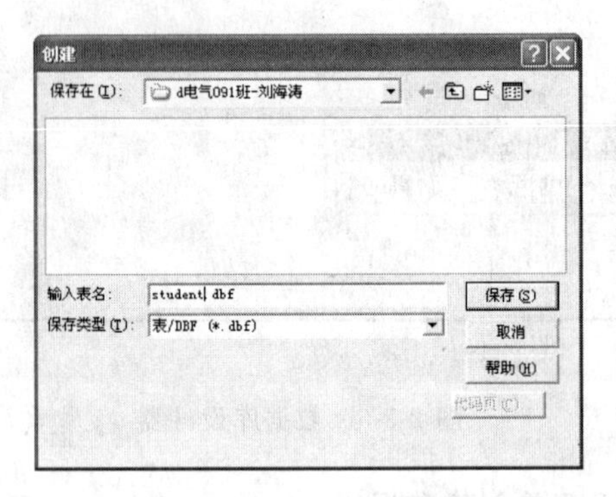

图 2-3-8　“创建”对话框

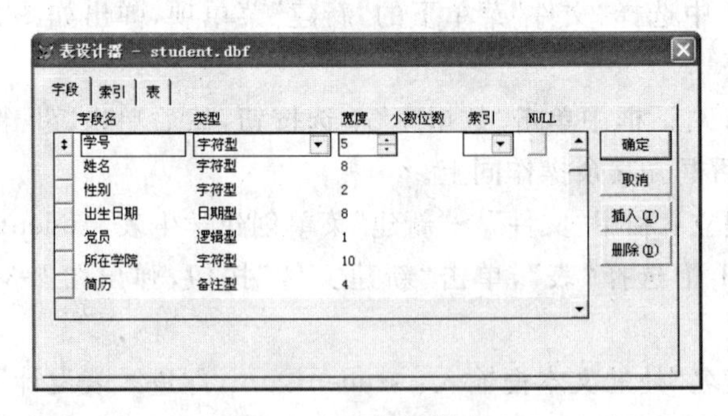

图 2-3-9　表设计器窗口

5）数据表的建立：在项目管理器中创建数据表 COURSE. DBF(课程表)

(1) 在项目管理器中单击“数据库”→“表”→“新建”，弹出“新建表”对话框，如图 2-3-12 所示。

图 2-3-10　输入数据对话框

图 2-3-11　在命令窗口创建成绩表 CJ. DBF

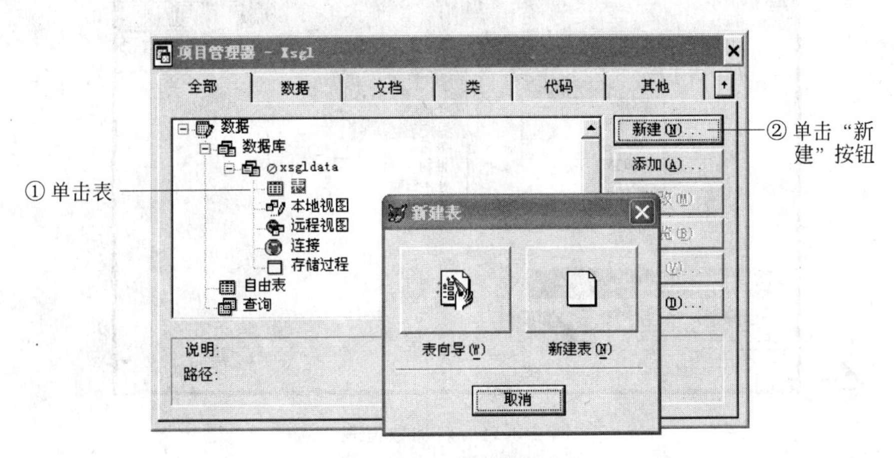

图 2-3-12　创建数据表

(2) 在“新建表”对话框中单击“新建表”，弹出图 2-3-8 所示的对话框，输入文件名 course. dbf。

(3) 单击“确定”，弹出如图 2-3-13 所示的“表设计器”对话框。对比图 2-3-9 可知多了下半部分，这是数据表特有的，用于设置字段的属性。

(4) 后续操作同 student. dbf。

6) 在数据库设计器中创建数据表 cj. dbf

(1) 在图 2-3-12 项目管理器中选择“数据库”下的 xsgl. dbc 数据库。

(2) 单击右侧的“修改”按钮，弹出如图 2-3-14 所示的数据库设计器，此时该库中已有之前创建的课程表 course. dbf。

(3) 单击工具栏中的“新加表”，将创建的自由表 student. dbf 和 cj. dbf 加入 xsgl..dbc

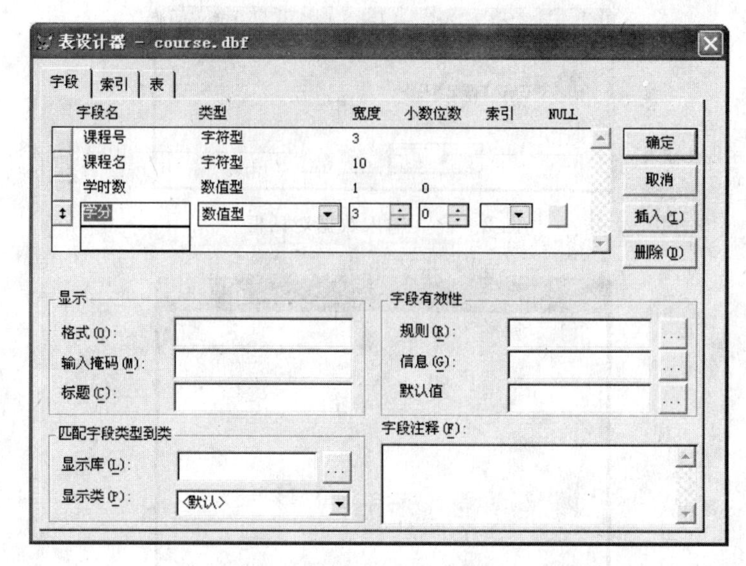

图 2-3-13　表设计器

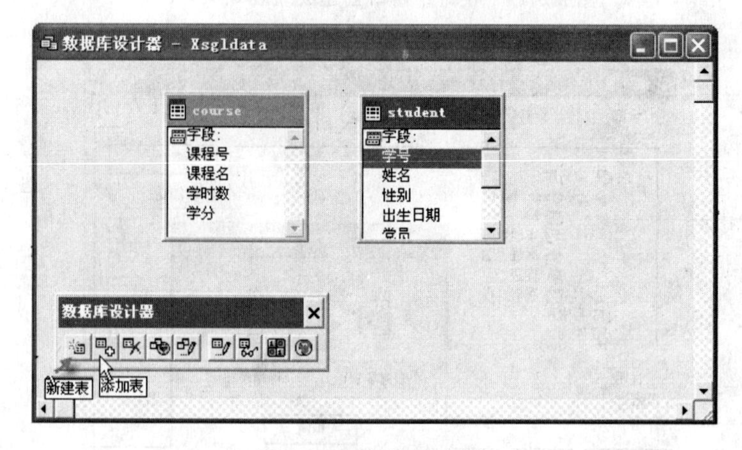

图 2-3-14　新加数据表

数据库，此时 student.dbf 和 cj.dbf 成为数据表。

3.2.3　实验项目 3：输入记录

在实验项目 2 中仅完成了表结构的创建，下面接着要完成表中记录的输入，这样，表才有意义。

1. 命令方式

以下命令在命令窗口输入。

```
USE STUDENT                         && 打开数据表 student.dbf
APPEND                              && 在数据表的末尾追加记录
```

出现如图 2-3-15 所示的编辑输入界面。

图 2-3-15 输入界面

此时,可以将窗口转换成浏览窗口。

(1) 单击菜单栏中的"显示"→"浏览"菜单项,图 2-3-15 的编辑界面变成图 2-3-16 的浏览窗口。

Student

学号	姓名	性别	出生日期	党员	所在学院	简历	照片
10001	毛家仁	男	02/02/87		机电学院	memo	gen
10001	王伟东	男	08/05/87	F	机电学院	Memo	Gen
10002	李安	女	05/15/88	F	机电学院	memo	Gen
10003	刘平安	男	01/05/88	F	资环学院	memo	gen
10004	张业民	男	06/06/87	T	信息学院	memo	gen
10005	刘菊芳	女	02/04/89	F	经管学院	memo	gen
10006	林木子	女	09/11/88	T	经管学院	memo	gen
10007	陈东升	男	10/10/89	F	外语学院	memo	gen
10008	熊伍平	男	11/21/88	F	信息学院	memo	gen
10009	巩向光	男	01/02/87	T	外语学院	memo	gen

图 2-3-16 浏览窗口

(2) 单击"显示"→"追加方式" 菜单项,可以输入记录。请完成表中记录的输入。

2. 在项目管理器中打开浏览窗口追加记录

(1) 在"项目管理器"中选择表名,单击"浏览"按钮,打开图 2-3-16 所示的浏览窗口。

(2) 在菜单栏上选择"显示→追加方式"选项,在最后一条记录之后的空记录中输入新的记录。

说明:备注型和通用型字段的输入如下。

(1) 在浏览或编辑窗口时,光标定位到备注型字段或通用型字段上,按 Ctrl+PgDn 键,打开编辑窗口如图 2-3-17 和图 2-3-18 所示。

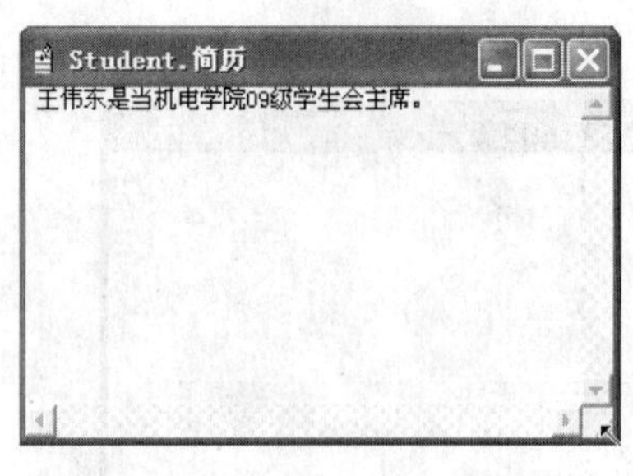

图 2-3-17　备注型字段编辑窗口

图 2-3-18　通用型字段图形窗口

(2) 在图 2-3-17 中输入备注数据,图 2-3-18 是输入通用型数据,如照片等,可以将照片直接复制、粘贴到窗口。

说明:在命令窗口会出现对应的命令 browse,继续完成 corse.dbf 和 cj.dbf 表中记录的输入。

3.2.4　实验项目 4:记录的显示与定位

1. 实验内容

掌握 LIST、DISPLAY 两条显示命令及绝对定位 GO、相对定位 SKIP 命令以及文件测试函数 BOF()和 EOF()。

2. 实验步骤

在命令窗口中输入下列命令。

(1) LIST、DISPLAY 两条显示命令的操作

```
USE STUDENT
LIST                                    && 显示所有的记录
```

执行结果如下:

记录号	学号	姓名	性别	出生日期	党员	所在学院	简历	照片
1	10010	毛家仁	男	02/02/87	.F.	机电学院	memo	gen
2	10001	王伟东	男	08/05/87	.F.	机电学院	Memo	Gen
3	10002	李安	女	05/15/88	.F.	机电学院	memo	Gen
4	10003	刘平安	男	01/05/88	.F.	资环学院	memo	gen
5	10004	张业民	男	06/06/87	.T.	信息学院	memo	gen
6	10005	刘菊芳	女	02/04/89	.F.	经管学院	memo	gen
7	10006	林木子	女	09/11/88	.T.	经管学院	memo	gen
8	10007	陈东升	男	10/10/89	.F.	外语学院	memo	gen
9	10008	熊伍平	男	11/21/88	.F.	信息学院	memo	gen
10	10009	巩向光	男	01/02/87	.T.	外语学院	memo	gen

```
LIST FOR 性别='女'                      && 显示女生记录
```

则显示结果为:

记录号	学号	姓名	性别	出生日期	党员	所在学院	简历	照片
3	10002	李安	女	05/15/88	.F.	机电学院	memo	Gen
6	10005	刘菊芳	女	02/04/89	.F.	经管学院	memo	gen
7	10006	林木子	女	09/11/88	.T.	经管学院	memo	gen

```
LIST FIELDS  学号,姓名,所在学院,党员 FOR 党员=.T.
                    && 显示所有党员的记录,并且仅显示姓名、学号、所在学院三个字段
```

（这条命令等价于：LIST FIELDS 学号，姓名，所在学院 FOR 党员）

记录号	学号	姓名	所在学院	党员
5	10004	张业民	信息学院	.T.
7	10006	林木子	经管学院	.T.
10	10009	巩向光	外语学院	.T.

(2) BROWSE 命令

BROWSE 命令与 LIST 命令作用相似，只是以窗格的形式显示记录清单，见图 2-3-19。

```
browse for 性别='女'
```

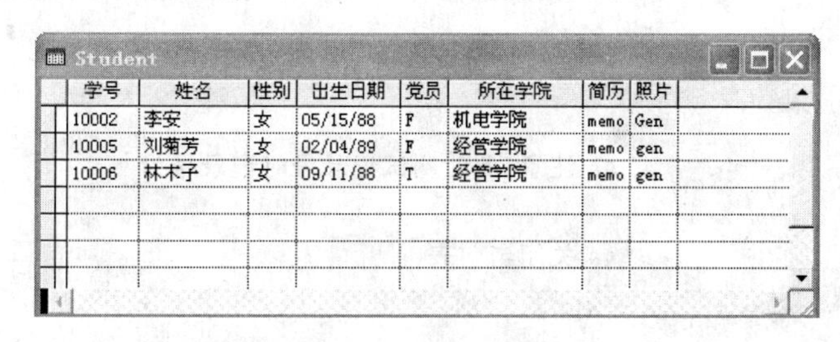

图 2-3-19　浏览窗口

(3) GO 和 SKIP 命令的操作

```
GO 3
LIST NEXT 5                  && 显示从第 3 条记录开始往下的 5 条记录
```

记录号	学号	姓名	性别	出生日期	党员	所在学院	简历	照片
3	10002	李安	女	05/15/88	.F.	机电学院	memo	Gen
4	10003	刘平安	男	01/05/88	.F.	资环学院	memo	gen
5	10004	张业民	男	06/06/87	.T.	信息学院	memo	gen
6	10005	刘菊芳	女	02/04/89	.F.	经管学院	memo	gen
7	10006	林木子	女	09/11/88	.T.	经管学院	memo	gen

```
GO 3                         && 记录指针直接跳转到第 3 号记录
DISPLAY                      && 显示当前第 3 号记录
```

记录号	学号	姓名	性别	出生日期	党员	所在学院	简历	照片
3	10002	李安	女	05/15/88	.F.	机电学院	memo	Gen

```
SKIP
DISPLAY                      && 请观察记录号的变化
SKIP  2
DISPLAY                      && 再次观察记录号的变化
SKIP  -1
DISPLAY                      && 再次观察记录号的变化,理解记录的相对移动。
```

(4) 文件测试函数 BOF()和 EOF()的操作

```
GO 5
?EOF()                       && 测试记录指针是否到达文件末尾
.F.                          && 这个结果表示指针没有指向文件末尾

GO BOTTOM                    && 直接跳转到最后一个记录
SKIP                         && 执行该命令后指针指向文件末尾
?EOF( )                      && 测试记录指针是否到达文件末尾
```

```
.T.                         && 这个结果验证了指针确实指向了文件末尾

GO TOP                      && 指向第一个记录
?RECNO()                    && 测试当前记录号函数
1
?BOF()                      && 测试记录指针是否指向文件头
.F.                         && 这个结果表示指针没有指向文件头

SKIP -1                     && 再向前移一个位置,则当前记录指针指向文件头
?BOF()
.T.                         && 这个结果表示指针指向文件头

?RECNO()                    && 注意,此时测试记录号时记录号为 1
1
USE                         && 关闭当前表
```

(5) 训练

显示表文件 STUDENT.DBF 中机电学院的男生记录。

3.2.5 实验项目 5：记录的插入、修改、删除

1. 实验内容

对表 STUDENT 进行数据维护,即修改和删除。

针对下列工资表 GZB.DBF 进行操作：

编号	姓名	基本工资	房租水电	工会会费	奖金	岗位津贴	实发工资
11_051	王伟东	1054.00	232.50	10.00	350.00	550.00	
12_102	李安	456.50	54.80	2.00	200.00	200.00	
21_235	刘平安	665.00	149.00	3.00	350.00	400.00	
11_098	张业民	665.00	151.00	3.00	200.00	400.00	
10_006	刘芳	835.50	172.30	4.00	250.00	400.00	
21_201	陈和平	456.50	50.20	2.00	300.00	200.00	
11_076	林森林	665.00	148.30	3.00	300.00	400.00	

2. 实验步骤

1) 记录的插入

```
USE GZB
APPEND BLANK                && 在文件尾插入一个空白记录
```

2) 记录的修改

用 REPLACE 命令完成实发工资的计算：

```
USE GZB
REPLACE ALL 实发工资 WITH 基本工资-房租水电-工会会费+奖金+岗位津贴
LIST                        && 观察实发工资结果
```

3) 记录的删除

```
USE GZB
```

```
GO  4
DELETE                    && 删除当前记录,即第 4 号记录
LIST
```

记录号	编号	姓名	基本工资	房租水电	工会会费	奖金	岗位津贴	实发工资
1	11_051	王伟东	1054.00	232.50	10.00	350.00	550.00	1711.50
2	12_102	李安	456.50	54.80	2.00	200.00	200.00	799.70
3	21_235	刘平安	665.00	149.00	3.00	350.00	400.00	1263.00
4	*11_098	张业民	665.00	151.00	3.00	200.00	400.00	1111.00
5	10_006	刘芳	835.50	172.30	4.00	250.00	400.00	1309.20
6	21_201	陈和平	456.50	50.20	2.00	300.00	200.00	904.30
7	11_076	林森林	665.00	148.30	3.00	300.00	400.00	1213.70

```
DELETE FOR 奖金<350       && 删除奖金小于 350 元的所有记录
```

记录号	编号	姓名	基本工资	房租水电	工会会费	奖金	岗位津贴	实发工资
1	11_051	王伟东	1054.00	232.50	10.00	350.00	550.00	1711.50
2	*12_102	李安	456.50	54.80	2.00	200.00	200.00	799.70
3	21_235	刘平安	665.00	149.00	3.00	350.00	400.00	1263.00
4	*11_098	张业民	665.00	151.00	3.00	200.00	400.00	1111.00
5	*10_006	刘芳	835.50	172.30	4.00	250.00	400.00	1309.20
6	*21_201	陈和平	456.50	50.20	2.00	300.00	200.00	904.30
7	*11_076	林森林	665.00	148.30	3.00	300.00	400.00	1213.70

(1) 恢复被删除的记录

```
GO 4
RECALL                    && 恢复当前带有删除标记的记录
LIST                      && 观察结果
RECALL ALL                && 恢复所有带有删除标记的记录
LIST                      && 观察结果
```

(2) 物理删除记录

```
DELETE FOR 奖金<350
LIST                      && 观察结果
PACK                      && 对带有逻辑去除标记的记录真正删除
LIST                      && 观察记录清单前后的变化
ZAP                       && 物理删除所有记录,只留下表结构
```

(3) 训练

① 请用 REPLACE 命令将实发工资上涨 10%。

② 删除 STUDENT.DBF 表中的非党员。

3.2.6 实验项目 6:表的排序、索引

1. 实验内容

对记录按某个数据项或者组合数据项进行排序或索引,以实现快速查找。

2. 实验步骤

在命令窗口依次输入以下命令:

(1) 对 STUDENT 表按学号索引

```
USE STUDENT
INDEX ON 学号 TAG XH              && 建立学号索引
LIST
```

执行结果为：

记录号	学号	姓名	性别	出生日期	党员	所在学院	简历	照片
2	10001	王伟东	男	08/05/87	.F.	机电学院	Memo	Gen
3	10002	李安	女	05/15/88	.F.	机电学院	memo	Gen
4	10003	刘平安	男	01/05/88	.F.	资环学院	memo	gen
5	10004	张业民	男	06/06/87	.T.	信息学院	memo	gen
6	10005	刘菊芳	女	02/04/89	.F.	经管学院	memo	gen
7	10006	林木子	女	09/11/88	.T.	经管学院	memo	gen
8	10007	陈东升	男	10/10/89	.F.	外语学院	memo	gen
9	10008	熊伍平	男	11/21/88	.F.	信息学院	memo	gen
10	10009	巩向光	男	01/02/87	.T.	外语学院	memo	gen
1	10010	毛家仁	男	02/02/87	.F.	机电学院	memo	gen

(2) 对工资表 GZB.DBF 按实发工资索引

```
USE GZB
INDEX ON 实发工资 TAG GZ desc         && 建立以实发工资为索引的降序排序
LIST
```

记录号	编号	姓名	基本工资	房租水电	工会会费	奖金	岗位津贴	实发工资
1	11_051	王伟东	1054.00	232.50	10.00	350.00	550.00	1711.50
5	*10_006	刘芳	835.50	172.30	4.00	250.00	400.00	1309.20
3	21_235	刘平安	665.00	149.00	3.00	350.00	400.00	1263.00
7	*11_076	林森林	665.00	148.30	3.00	300.00	400.00	1213.70
4	*11_098	张业民	665.00	151.00	3.00	200.00	400.00	1111.00
6	*21_201	陈和平	456.50	50.20	2.00	300.00	200.00	904.30
2	*12_102	李安	456.50	54.80	2.00	200.00	200.00	799.70

(3) 按多个字段索引，建立以性别和出生日期组合的索引

```
USE STUDENT
INDEX ON 性别+DTOC(出生日期) TAG XBDATE
LIST                                  && 观察结果
```

记录号	学号	姓名	性别	出生日期	党员	所在学院	简历	照片
10	10009	巩向光	男	01/02/87	.T.	外语学院	memo	gen
4	10003	刘平安	男	01/05/88	.F.	资环学院	memo	gen
1	10010	毛家仁	男	02/02/87	.F.	机电学院	memo	gen
5	10004	张业民	男	06/06/87	.T.	信息学院	memo	gen
2	10001	王伟东	男	08/05/87	.F.	机电学院	Memo	Gen
8	10007	陈东升	男	10/10/89	.F.	外语学院	memo	gen
9	10008	熊伍平	男	11/21/88	.F.	信息学院	memo	gen
6	10005	刘菊芳	女	02/04/89	.F.	经管学院	memo	gen
3	10002	李安	女	05/15/88	.F.	机电学院	memo	Gen
7	10006	林木子	女	09/11/88	.T.	经管学院	memo	gen

(4) 打开索引文件

以上操作是在打开表文件后立即建立索引文件，有时，索引文件被关闭，在使用时需要打开。

```
USE STUDENT
SET ORDER TO XH              && 打开按“学号”排序的索引标记
SET ORDER TO XBDATE          && 打开先按“性别”排序，性别相同时再按“出生日期”排序的索引标记
```

(5) 关闭索引文件

```
SET INDEX TO                 && 取消主控索引
```

3.2.7 实验项目 7：顺序查找与索引查找

1. 实验内容

掌握 LOCATE、CONTINUE、FIND 和 SEEK 等查询命令。

2. 实验步骤

在命令窗口依次输入以下命令。

(1) 顺序查找

```
USE STUDENT
LOCA FOR 党员=.T.          && 将记录定位第一个是党员的学生
DISPLAY
```

记录号	学号	姓名	性别	出生日期	党员	所在学院	简历	照片
5	10004	张业民	男	06/06/87	.T.	信息学院	memo	gen

```
CONTINUE                   && 继续在给定范围内查找符合条件的下一条记录
DISPLAY
```

记录号	学号	姓名	性别	出生日期	党员	所在学院	简历	照片
7	10006	林木子	女	09/11/88	.T.	经管学院	memo	gen

(2) 索引查找

```
USE GZB
INDEX ON 编号 TAG BH
FIND 11_076                &&FIND 命令查找字符型数据可以不用定界符
DISP
```

记录号	编号	姓名	基本工资	房租水电	工会会费	奖金	岗位津贴	实发工资
7	*11_076	林森林	665.00	148.30	3.00	300.00	400.00	1213.70

```
SEEK 11_076                && 观察结果,报错
SEEK "11_076"              &&SEEK 命令查找字符型数据必须用定界符
DISP
```

注意：查找的关键字必须进行索引。

3.2.8 实验项目 8：表记录的数据统计

1. 实验内容

熟练掌握 COUNT、SUM、AVERAGE、CALCULATE 和 TOTAL 命令。

2. 实验步骤

(1) 统计 STUDENT.DBF 数据表中机电学院的人数

```
USE STUDENT
COUNT FOR 所在学院="机电学院" TO JDRS        && 将统计出的人数赋值给变量 JDRS
? JDRS                                       && 显示结果
```

(2) 求 GZB.DBF 数据表中基本工资的总额和平均工资

```
USE GZB
AVERAGE 基本工资 TO JBGZ
? JBGZ                                       && 显示结果
SUM 基本工资,实发工资
```

(3) STUDENT.DBF 数据表中男生的平均年龄

```
calculate avg((date()-出生日期)/365) for 性别='男'
```

或

```
average ((date()-出生日期)/365) for 性别='男'
```

(4) 求各学院基本工资的总额

首先请给工资表 GZB.DBF 增加一个所在学院的字段。

```
USE GZB
INDEX ON 所在学院 TAG XY
LIST
```

记录号	编号	姓名	基本工资	房租水电	工会会费	奖金	岗位津贴	实发工资	所在学院
3	21_235	刘平安	665.00	149.00	3.00	350.00	400.00	1263.00	材化学院
6	21_201	陈和平	456.50	50.20	2.00	300.00	200.00	904.30	材化学院
1	11_051	王伟东	1054.00	232.50	10.00	350.00	550.00	1711.50	机电学院
5	10_006	刘芳	835.50	172.30	4.00	250.00	400.00	1309.20	机电学院
2	12_102	李安	456.50	54.80	2.00	200.00	200.00	799.70	信息学院
4	11_098	张业民	665.00	151.00	3.00	200.00	400.00	1111.00	信息学院
7	11_076	林森林	665.00	148.30	3.00	300.00	400.00	1213.70	信息学院

```
TOTAL TO SZXY.DBF ON 所在学院
USE SZXY
LIST
```

记录号	编号	姓名	基本工资	房租水电	工会会费	奖金	岗位津贴	实发工资	所在学院
1	21_235	刘平安	1121.50	149.00	3.00	350.00	400.00	1263.00	材化学院
2	11_051	王伟东	1889.50	232.50	10.00	350.00	550.00	1711.50	机电学院
3	12_102	李安	1786.50	54.80	2.00	200.00	200.00	799.70	信息学院

3.2.9 实验项目 9：表与表结构的复制

1. 实验内容

(1) 复制任何文件

格式：COPY FILE (文件名 1) TO (文件名 2)

功能：将(文件名 1)文件复制得到(文件名 2)文件。

(2) 从表复制出表或其他类型的文件

格式：COPY TO (文件名)[(范围)][FOR(条件)][WHILE(条件)][FIELDS(字段名表) | FIELDS LIKE (通配字段名) | FIELDS EXCEPT(通配字段名)][[TYPE][SDF | XLS | DELIMITED[WITH(定界符) | WITH BLANK | WITH TAB]]]

功能：将当前表中选择的部分记录和部分字段复制成一个新表或其他类型的文件。

(3) 复制表结构

格式：COPY STRUCTURE TO (文件名)[FIELDS(字段名表)]

功能：仅复制当前表结构，不复制其中数据。若使用 FIELDS，则新表结构只包含其指明的字段，同时也决定了这些字段在新表中的排列次序。

2. 实验步骤

(1) 把 STUDENT.DBF 表中机电学院学生的记录复制到 JDXY.DBF 中。

```
USE STUDENT
COPY TO JDXY FOR 所在学院="机电学院"
USE JDXY                                        && 打开复制的新表
LIST
```

记录号	学号	姓名	性别	出生日期	党员	所在学院	简历	照片
1	10010	毛家仁	男	02/02/87	.F.	机电学院	memo	gen
2	10001	王伟东	男	08/05/87	.F.	机电学院	Memo	Gen
3	10002	李安	女	05/15/88	.F.	机电学院	memo	Gen

(2) 把 GZB. DBF 表复制成一个仅有编号、姓名、基本工资、奖金、所在学院等 5 个字段的表 GZBCOPY. DBF。

```
USE GZB
COPY FIELD 编号,姓名,基本工资,奖金,所在学院 TO GZBCOPY
USE GZBCOPY
LIST
```

记录号	编号	姓名	基本工资	奖金	所在学院
1	11_051	王伟东	1054.00	350.00	机电学院
2	12_102	李安	456.50	200.00	信息学院
3	21_235	刘平安	665.00	350.00	材化学院
4	11_098	张业民	665.00	200.00	信息学院
5	10_006	刘芳	835.50	250.00	机电学院
6	21_201	陈和平	456.50	300.00	材化学院
7	11_076	林森林	665.00	300.00	信息学院

(3) 将 GZBCOPY. DBF 复制为一个文本文件和一个 Excel 文件。

```
USE GZBCOPY
COPY TO GZBTXT SDF
```

请到工作目录中找到 GZBTXT. TXT 文件并双击打开它。

```
COPY TO GZBTXT DELIMITED WITH BLANK
```

再次打开 GZBTXT. TXT 文件,观察比较两个结果。

```
COPY TO GZBTXT XLS
```

请到工作目录中找到 GZBTXT. XLS 文件并双击打开它。

(4) 复制 STUDENT. DBF 表结构。

```
USE STUDENT
COPY STRUCTURE TO STU FIELDS 学号,姓名,性别, 出生日期,所在学院
USE STU
LIST STRUCTURE                                  && 显示表结构
```

(5) 修改表 STU. DBF 的结构,增加民族、高考成绩两个字段。

3.2.10 实验项目 10:多工作区操作

1. 实验内容

- 工作区的选择命令格式

```
SELECT <数值表达式>|<字符表达式>
```

- 工作区的互访

```
<工作区别名>.<字段名>
```

或

```
<工作区别名>-><字段名>
```

- 建立关联命令
- 数据工作期

2. 实验步骤

(1) 建立学生表 STUDENT. DBF、课程表 COURSE. DBF、成绩表 CJ. DBF 之间的关联

```
SELECT 2                                 && 在 2 号工作区打开 STUDENT.DBF 表
USE Student
INDEX ON 学号 TAG SNO                    && student.dbf 按学号字段建立索引
SELECT 3                                 && 在 3 号工作区打开 COURSE.DBF 表
USE Course
INDEX ON 课程号 TAG COUR ADDITIVE        && course.dbf 按课程号字段建立索引
SELECT 1                                 && 在 1 号工作区打开 CJ.DBF 表,且为主表
USE CJ
SET RELATION TO 学号 INTO student        && 指定按学号字段对子表 student 设置多对一关系
SET RELATION TO 课程号 INTO course ADDITIVE
                                         && 指定按课程号字段对子表 course 设置多对一关系
```

显示关联后结果的命令如下：

```
BROWSE FIELDS CJ.学号,STUDENT.姓名,CJ.课程号,COURSE.课程名,CJ.成绩
```

(2) 在 xsgl. dbc 中建立如下永久关系

STUDENT. DBF 按学号与 CJ. DBF 建立一对多关系。

COUSE. DBF 和 CJ. DBF 建立一对多关系。

3. 操作步骤

(1) 建立索引

STUDENT. DBF：按学号建立主索引。

CJ. DBF：按学号和课程号分别建立普通索引。

COUSE. DBF：按课程号建立主索引。

(2) 在表之间建立永久关系

关系如图 2-3-20 所示。

(3) 建立参照完整性

建立好永久关系后，单击菜单栏的"数据库"中的"清理数据库"命令，再双击"连接线"，系统弹出"编辑关系"对话框。单击"参照完整性"按钮打开"参照完整性生成器"对话框，在"更新规则"中，选择"级联"，在"删除规则"中选择"级联"，在"插入规则"中选择"限

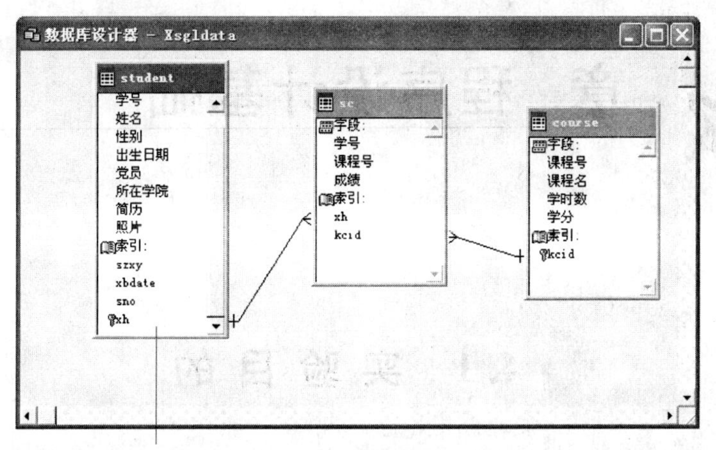

用鼠标拖动student.dbf表中的主索引xh到sc.dbf表中的普通索引xh，松开鼠标出现一条连接线，表示两表之间的关系已建立。

图 2-3-20　表之间建立永久关系

制”。单击“确定”按钮保存所编辑的参照完整性，如图 2-3-21 所示。

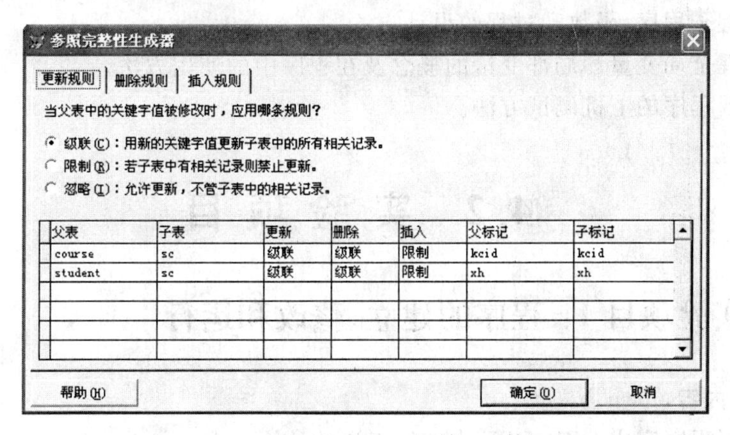

父表	子表	更新	删除	插入	父标记	子标记
course	sc	级联	级联	限制	kcid	kcid
student	sc	级联	级联	限制	xh	xh

图 2-3-21　建立 xsgl. dbc 的参照完整性

第4章 程序设计基础

4.1 实验目的

(1) 掌握程序文件的建立、修改与运行。
(2) 掌握非格式化输入输出命令的使用方法。
(3) 掌握分支结构程序设计方法。
(4) 掌握循环结构程序设计方法。
(5) 掌握子程序、函数和过程的设计方法。
(6) 掌握全局变量和局部变量的概念及在程序中的使用方法。
(7) 掌握程序的上机调试方法。

4.2 实验项目

4.2.1 实验项目1：程序的建立、修改和运行

1. 实验内容

(1) 编写程序完成 GZB. DBF 中实发工资的计算。
(2) 编写程序完成对 GZB. DBF 进行按姓名查询。

2. 实验步骤

(1) 编写程序完成 GZB. DBF 中实发工资的计算。
在 Visual FoxPro 环境的命令窗口中输入如下命令后进入图 2-4-1 的程序编辑窗口。

```
MODIFY COMMAND E4-1
```

命令窗口输入执行命令：

```
DO E-1
```

如果程序没有错误，则 GZB. DBF 中的实发工资已完成计算，请打开表验证结果。
(2) 编写程序完成对 GZB. DBF 按姓名查询。
在命令窗口输入：MODIFY COMMAND E－2
源程序代码如下：

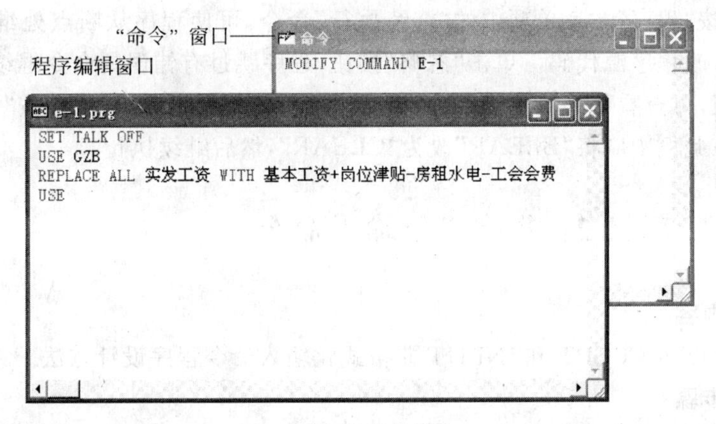

图 2-4-1　程序编辑窗口

```
*程序名:E4-2.PRG
CLEAR
SET TALK OFF
USE GZB
ACCEPT "输入待查询的姓名:" TO XM
LOCATE FOR 姓名=XM
DISPLAY
USE
SET TALK ON
```

命令窗口输入执行命令：

```
DO E-2
```

3. 程序的调试

若程序有语法错误，程序将停在出错处，并提示出错信息，如图 2-4-2 所示。

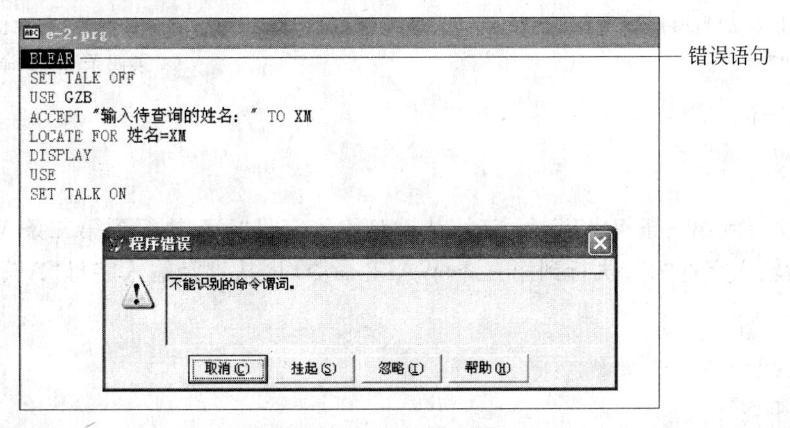

图 2-4-2　程序错误对话框

在"程序错误"对话框中有错误信息提示和四个命令按钮可供选择。单击"取消"按钮，程序停止运行，返回到程序文件编辑窗口中，可修改程序源代码；单击"挂起"按钮，程序暂停运行，按“程序”主菜单项中的“继续执行”命令，可使程序从断点处继续往下运行，但此时不可修改程序源代码。单击“忽略”按钮，程序跳过有错误的命令继续往下运行；单击“帮助”按钮，可查看帮助信息。因此，当程序运行出现错误时，一般应按“取消”按钮，进行修改。如在此例中应将“BLEAR”改为“CLEAR”，然后继续执行。

4.2.2 实验项目 2：非格式化输入命令

1. 实验内容

学习 WAIT、ACCEPT 和 INPUT 非格式化输入命令程序设计方法。

2. 实验步骤

执行下面的程序，掌握 WAIT 命令的用法。

在命令窗口中键入命令：

```
MODIFY COMMAND E4-3.PRG
```

```
*程序名为:E4-3.PRG
CLEAR
WAIT "是否打印?(Y/N)" WINDOW TO pr                        && 第一条 WAIT 命令
?'变量 pr 的值是:',pr,'   类型是:',TYPE('pr')
?"1.修改记录"
?"2.查询数据"
?"3.删除记录"
?"4.退    出"
提示='请输入 1—4:'
WAIT 提示 TO ch                                           && 第二条 WAIT 命令
?"变量 ch 的值是:",ch,"   类型是:",TYPE("ch")
WAIT WINDOW TO kk TIMEOUT 5                               && 第三条 WAIT 命令
?"变量 KK 的类型是:",TYPE("KK"),"  ASCII 码是:",ASC(KK),"  长度是:",LEN(KK)
WAIT ""                                                   && 第四条 WAIT 命令
```

执行程序：

```
DO  E4-3
```

程序执行到第一条 WAIT 命令时，从键盘输入字母“Y”；执行到第二条 WAIT 命令时，从键盘输入字符“2”；执行到第三条 WAIT 命令时，从键盘输入字母“A”。程序运行结果如下：

```
变量 pr 的值是: Y   类型是: C
1. 修改记录
2. 查询数据
3. 删除记录
4. 退    出
请输入 1—4: 2
```

```
变量 ch 的值是：2   类型是：C
变量 KK 的类型是：C   ASCII 码是：65   长度是：1
```

执行下面的程序，掌握 ACCEPT、INPUT 命令的用法。

在命令窗口中键入如下命令：

```
MODIFY COMMAND E4-4.PRG
*  程序名为:E4-4.PRG
SET TALK OFF
CLEAR
ACCEPT "请输入姓名:" TO name                          && 第一条 ACCEPT 命令
?"变量 name 的值为:",name, "类型为:",TYPE("name")
INPUT "请输入年龄:"TO age                             && 第二条 ACCEPT 命令
?"变量 age 的值是:",age,"类型为:",TYPE("age")
SET TALK ON
```

执行程序

```
DO  E4-3
```

4.2.3 实验项目 3：分支结构程序设计

1. 实验内容

在 GZB. DBF 表中查找职工的编号。如果找到了，则在浏览窗口显示该职工的记录，并根据不同的基本工资情况增加基本工资。如果找不到，则显示该编号的职工不存在。

2. 实验步骤

(1) 在命令窗口中键入命令

```
MODIFY COMMAND E4-6.PRG
```

在程序编辑窗口图 2-4-3 中输入 E4-6. PRG 源程序代码。

(2) 命令窗口输入执行命令

```
DO E-6
```

请观察基本工资的变化，理解 IF…ENDIF、DO CASE 语句的执行过程。

4.2.4 实验项目 4：循环结构程序设计

1. 实验内容

(1) 用 DO WHILE 循环编程实现每隔 2 秒自动显示工资表 GZB. DBF 中的每条记录。

(2) 用 SCAN…ENDSCAN 编程完成基本工资的增加。基本工资在 700 元以下的增加 80 元，在 700 元以上的增加 120 元。

(3) 编写程序计算 2+4+6+…+N 的和，N 由键盘输入。

(4) 编程求 N!，N 由键盘输入。

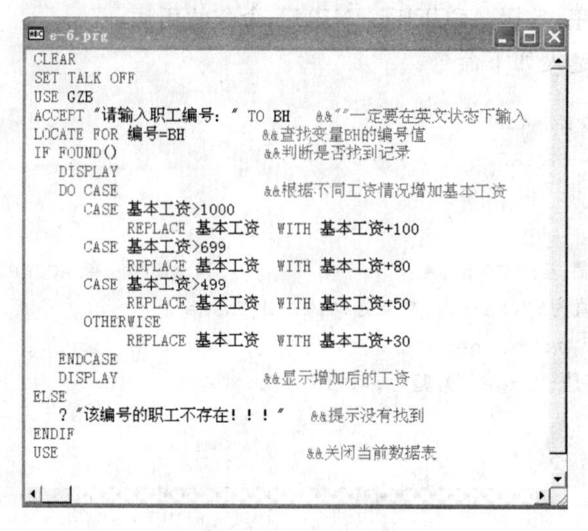

```
CLEAR
SET TALK OFF
USE GZB
ACCEPT "请输入职工编号：" TO BH    &&""一定要在英文状态下输入
LOCATE FOR 编号=BH              &&查找变量BH的编号值
IF FOUND()                      &&判断是否找到记录
   DISPLAY
   DO CASE                      &&根据不同工资情况增加基本工资
      CASE 基本工资>1000
         REPLACE 基本工资  WITH 基本工资+100
      CASE 基本工资>699
         REPLACE 基本工资  WITH 基本工资+80
      CASE 基本工资>499
         REPLACE 基本工资  WITH 基本工资+50
      OTHERWISE
         REPLACE 基本工资  WITH 基本工资+30
   ENDCASE
   DISPLAY                      &&显示增加后的工资
ELSE
   ?"该编号的职工不存在！！！"      &&提示没有找到
ENDIF
USE                             &&关闭当前数据表
```

图 2-4-3　例 E4-6 程序编辑窗口

2. 实验步骤

(1) 用 DO WHILE 编程实现每隔 2 秒自动显示工资表 GZB.DBF 中的每条记录。

E-7.PRG 程序代码如下：

```
Clear
Set talk off
Use gzb
Do while .not.eof()
    Display
    Skip
    Wait timeout 2
Enddo
use
```

(2) 用 SCAN…ENDSCAN 编程完成基本工资的增加。基本工资在 700 元以下的增加 80 元，在 700 元以上的增加 120 元。

E-8.PRG 程序代码如下：

```
Clear
Set talk off
Use GZB
List
Scan
    If 基本工资<700
        Reolace 基本工资 with 基本工资+80
    Else
```

```
        Replace 基本工资  with 基本工资+120
    Endif
    Display
    Wait timeout 2                    && 等待 2 秒钟或者按任意键继续
Endscan
List
use
```

(3) 编写程序计算 2＋4＋6＋…＋N 的和,N 由键盘输入。

E-9. PRG 程序代码如下：

```
Clear
Set talk off
S=0
Input "请输入 N 的值且为偶数:" to n
For i=2 to n step 2
    S=s+i
Endfor
?"2+4+6+…+N"+str(s,4)
return
```

(4) 编程求 N!。

E-10. PRG 程序代码如下：

```
Clear
Set talk off
Input "请输入 N 的值:" to N
T=1
For i=1 to n
T=t*i
Endfor
?"N!=",T
Return
```

4.2.5 实验项目 5：过程与过程文件

1. 实验内容

掌握过程与过程文件的建立与执行。过程又称为子程序。

(1) 外部过程的建立：外部过程与主程序分别建立，单独存储在磁盘上，与程序文件的建立、修改方法相同。

(2) 内部过程的建立：内部过程与主程序存储在同一个文件里。

(3) 过程文件的建立：过程文件与程序文件的建立、修改方法相同。

(4) 自定义函数的建立：用户自己根据程序需要建立的函数。

(5) 递归调用。

2. 实验步骤

(1) 不带参数的外部过程的建立。

① 在命令窗口输入命令：MODIFY COMMAND Z. PRG 建立主程序 Z. PRG

```
*主程序:Z.PRG
Clear
Set talk off
Store 10 to x1,x2,x3
X1=x1+1
Do z1
?x1+x2+x3
Return
Set talk on
return
```

② 在命令窗口建立子程序 Z1. PRG：MODIFY COMMAND Z1. PRG

```
*子程序:Z1.PRG
X2=x2+1
Do z2
X1=x1+1
return
```

③ 在命令窗口建立子程序 Z2. PRG：MODIFY COMMAND Z2. PRG

```
*子程序:Z2.PRG
X3=x3+1
Return to master
```

④ 主程序的执行

在命令窗口输入命令：

```
DO Z
```

请注意分析观察结果。后面的程序建立及运行方法与此相同，不再详述。

(2) 带参数的外部过程的建立

程序代码如下：

```
**MAIN1. PRG
SET TALK OFF
a=5
b=10
DO SUB1 WITH 2*a, b
?"a=",a, "b=", b
SET TALK ON
RETURN
```

```
**SUB1. PRG
PARAMETERS x,y
y=x*y
?"y="+STR(y,3)
RETURN
```

运行结果为：

```
y=100
a=5,  b=100
```

分析：DO SUB1 WITH 2＊a，b，第一个实参 2＊a 是表达式，是值参数；第二个实参是变量参数，传递给子过程的形参 y 是变量的地址。也就是说，变量 b 和形参 y 是同一个存储单元。因此，执行子过程时形参变量 y 的值也就是 b 的值。

(3) 内部过程的建立

在命令窗口输入：

```
MODIFY COMMAND E-11.PRG
```

程序 E-11 代码如下：

```
**求 1+2+3+…+N 的和
CLEAR
SET TALK OFF
INPUT "请输入一个整数:" TO M
DO SUM1 WITH M                 && 带一个参数
?"累加已经完成,主程序运行完毕"
PROCEDURE SUM1                 && PROCEDURE 是内部过程文件的标志,过程文件放在主程序中
PARAMETERS N                   && 定义形式参数
S=0
FOR I=1 TO N
  S=S+I
ENDFOR
?"累加的和为:",S
ENDPRO                         && 结束过程
```

请注意分析过程在程序文件中的位置并观察运行结果。

(4) 过程文件的建立

过程文件也是程序文件，用命令 MODIFY COMMAND <过程文件名>建立。

请分别在命令窗口建立主程序 MAIN2. PRG 和过程文件 SUB2. PRG(包含两个子过程 P1 和 P2)。

程序代码如下：

```
**MAIN2. PRG
SET TALK OFF
X=10
Y=5
SET PROC TO SUB2      && 打开过程文件
DO P1 WITH X,Y
?X, Y
X=10
```

```
**SUB2. PRG
PROCEDURE P1
PARAMETERS  S1, S2
S1=S1*5
S2=S2+5
RETURN
PROCEDURE  P2
PARAMETERS X,Y
```

```
Y=5                                       X=5
DO P2 WITH X,Y                            Y=X+20
?X, Y                                     RETURN
X=10
Y=5
DO P1 WITH X+5, Y
?X, Y
SET PROC TO          && 关闭过程文件
SET TALK ON
RETURN
```

请注意分析过程文件的建立，打开、关闭并运行主程序观察结果。

(5) 自定义函数

① 求两个圆的面积差

E-12. PRG 程序代码如下：

```
**E-12.PRG
CLEAR
SET TALK OFF
INPUT "请输入第一个圆的半径:" TO R1
INPUT "请输入第二个圆的半径:" TO R2
P=AREA(R1)-AREA(R2)                && 调用自定义面积函数 AREA()
?"两圆面积差为:",P
FUNCTION  AREA                     && 定义面积函数 AREA()
PARAMETERS R
S=3.14159*R*R
RETURN S                           && 将 S 的值返回给 AREA(),即函数 AREA()的值等于 S
ENDFUNC                            && 结束函数
```

② 用自定义函数求 300 以内素数及素数的个数

E-13. PRG 程序如下：

```
**E-13.PRG
CLEAR
SET TALK OFF
N=0
FOR I=2  TO  300
   IF ISPRIME(I)=1
      ??STR(I,3)+"  "
      N=N+1                        && 计算素数的个数
   ENDIF
ENDFOR
?"PRIME TOTAL", N
```

```
FUNCTION ISPRIME                    && 定义素数函数 ISPRIME
PARAMETERS M
FOR K=2 TO SQRT(M)                  && 将 M 分别除 2 到自身的平方根,如果都不能整除,则为素数
  IF MOD(M,K)=0                     && 判断 M 能否被 K 整除,余数为 0
    EXIT                            && 表示能整除,则退出循环,无须继续判断下去
  ENDIF
ENDFOR
  IF K>SQRT(M)                      && 说明 M 不能被 2 到自身的平方根中的任何一个数整除
     RETURN 1                       && 则 M 是素数,返回 1 给函数
  ELSE
     RETURN 0                       && 说明 K 被 2 到自身的平方根中的某个数整除
  ENDIF
ENDFUNC
```

(6) 递归调用

递归调用即子程序调用自己本身的调用。

例如:有 5 个人坐在一起,问第 5 个人多少岁?他说比第 4 个人大两岁。问第 4 个人的岁数,他说比第 3 个人大两岁。问第 3 个人,又说比第 2 个人大两岁。问第 2 个人,说比第 1 个人大两岁。最后问第 1 个人,他说是 10 岁。请问第 5 个人多大?

分析:每一个人的年龄都比其前一个人的年龄大两岁。即

$$age(5)=age(4)+2$$
$$age(4)=age(3)+2$$
$$age(3)=age(2)+2$$
$$age(2)=age(1)+2$$
$$age(1)=10$$

可以表述如下:

$$age(n)=10 \quad (n=1)$$
$$age(n)=age(n-1)+2 \quad (n>1)$$

```
**程序 E-14.PRG
CLEAR
SET TALK OFF
?"第 5 个人的年龄是",age(5)
&& 主程序结束
FUNCTION age                     && 定义年龄函数 age()
PARAMETERS n
if n=1
  s=10
else
  s=age(n-1)+2
endif
return s
```

4.2.6 实验项目6：全局变量和局部变量

1. 实验内容

学习全局变量和局部变量的作用范围及在程序设计中的应用。

2. 实验步骤

分析下面程序中的全局变量和局部变量

① E-15.PRG 程序如下：

```
SET TALK OFF
CLEAR
PUBLIC X                                  && 定义全局变量 X
X=5
DO SUB
?"X=",X
SET TALK ON
RETURN
PROCEDURE SUB                             && 内部过程
PRIVATE X                                 && 定义局部变量 X
X=1
X=X*2+1
RETURN
```

结果：

```
x=5
```

② E-16.PRG 程序如下：

```
**主程序:E-16.PRG
SET TALK OFF
CLEAR
X=20
Y=30
DO BBB
?X,Y
RETURN

**子程序:BBB.PRG
PRIVTE Y
X=40
Y=50
RETURN
```

结果：

```
40  30
```

③ E-17.PRG 程序如下：(SUB1.PRG 和 SUB2.PRG 为外部过程)

```
**E-17.PRG 主程序
a=5
b=6
c=7                &&a,b,c 为局部变量,作用域从定义位置开始到其下属的子程序
DO SUB1
?"a1, b1, c1=", a, b,c
DO SUB2 WITH a+b, c, 10
?" a2, b2 c2=", a, b, c
RETURN

**SUB1. PRG
PRIVATE b, c       &&b,c 为同名的局部变量,其作用范围在本子程序中,其上属的 b,c 被屏蔽

a=21
b=22
c=23
RETURN

**SUB2. PRG
PARAMETER x,y,z  && 实参 c 为地址传递给形参 y,y 的变化会引起 c 的变化,x,z 为值传递
?"x,y,z=",x,y,z
x=31
y=32
z=33
RETURN
```

结果：

```
a1,b1,c1=21  6  7
x,y,z=27     7  10
a2,b2,c2=21  6  32
```

请注意分析主程序与过程中的变量并观察运行结果。

第5章 表单

5.1 实验目的

(1) 掌握表单设计器的使用方法。

(2) 掌握表单常用控件的创建、属性的设置和事件代码的编写。

(3) 掌握表单的设计方法。

(4) 掌握表单窗口的布局、调试、保存和运行方法。

5.2 实验项目

5.2.1 实验项目1：表单向导的使用

1. 实验内容

利用表单向导快速创建如图2-5-1所示的表单和图2-5-2所示的多表表单。

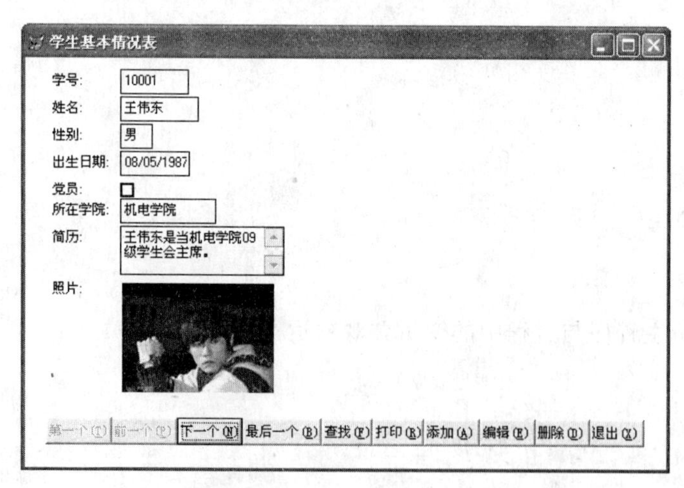

图2-5-1 表单向导创建的表单

2. 实验步骤

(1) 在图2-5-3所示的项目管理器中选择“文档”标签卡，接着选择“表单”项目。

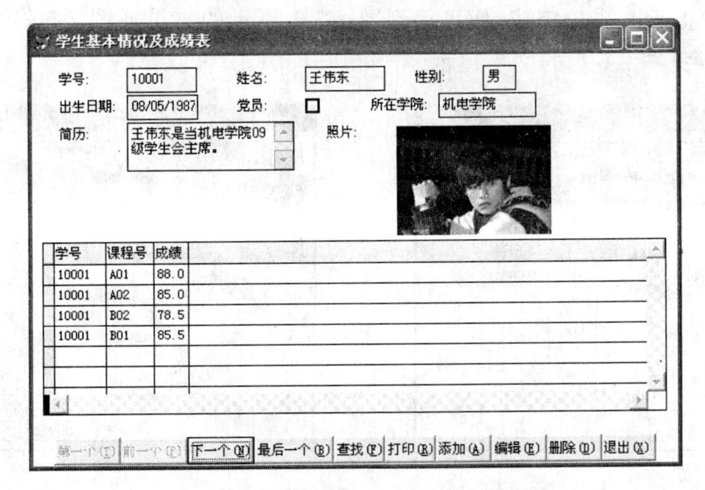

图 2-5-2　表单向导创建的一对多表单

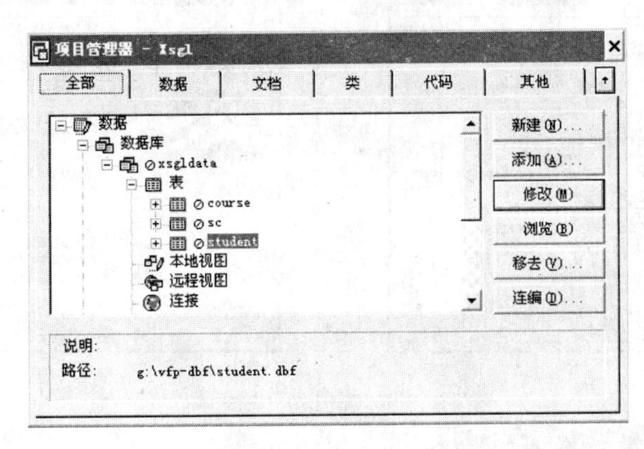

图 2-5-3　项目管理器

（2）单击右侧的"新建"按钮，打开如图 2-5-4 所示的新建表单对话框。

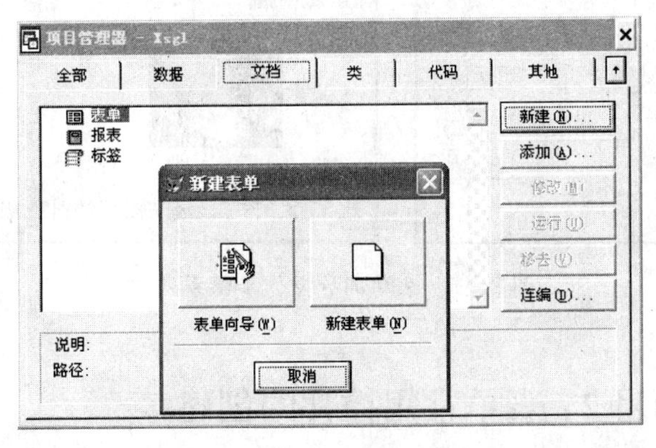

图 2-5-4　新建表单对话框

（3）单击"表单向导"按钮，打开"向导选取"对话框，此时可以选择"表单向导"建立单数据表的表单，选择"一对多表单向导"创建两个相关联表的表单。

(4) 按向导提示一步步完成,便可得到图 2-5-1 所示的表单或图 2-5-2 所示的一对多表单。操作步骤见图 2-5-5 的文字提示。

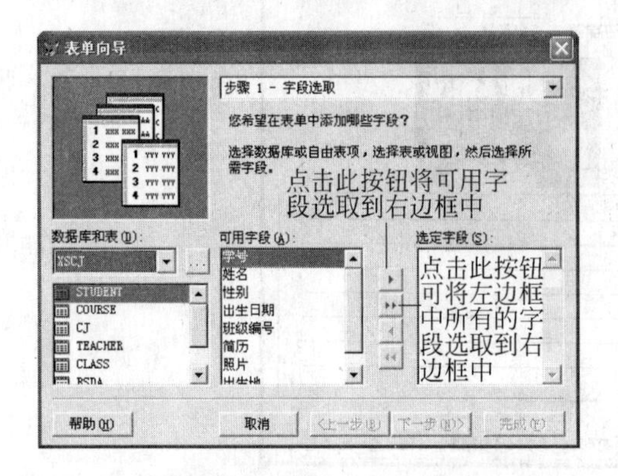

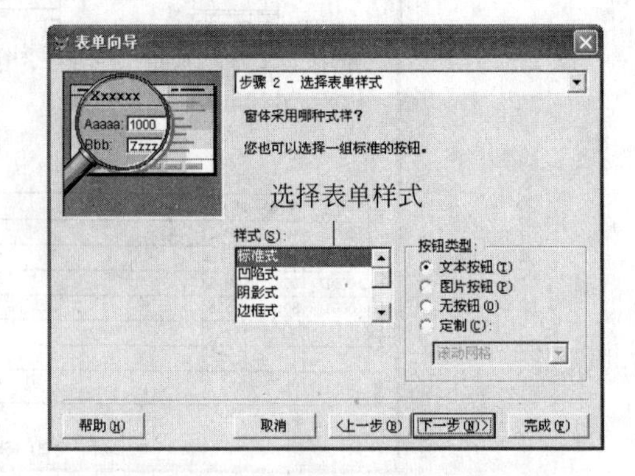

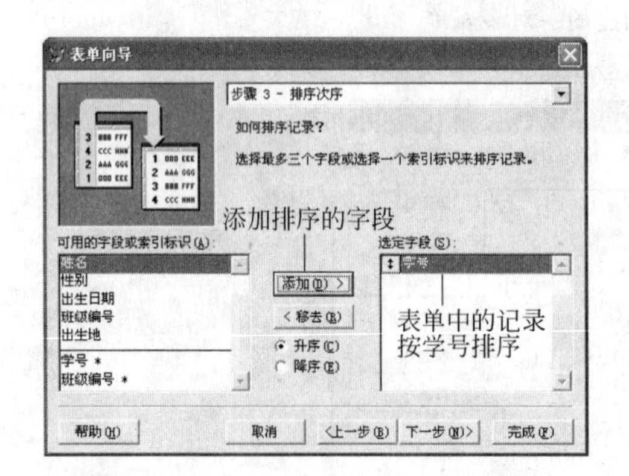

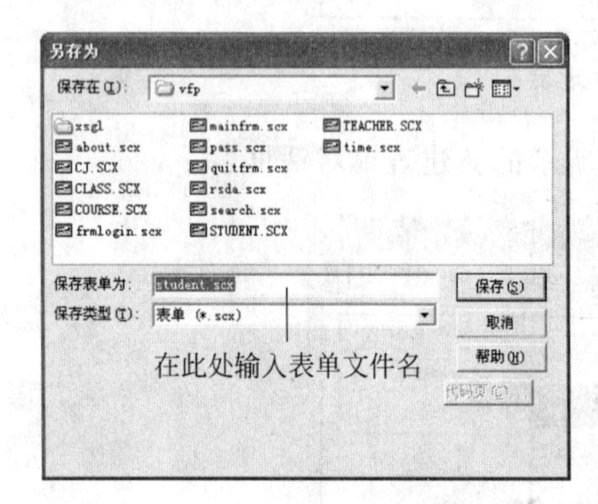

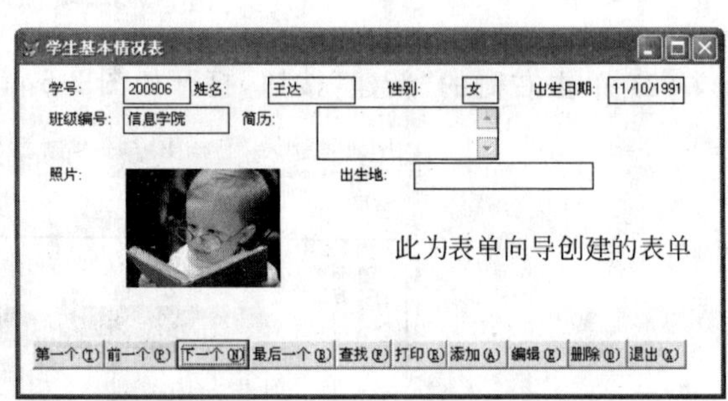

图 2-5-5 表单向导操作步骤系列图

5.2.2 实验项目 2:表单常用控件的创建

1. 实验内容

掌握表单常用控件的创建。

2. 实验步骤

(1) 打开表单设计器：选定文件菜单的新建命令，在新建对话框中选定表单选项按钮，选定新建文件按钮，或选定常用工具栏中的新建按钮；或在图 2-5-4 新建表单对话框中单击“新建表单”按钮，得到如图 2-5-6 所示的表单设计器。

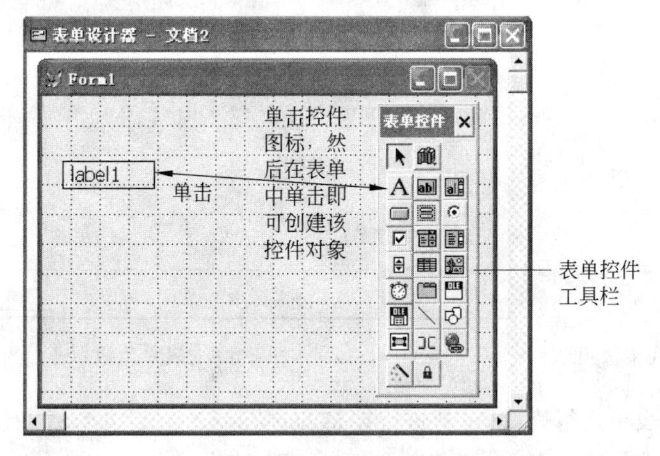

图 2-5-6　表单设计器

(2) 创建表单控件对象：单击表单控件工具栏中某一控件按钮，然后单击表单窗口内某处，该处就产生一个选取的控件。

5.2.3　实验项目 3：表单的运行

1. 实验内容

运行一个表单。

2. 实验步骤

运行表单的常用方法有以下 3 种：

(1) 右击表单窗口中的空白处，在快捷菜单中选定执行表单命令，在系统询问是否保存表单时选定“是”按钮(新建或修改后的表单才会出现询问框)。

(2) 直接单击工具栏中的运行按钮 ! 。(常用)

(3) 在项目管理器中选择表单，单击“运行”按钮。

5.2.4　实验项目 4：快速表单

1. 实验内容

用“表单”菜单下的“快速表单”(如图 2-5-7)菜单项创建一个初始表单，然后再对其进行修改。

2. 实验步骤

(1) 打开表单设计器后，选定“表单”菜单下的“快速表单”弹出“表单生成器”对话框(如

图 2-5-8 所示)。单击自由表右侧的浏览按钮选定数据表 RSDA.DBF,从可用字段列表中选定字段。如果此时需要样式可继续选定样式。按"确定"按钮生成快速表单,如图 2-5-7 所示。

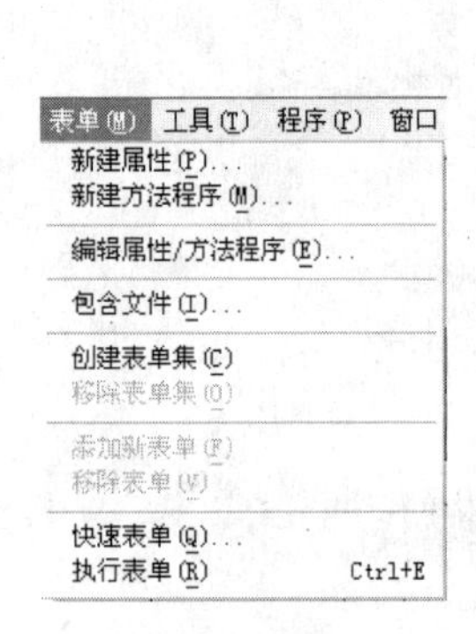

图 2-5-7　快速表单选项

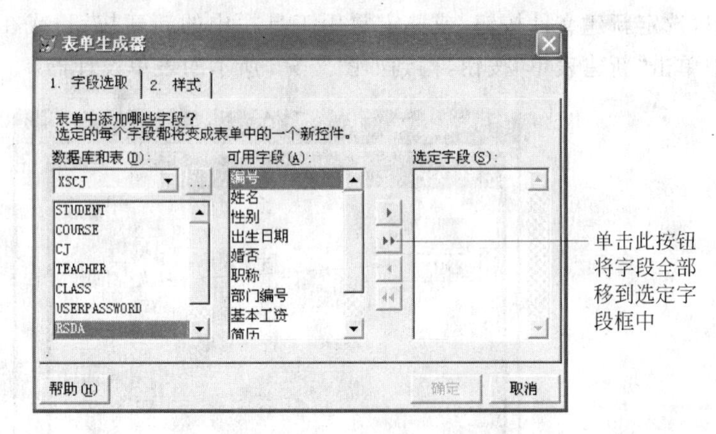

图 2-5-8　表单生成器

(2) 对快速表单进行修改,重新进行调整、布局。

(3) 创建其他控件。

① 在表单的底部创建一个命令按钮组。

② 创建一个形状及一个标签,如图 2-5-9 所示。

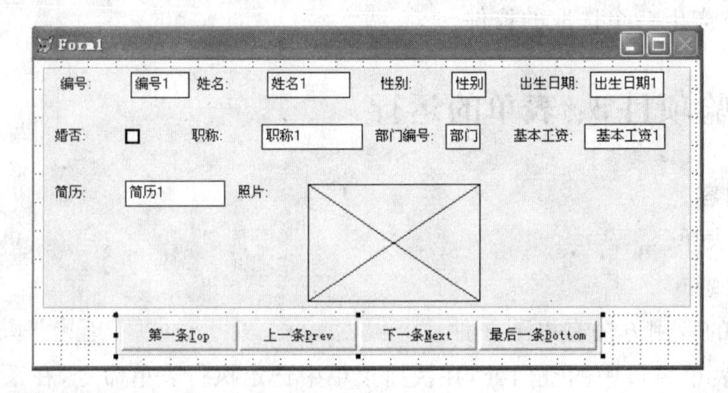

图 2-5-9　快速表单

(4) 对象属性设置:见表 2-5-1。

表 2-5-1　对象属性设置

对象名	属　性	属性值	说　明
Form1	Caption AutoCenter	人事档案表 .T.	
Label1	Caption	人事档案表	
CommandGroup1			
Command1	Name Caption	TopCmd 第一条\<T	T 为热键

续表

对象名	属　性	属性值	说　明
Command2	Name Caption	NextCmd 下一条\<N	N 为热键
Command3	Name Caption	PreCmd 上一条\<P	P 为热键
Command4	Name Caption	BotCmd 最后一条\<B	B 为热键
Shape1	SpecialEffect	0～3 维	

（5）编写事件代码。

① CommandGroup1 的 Click 事件代码：

```
DO CASE
   CASE THIS.Value=1                    && 若单击第 1 个命令按钮,则返回.T.
      Go top                            && 执行第 1 个按钮的操作:转向第一个记录
     This.TopCmd.enabled=.f.            && 已指向第一条,将第一条及上一条按钮设为不可用
     This.PreCmd.enabled=.f.
     This.NextCmd.enabled=.t.           && 将最后一条及下一条按钮设为可用
     This.BotCmd.enabled=.t.
   CASE THIS.Value=2                    && 若单击第 2 个命令按钮,则返回.T.
     If recno()<reccount()              && 执行第 2 个按钮的操作,向下移动一个记录
        Skip
        This.TopCmd.enabled=.t.         && 将 4 个按钮都设为可用
        This.PreCmd.enabled=.t.
        This.NextCmd.enabled=.t.
        This.BotCmd.enabled=.t.
     else
       Wait windows "已到最后一个记录" timeout 5
       This.TopCmd.enabled=.t.          && 恢复上一条及第一条按钮为可用状态
       This.PreCmd.enabled=.t.
       This.NextCmd.enabled=.f.         && 记录已到最后,将下一条、最后一条按钮设为不可用
       This.BotCmd.enabled=.f.
     endif
    CASE THIS.Value=3                   && 若单击第 3 个命令按钮,则返回.T.
      If recno()>1                      && 执行第 3 个按钮的操作:向上移动一个记录
        Skip -1
        This.TopCmd.enabled=.t.
        This.PreCmd.enabled=.t.
        This.NextCmd.enabled=.t.
        This.BotCmd.enabled=.t.
     Else
       Wait windows "已到第一个记录" timeout 5
       This.TopCmd.enabled=.f.
       This.PreCmd.enabled=.f.
```

```
        This.NextCmd.enabled=.t.
        This.BotCmd.enabled=.t.
      Endif
    CASE THIS.Value=4
        go Bottom                          && 执行第 4 个按钮的操作:转向最后一个记录
        This.TopCmd.enabled=.t.
        This.PreCmd.enabled=.t.
        This.NextCmd.enabled=.f.
        This.Botcmd.enabled=.f.
ENDCASE
    Thisform.refresh                       && 刷新窗口显示
```

② Form1 的 DbClick 事件代码:

```
Thisform.release                           && 关闭表单
```

5.2.5 实验项目 5:标签及线条控件的设计

1. 实验内容

用标签设计一个管理信息系统的封面。

2. 实验步骤

(1) 在表单中创建 4 根线条、一个标签,如图 2-5-10 所示。

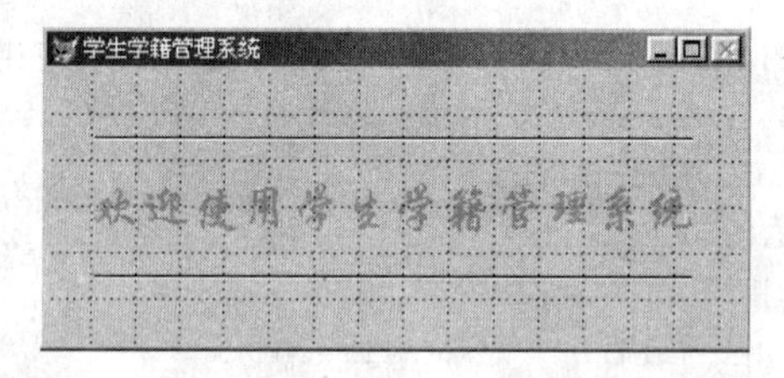

图 2-5-10 标签及线条控件

(2) 对象属性的设置:见表 2-5-2。

表 2-5-2 对象属性的设置

对象名	属 性	属 性 值
Form1	Caption AutoCenter Windowstate	学生学籍管理系统 .T. .T.
Label1	Caption FontName FontSize BackStyle Top	欢迎使用学生学籍管理系统 华文行楷 20 0—透明 60

续表

对象名	属　性	属　性　值
Line1	Top BorderColor	36 0,0,0
Line2	Top BorderColor	37 255,255,255
Line3	Top BorderColor	108 0,0,0
Line4	Top BorderColor	109 255,255,255

5.2.6　实验项目 6：文本框、命令按钮的设计

1. 实验内容

设计一个表单，输入一个整数，按下“判断”按钮。若该整数是负数，则显示“这个数是一个负数”；若为素数，则显示“这个数是一个素数”；否则显示“该数不是一个素数”。

2. 实验步骤

(1) 创建对象：打开表单设计器，在表单中创建一个命令按钮、两个标签、一个文本框对象，如图 2-5-11 所示。

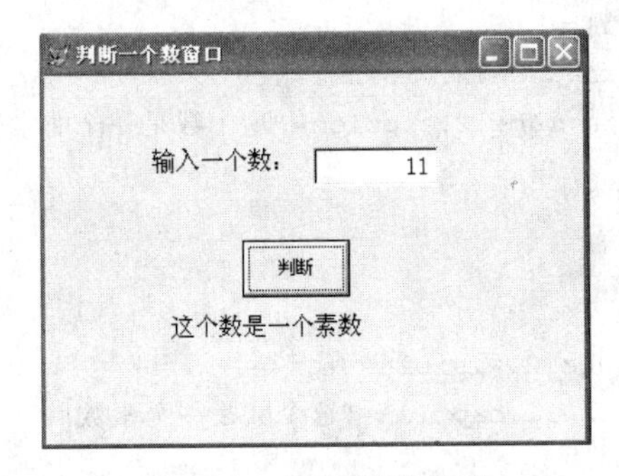

图 2-5-11　判断素数表单

(2) 对象属性的设置：见表 2-5-3。

表 2-5-3　对象属性的设置

对象名	属　性	属性值	说　　明
Form1	Caption AutoCenter	判断一个数窗口 .T.	
Command1	Caption Name	判断 Command1	
Label1	Caption	请输入一个正整数	

续表

对象名	属　性	属性值	说　　明
Label2	Caption FontName FontSize AutoCenter	" " 宋体 12 .T.	由程序代码决定 Label1 与 Label2 除 Caption 属性外其余都相同
Text1	Name FontSize FontName Value	Text1 12 宋体 0	

(3) 事件代码的编写。

Command1 的 Click 事件代码如下：

```
   thisform.label2.visible=.f.
thisform.label2.caption=""
   n=thisform.text1.value
    if n<0
      thisform.label2.visible=.t.
      thisform.label2.caption="这个数是一个负数"
    else
      for i=2 to sqrt(n)
         if mod(n,i)=0
            thisform.label2.visible=.t.
            thisform.label2.caption="这个数是一个非素数"
            exit
         endif
      endfor
     if i>sqrt(n)
        thisform.label2.visible=.t.
        thisform.label2.caption="这个数是一个素数"
     endif
    endif
```

5.2.7　实验项目 7：列表框的设计

设计一个表单。当单击增加按钮 Command1 时，将文本框 Text1 中的内容增加到列表框 List1 中，当单击删除按钮 Command2 时，将 List1 中所选中的项目删除。开始时表单的标题为“二级考试上机”，Text1 中字体为 20 号，见图 2-5-12。

具体要求：

(1) 设置表单 Form1 和文本框 Text1 的属性。

(2) 为完成以上操作，Command1 和 Command2 的过程代码中各有一处错误，请调试改正。

调试改正时，每个过程代码只能改一处，并不得增删语句。

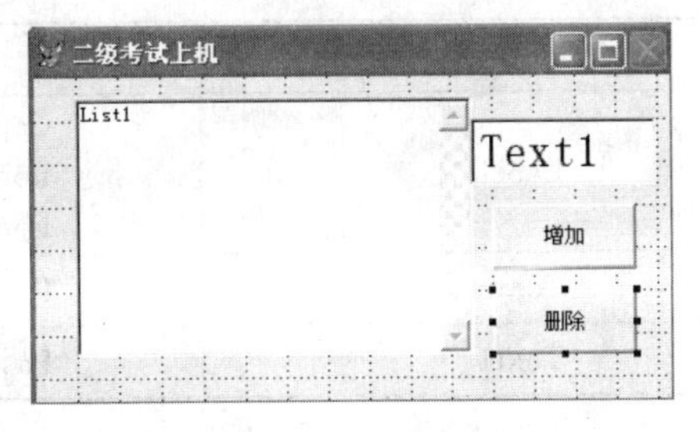

图 2-5-12　列表框

```
&& Command1 含错的原代码
&&thisform.list1.additem(text1.value)
&&thisform.text1.value=""
&& Command1 修改后的代码
  thisform.list1.additem(thisform.text1.
value)
  thisform.text1.value=""
&&Command2 含错的原代码
num=thisform.list1

thisform.list1.removeitem(num)
thisform.list1.refresh
```

5.2.8　实验项目 8：组合框控件的设计

1. 实验内容

利用组合框控件为某证券部设计一个股票交易的窗口。股民的资金卡号与密码都存储在一个表中。

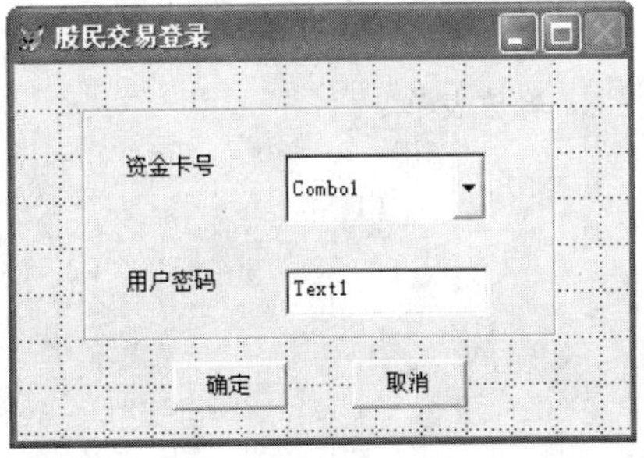

图 2-5-13　股民交易登录窗口

2. 实验步骤

(1) 建立一个股民账户表 gmzh.dbf(姓名(C8)、资金卡号(C8)、密码(C6)、资金(N10))。

(2) 创建对象：在表单中创建一个形状、两个命令按钮、两个标签、一个组合框、一个 Text1 对象，如图 2-5-13 所示。

(3) 对象属性的设置：见表 2-5-4。

(4) 打开组合框生成器，在"列表项"选项卡的"用此填充列表项"中选择"表或视图中的字段"。在"数据库和表"中选择 gmzh，选定字段"资金卡号"。

表 2-5-4　对象属性的设置

对象名	属　性	属　性　值
Form1	Caption AutoCenter	股民交易窗口 .T.
Shape1	SpecialEffect	0～3 维
Command1	Caption	确定
Command2	Caption	取消
Label1	Caption	资金卡号

续表

对象名	属　性	属　性　值
Label2	Caption FontName FontSize	用户密码 宋体 12
Combo1	RowSource	gpfx.资金卡号
Text1	Passwordchar	*

(5) 事件代码的编写。

① Form1 的 Load 事件代码：

```
USE GMZH
```

② Command1 的 Click 事件代码：

```
locate for 资金卡号=thisform.combo1.value          && 查找资金卡号等于组合框中选定的值
if alltrim(thisform.Text1.value)=密码
    messagebox("密码正确!",48)
else
    messagebox("密码不正确!",16+0)
endif
```

③ Command2 的 Click 事件：

```
thisform.release                                   && 释放表单
```

④ Form1 的 Destroy 事件代码：

```
USE
```

(6) 运行表单。

5.2.9 实验项目 9：选项按钮的设计

1. 实验内容

用选项按钮设计一个设置字体、字号及颜色的窗口，如图 2-5-14 所示。

2. 实验步骤

(1) 创建对象：在表单中创建一个形状、3 个选项按钮组和 4 个标签。

(2) 设置选项按钮组的外观。

① 打开选项按钮组生成器：右击选项按钮组弹出快捷菜单，选定快捷菜单的生成器命令。

② 在按钮选项卡中设置按钮数目为 4，将表格标题列中 4 项依次改为图 2-5-14 所示的标题。

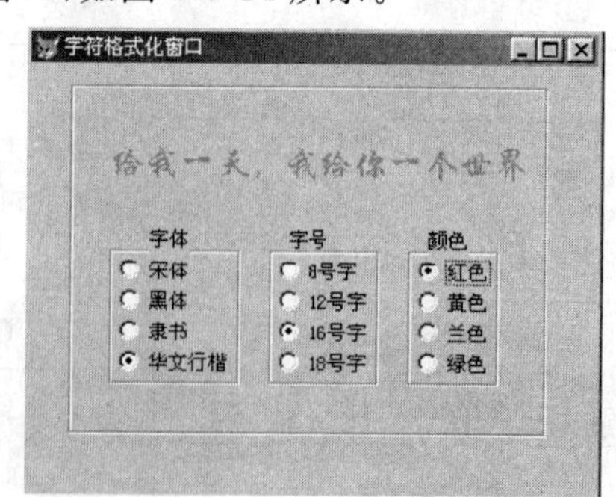

图 2-5-14　字体设置

③ 其余选项卡设置可以采用默认值，按“确定”

按钮关闭选项按钮组生成器对话框。

(3) 对象属性设置：见表 2-5-5。

表 2-5-5　对象属性设置

对象名	属　性	属　性　值
Form1	Caption AutoCenter	字符格式化窗口 .T.
Shape1	SpecialEffect	0～3 维
Label1	Caption	给我一天，我给你一个世界
Label2	Caption	字体
Label3	Caption	字号
Label4	Caption	颜色
Optiongroup1	Value	1
Optiongroup2	Value	1
Optiongroup3	Value	1

(4) 对象的布局。

① 将 Shape1 放置在标签及选项按钮组下。

② 将 Label2 放置在 Optiongroup1 的边框上。

③ 将 Label3 放置在 Optiongroup2 的边框上。

④ 将 Label4 放置在 Optiongroup3 的边框上。

(5) 事件代码的编写。

① Optiongroup1 的 Click 事件代码

```
do case
   case this.value=1
     thisform.label1.fontname="宋体"
   case this.value=2
     thisform.label1.fontname="黑体"
   case this.value=3
    thisform.label1.fontname="隶书"
   case this.value=4
     thisform.label1.fontname="华文行楷"
endcase
```

② Optiongroup2 的 Click 事件代码

```
do case
   case this.value=1
     thisform.label1.fontsize=8
   case this.value=2
     thisform.label1.fontsize=12
```

```
    case this.value=3
      thisform.label1.fontsize=16
    case this.value=4
      thisform.label1.fontsize=18
endcase
```

③ Optiongroup3 的 Click 事件代码

```
do case
   case this.value=1
   thisform.label1.forecolor=rgb(255,0,0)
   case this.value=2
   thisform.label1.forecolor=rgb(255,255,0)
   case this.value=3
   thisform.label1.forecolor=rgb(0,0,255)
   case this.value=4
   thisform.label1.forecolor=rgb(0,255,0)
endcase
```

(6) 运行表单。

5.2.10　实验项目 10：计时器控件的设计

1. 实验内容

用计时器为某商场设计一个电子屏幕，如图 2-5-15 所示。

图 2-5-15　电子屏幕

2. 实验步骤

(1) 创建对象：在表单中创建两个计时器(一个用于控制移动字幕，一个用于控制年月日及商品图像)、两个标签及一个图像控件。

(2) 准备好 10 幅文件名命名有规律的 JPG 或 BMP 文件，如：shop1.jpg，shop2.jpg，

shop3. jpg,…,shop10. jpg。

(3) 对象属性设置：见表 2-5-6。

表 2-5-6　对象属性设置

对象名	属性	属　性　值
Form1	TitleBar AutoCenter	关闭 . T.
Timer1	Interval	1000
Timer2	Interval	500
Label1	Caption	亲爱的顾客,欢迎您来国美,我们将竭诚为您服务
Label2	Caption	空
Image1	Stretch	1-等比填充
备注：10 张商品图片文件名为：shop1. jpg,shop2. jpg,shop3. jpg,…,shop10. jpg。		

(4) 编写事件代码。

① Timer1 的 Init 事件代码

```
public i                                    && 用于控制图像文件名中的数字
i=1
```

② Timer1 的 Timer 事件代码

```
thisform.label2.caption=str(year(date()),4)+"年"+str(month(date()),2)+"月"+
str(day(date()),2)+"日  "+time()       && 显示年月日及时间
thisform.label2.fontname="华文行楷
thisform.label2.fontsize=18
thisform.label2.forecolor=rgb(255,255,128)
if i<=10
thisform.image1.picture="e:\shop\shop"+str(i,1)+".jpg"
&& 不断显示文件名为 shop1.jpg～shop10.jpg 的图像
i=i+1
else
i=1                                         && 重设 i 值,重新按顺序显示 10 幅图像以达到循环
endif
```

③ Timer2 的 Timer 事件代码

```
if thisform.label1.left+thisform.label1.width<0
  thisform.label1.left=thisform.width
else
  thisform.label1.left=thisform.label1.left-10
endif
```

④ Form1 的 DbClick 事件代码

```
Thisform.release                   && 释放表单
```

5.2.11 实验项目 11：表格控件的设计

1. 实验内容

用表格控件设计一个人事档案系统的人事表浏览窗口，如图 2-5-16 所示。

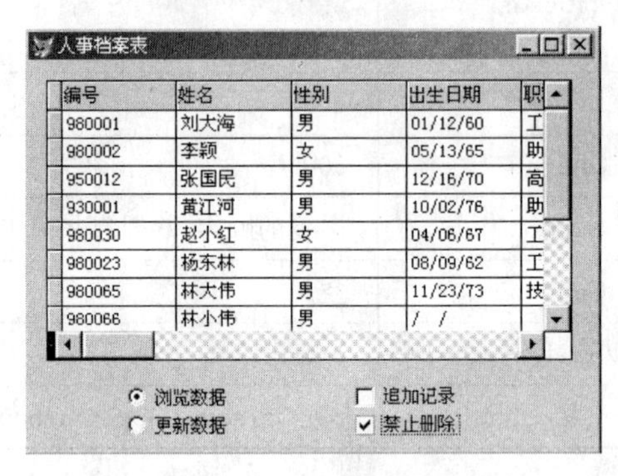

图 2-5-16 人事档案表

2. 实验步骤

(1) 创建对象：在表单中创建一个表格、一个选项按钮组、两个复选框。

(2) 打开选项按钮组生成器。

① 右击表格弹出快捷菜单，选定快捷菜单的生成器命令。

② 在表格项的数据库和自由表处选择 RSDA 表，选定所需字段。

③ 在样式选项中选择所需的样式，然后按“确定”按钮。

(3) 选项按钮组的外观设置见前所述。

(4) 对象属性设置：见表 2-5-7。

表 2-5-7 对象属性设置

对象名	属 性	属 性 值
Form1	Caption	人事档案管理系统
	AutoCenter	.T.
OpitionGroup1	Value	1
	BorderStyle	0-无（去除边框）
Check1	Caption	追加记录
	Value	0
Check2	Caption	禁止删除
	Value	1
Grid1	readonly	.T.
	DeleteMark	.F.
	AllowaddNew	.F.

(5) 编写事件代码。

① OpitionGroup1 的 Click 事件代码

```
do case
```

```
  case this.value=1
  thisform.grid1.readonly=.t.
   case this.value=2
  thisform.grid1.readonly=.f.
endcase
```

② Check1 的 Click 事件代码

```
if this.value=1                  && 选择,则允许追加记录
  thisform.grid1.allowAddnew=.t.
else
  thisform.grid1.allowAddnew=.f.
endif
```

③ Check2 的 Click 事件代码

```
if this.value=1                  && 默认禁止删除记录,单击去除选择√,则允许删除记录
  thisform.grid1.deletemark=.f.
else
  thisform.grid1.deletemark=.t.
endif
```

5.2.12 实验项目 12：页框控件的设计

1. 实验内容

用页框控件设计一个字体设置表单,如图 2-5-17(a)、(b)、(c)所示。

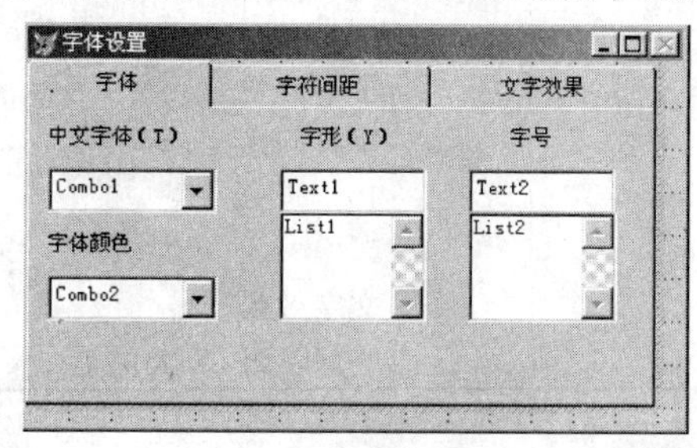

(a) 字体页

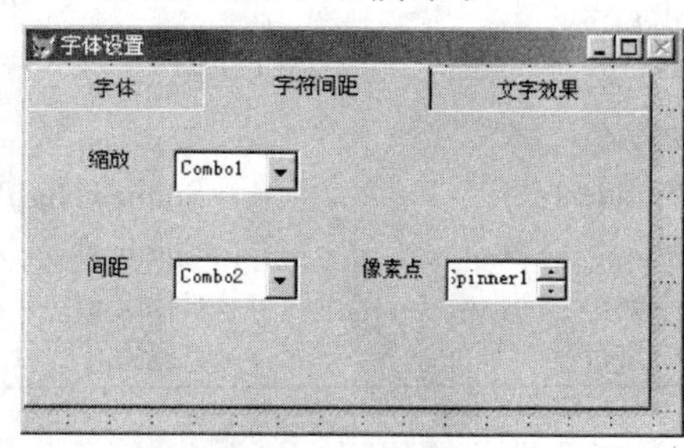

(b) 字符间距页

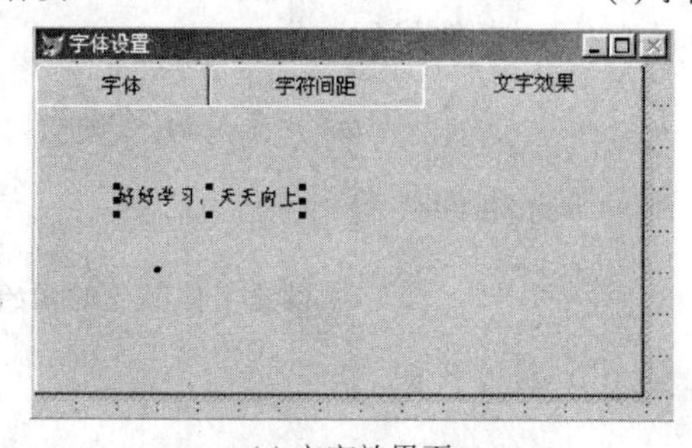

(c) 文字效果页

图 2-5-17 文字设置表单

2. 实验步骤

(1) 创建对象：在表单中创建一个页框，页数为 3。在字体、字符间距、文字效果页中按图 2-5-17(a)、(b)、(c)所示创建属于各自的对象。

(2) Page1 中的组合框、列表框的数据设置。

① 打开 Combo1 的生成器，在列表项中选择手工输入数据：宋体、隶书、华文行楷、华文新魏、黑体、楷体_GB2312。

② 打开 Combo2 的生成器，在列表项中选择手工输入数据：黑色、蓝色、绿色、青色、红色、洋红、黄色、白色。

③ 打开 List1 的生成器，在列表项中选择手工输入数据：常规、加粗、斜体。

④ 打开 List2 的生成器，在列表项中选择手工输入数据：8～30。

(3) 按照步骤(2)的操作过程设置 Page2 中的 Combo1 及 Combo2 数据。缩放 Combo1 的列表项：100%，80%，66%，50%，30%。间距的 Combo2 的列表项：标准、加宽、紧缩。

(4) 在 Page3 中创建一个标签，用于显示文字效果。

(5) 对象属性设置：见表 2-5-8。

表 2-5-8　对象属性设置

对象名	属　性	属　性　值
Form1	Caption	字体设置
	AutoCenter	.T.
Pageframe1	Pagecount	3
Page1	Caption	字体
Label1	Caption	中文字体(T)
Label2	Caption	字形(Y)
Label3	Caption	字号
Label4	Caption	字体颜色
Page2	Caption	字符间距
Spinner1	SpinnerHighValue	40
	SpinnerLowValue	1
Page3	Caption	文字效果
Label1	Caption	好好学习，天天向上

(6) 事件代码的编写。

① Page1 中的 Combo1 的 init 事件代码

```
this.value="宋体"                    && 设置 Combo1 的初始值为宋体
```

② Page1 中的 Combo2 的 init 事件代码

```
this.value="黑色"                    && 设置字体颜色的初始值为黑色
```

③ Page1 中的 Text1 的 init 事件代码

```
this.value="常规"                    && 设置字形的初始值为常规
```